최상위 수학 S 1-2

펴낸날 [초판 1쇄] 2024년 3월 20일 [초판 2쇄] 2024년 7월 23일
펴낸이 이기열
펴낸곳 (주)디딤돌 교육
주소 (03972) 서울특별시 마포구 월드컵북로 122 청원선와이즈타워
대표전화 02-3142-9000
구입문의 02-322-8451
내용문의 02-323-9166
팩시밀리 02-338-3231
홈페이지 www.didimdol.co.kr
등록번호 제10-718호

최상위 수학S 1·2 학습 스케줄표

짧은 기간에 집중력 있게 한 학기 과정을 학습할 수 있도록 설계하였습니다.
방학 때 미리 공부하고 싶다면 8주 완성 과정을 이용하세요.

공부한 날짜를 쓰고 하루 분량 학습을 마친 후, 부모님께 확인 check☑를 받으세요.

주					
1주	월 일	월 일	월 일	월 일	월 일
	1. 100까지의 수				
	8~11쪽 □	12~13쪽 □	14~17쪽 □	18~21쪽 □	22~25쪽 □
2주	월 일	월 일	월 일	월 일	월 일
	1. 100까지의 수			2. 덧셈과 뺄셈(1)	
	26~27쪽 □	28~29쪽 □	30~32쪽 □	34~37쪽 □	38~39쪽 □
3주	월 일	월 일	월 일	월 일	월 일
	2. 덧셈과 뺄셈(1)				
	40~43쪽 □	44~47쪽 □	48~51쪽 □	52~55쪽 □	56~58쪽 □
4주	월 일	월 일	월 일	월 일	월 일
	3. 모양과 시각				
	60~63쪽 □	64~65쪽 □	66~69쪽 □	70~73쪽 □	74~77쪽 □

공부를 잘 하는 학생들의 좋은 습관 8가지

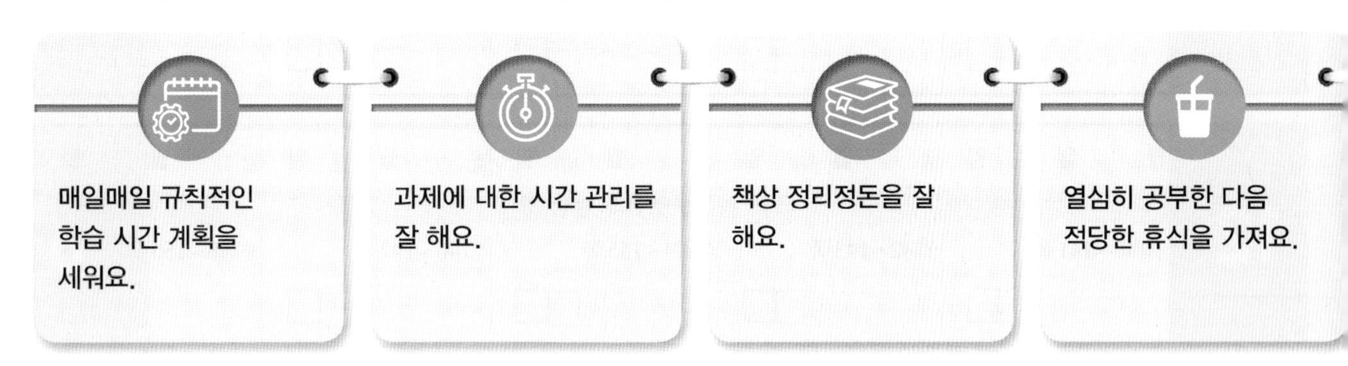

자르는 선 ✂

표

	월 일	월 일	월 일	월 일	월 일
5주	3. 모양과 시각		4. 덧셈과 뺄셈(2)		
	78~81쪽 ☐	82~84쪽 ☐	86~89쪽 ☐	90~93쪽 ☐	94~97쪽 ☐
6주	4. 덧셈과 뺄셈(2)			5. 규칙 찾기	
	98~101쪽 ☐	102~103쪽 ☐	104~106쪽 ☐	108~111쪽 ☐	112~115쪽 ☐
7주	5. 규칙 찾기				6. 덧셈과 뺄셈(3)
	116~119쪽 ☐	120~123쪽 ☐	124~125쪽 ☐	126~128쪽 ☐	130~133쪽 ☐
8주	6. 덧셈과 뺄셈(3)				
	134~137쪽 ☐	138~141쪽 ☐	142~145쪽 ☐	146~147쪽 ☐	148~150쪽 ☐

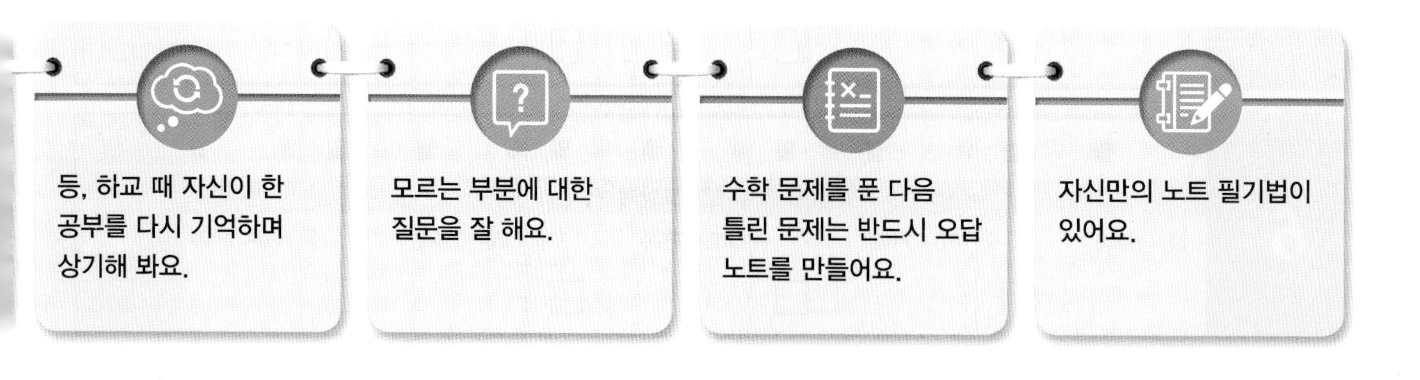

초등 1·2

상위권의 기준

최상위 수학 S

디딤돌

상위권의 힘, 느낌!

처음 자전거를 배울 때, 설명만 듣고 탈 수는 없습니다.
하지만, 직접 자전거를 타고 넘어져 가며
방법을 몸으로 느끼고 나면
나는 이제 '자전거를 탈 수 있는 사람'이 됩니다.
그리고 평생 자전거를 탈 수 있습니다.

수학을 배우는 것도 꼭 이와 같습니다.
자세한 설명, 반복학습 모두 필요하지만
가장 중요한 것은 "느꼈는가"입니다.
느껴야 이해할 수 있고,
이해해야 평생 '수학을 할 수 있는 사람'이 됩니다.

"최상위 수학 S는
수학에 대한 느낌과 이해를 통해
중고등까지 상위권이 될 수 있는 힘을 길러줍니다."

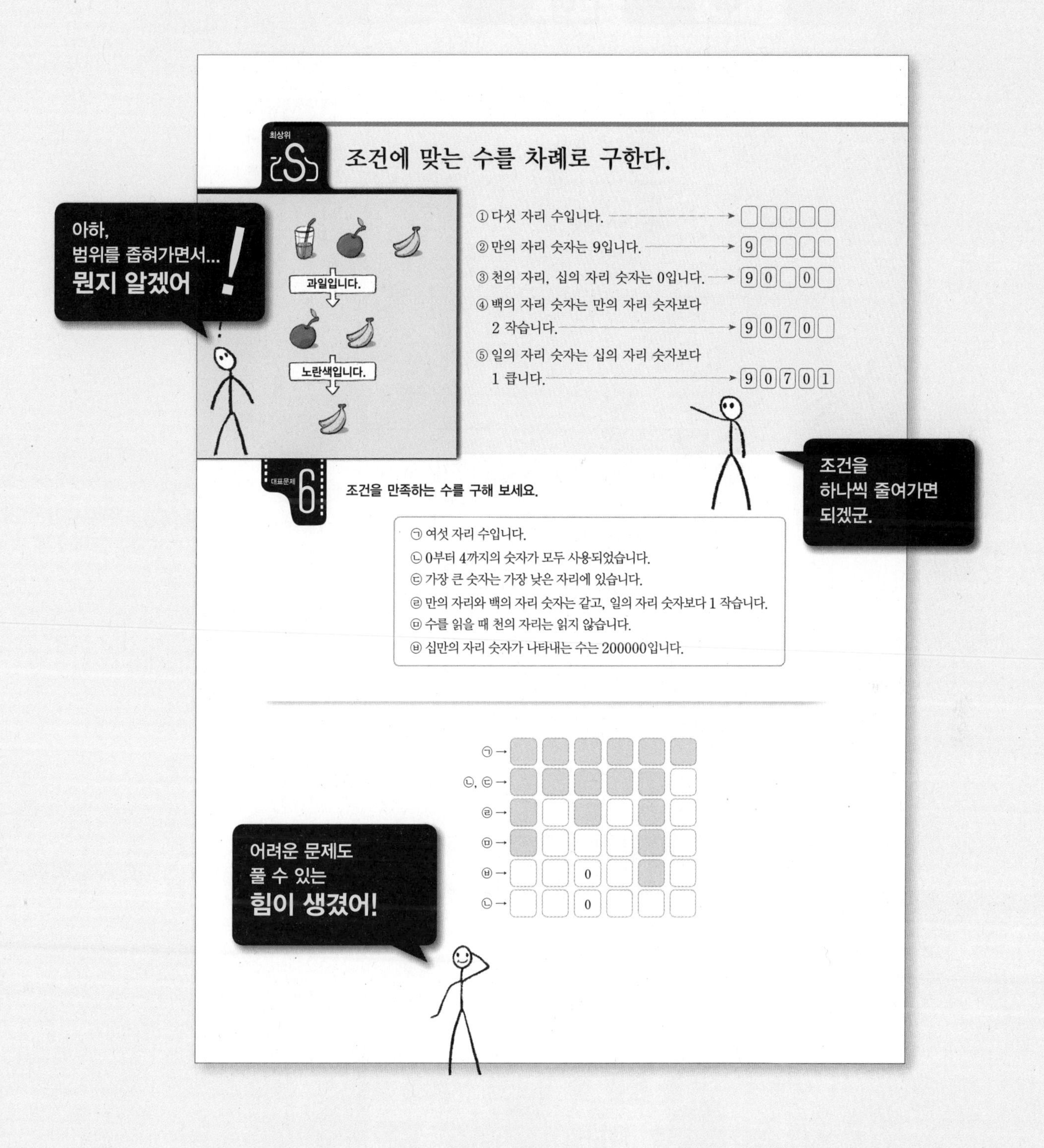

최상위 S

조건에 맞는 수를 차례로 구한다.

① 다섯 자리 수입니다. → □□□□□

② 만의 자리 숫자는 9입니다. → 9□□□□

③ 천의 자리, 십의 자리 숫자는 0입니다. → 9 0 □ 0 □

④ 백의 자리 숫자는 만의 자리 숫자보다 2 작습니다. → 9 0 7 0 □

⑤ 일의 자리 숫자는 십의 자리 숫자보다 1 큽니다. → 9 0 7 0 1

대표문제 6

조건을 만족하는 수를 구해 보세요.

㉠ 여섯 자리 수입니다.
㉡ 0부터 4까지의 숫자가 모두 사용되었습니다.
㉢ 가장 큰 숫자는 가장 낮은 자리에 있습니다.
㉣ 만의 자리와 백의 자리 숫자는 같고, 일의 자리 숫자보다 1 작습니다.
㉤ 수를 읽을 때 천의 자리는 읽지 않습니다.
㉥ 십만의 자리 숫자가 나타내는 수는 200000입니다.

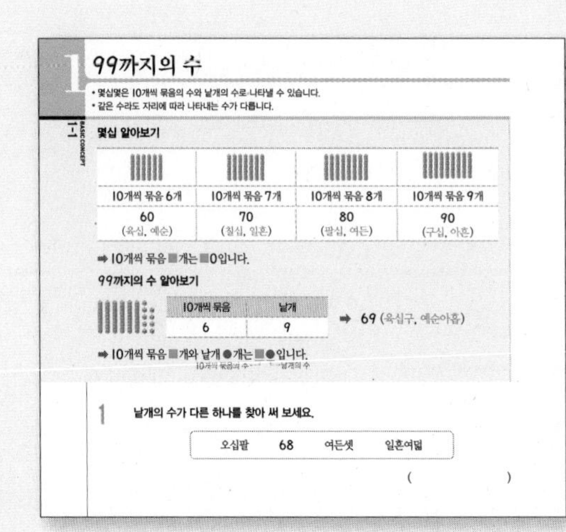
1 99까지의 수

• 몇십몇은 10개씩 묶음의 수와 낱개의 수로 나타낼 수 있습니다.
• 같은 수라도 자리에 따라 나타내는 수가 다릅니다.

1-1 BASIC CONCEPT

몇십 알아보기

10개씩 묶음 6개	10개씩 묶음 7개	10개씩 묶음 8개	10개씩 묶음 9개
60 (육십, 예순)	70 (칠십, 일흔)	80 (팔십, 여든)	90 (구십, 아흔)

➡ 10개씩 묶음 ■개는 ■0입니다.

99까지의 수 알아보기

10개씩 묶음	낱개
6	9

➡ 69 (육십구, 예순아홉)

➡ 10개씩 묶음 ■개와 낱개 ●개는 ■●입니다.

1 낱개의 수가 다른 하나를 찾아 써 보세요.

오십팔 68 여든셋 일흔여덟

( )

교과서 개념부터
심화 · 중등개념까지!

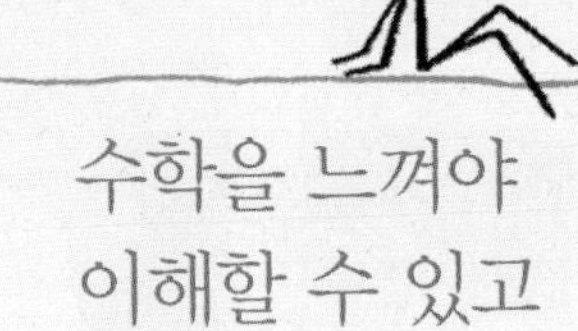

수학을 느껴야
이해할 수 있고

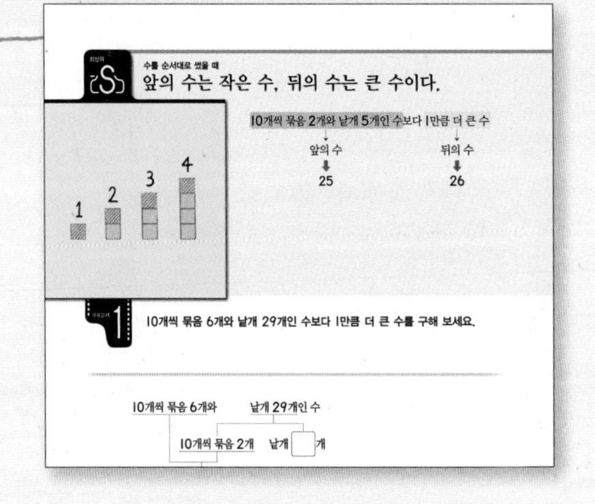
수를 순서대로 셌을 때

앞의 수는 작은 수, 뒤의 수는 큰 수이다.

10개씩 묶음 2개와 낱개 5개인 수보다 1만큼 더 큰 수

앞의 수 25 / 뒤의 수 26

1 10개씩 묶음 6개와 낱개 29개인 수보다 1만큼 더 큰 수를 구해 보세요.

10개씩 묶음 6개와 낱개 29개인 수

10개씩 묶음 2개 낱개 □개

MATH MASTER

1 지혜는 구슬을 여든다섯 개 가지고 있습니다. 이 구슬을 한 사람에게 10개씩 나누어 준다면 모두 몇 명에게 나누어 줄 수 있을까요?

( )

서술형 2 10개씩 묶음 6개와 낱개 23개인 수가 있습니다. 이 수보다 6만큼 더 큰 수는 얼마인지 풀이 과정을 쓰고 답을 구해 보세요.

먼저 생각해 보아요! 10개씩 묶음 3개와 낱개 18개인 수는?

풀이

답

3 똑같은 책을 현수는 58쪽부터 76쪽까지 읽었고, 연아는 81쪽부터 97쪽까지 읽었습니다. 두 사람 중에서 누가 책을 몇 쪽 더 많이 읽었을까요?

이해해야
어떤 문제라도
풀 수 있습니다.

C O N T E N T S

1

100까지의 수

1 99까지의 수

• 몇십몇은 10개씩 묶음의 수와 낱개의 수로 나타낼 수 있습니다.
• 같은 수라도 자리에 따라 나타내는 수가 다릅니다.

1-1 BASIC CONCEPT

몇십 알아보기

10개씩 묶음 6개	10개씩 묶음 7개	10개씩 묶음 8개	10개씩 묶음 9개
60 (육십, 예순)	70 (칠십, 일흔)	80 (팔십, 여든)	90 (구십, 아흔)

➡ 10개씩 묶음 ■개는 ■0입니다.

99까지의 수 알아보기

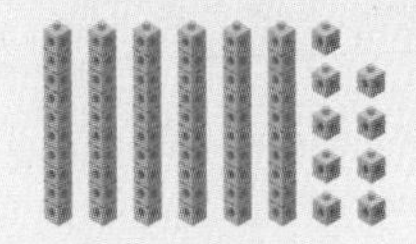

10개씩 묶음	낱개
6	9

➡ 69 (육십구, 예순아홉)

➡ 10개씩 묶음 ■개와 낱개 ●개는 ■●입니다.
10개씩 묶음의 수 / 낱개의 수

1 낱개의 수가 다른 하나를 찾아 써 보세요.

오십팔	68	여든셋	일흔여덟

( )

2 구슬 80개를 한 사람에게 10개씩 모두 나누어 주려고 합니다. 몇 명에게 나누어 줄 수 있을까요?

( )

3 현수는 수수깡을 76개 가지고 있습니다. 이 중에서 10개씩 묶음 4개를 사용했다면 남은 수수깡은 몇 개일까요?

( )

1-2 BASIC CONCEPT

낱개 ■●개를 10개씩 묶음과 낱개로 나타내기

낱개 10개는 10개씩 묶음 1개와 같습니다.

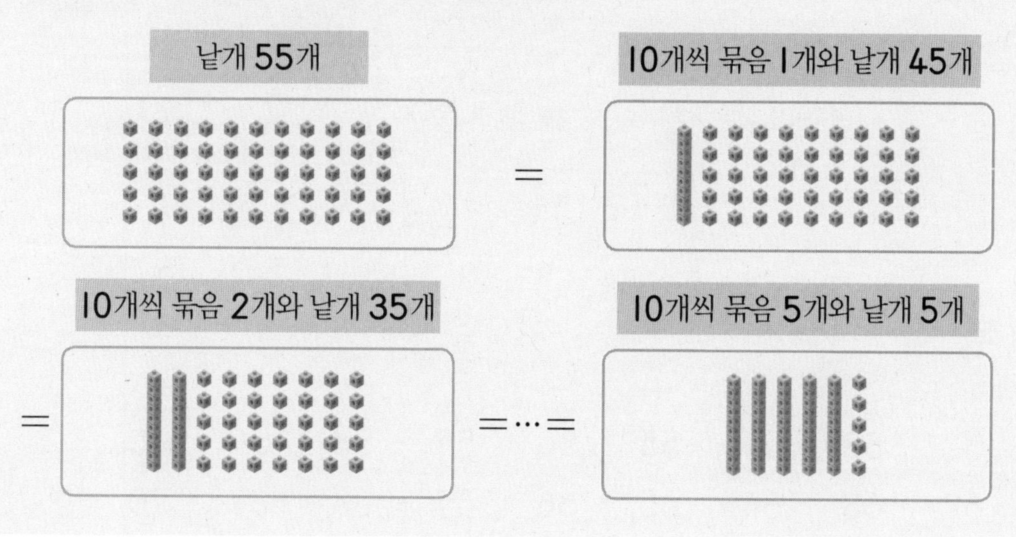

4 빈칸에 알맞은 수를 써넣으세요.

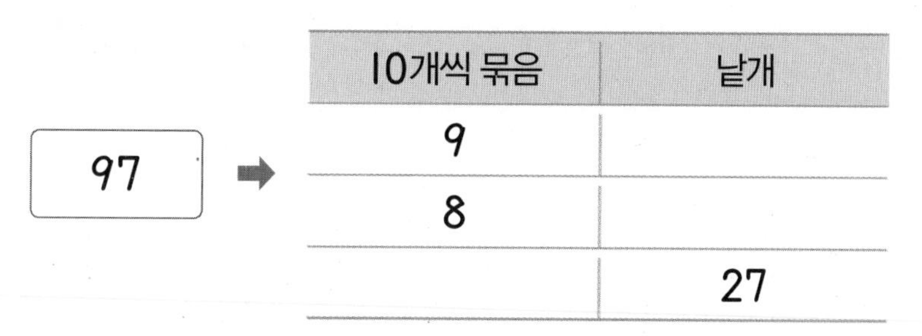

97 ➡

10개씩 묶음	낱개
9	
8	
	27

1-3 BASIC CONCEPT

자릿값 알아보기

2-1 연계

같은 수라도 자리에 따라 나타내는 수가 다릅니다.

예 22에서의 2 ➡ 10개씩 묶음의 수가 2개이므로 20
(10개씩 묶음의 수: 십의 자리 수)

22에서의 2 ➡ 낱개의 수가 2개이므로 2
(낱개의 수: 일의 자리 수)

십의 자리 숫자와 일의 자리 숫자로 나타내는 수를 두 자리 수라고 합니다.

	22	
자리	십의 자리	일의 자리
숫자	2	2
나타내는 수	20	2

5 밑줄 친 숫자가 나타내는 수를 써 보세요.

(1) 76 (밑줄: 7) (　　　　　)

(2) 87 (밑줄: 7) (　　　　　)

2 수의 순서

• 수를 순서대로 쓰면 1씩 커지고 순서를 거꾸로 하여 쓰면 1씩 작아집니다.

BASIC CONCEPT 2-1

1만큼 더 큰 수와 1만큼 더 작은 수

수를 순서대로 썼을 때

1만큼 더 작은 수는 바로 앞의 수이고, 1만큼 더 큰 수는 바로 뒤의 수입니다.

100까지의 수의 순서

1씩 커집니다.

51	52	53	54	55	56	57	58	59	60
61	62	63	64	65	66	67	68	69	70
71	72	73	74	75	76	77	78	79	80
81	82	83	84	85	86	87	88	89	90
91	92	93	94	95	96	97	98	99	100

10씩 커집니다.

99보다 1만큼 더 큰 수를 100이라 하고 백이라고 읽습니다.

1 수의 순서대로 빈칸에 알맞은 수를 써넣으세요.

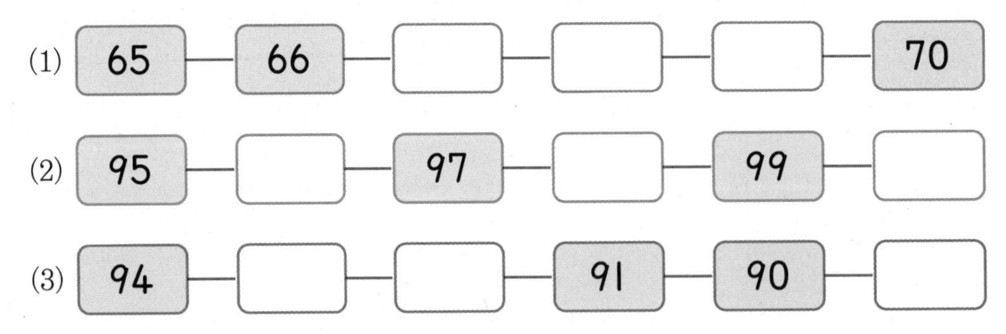

2 왼쪽의 수보다 1만큼 더 작은 수에 ○표, 1만큼 더 큰 수에 △표 하세요.

73 | 63 74 70 83 72

3 나타내는 수가 다른 하나를 찾아 기호를 써 보세요.

㉠ 수를 순서대로 썼을 때 99 바로 뒤의 수
㉡ 99보다 1만큼 더 작은 수
㉢ 구십보다 10만큼 더 큰 수
㉣ 아흔다섯보다 5만큼 더 큰 수

(　　　　　　　　)

4 어떤 수보다 1만큼 더 작은 수는 69입니다. 어떤 수는 얼마일까요?

(　　　　　　　　)

5 초콜릿이 10개씩 묶음 6개와 낱개 8개가 있습니다. 이 초콜릿 중에서 7개를 먹었다면 남은 초콜릿은 몇 개일까요?

(　　　　　　　　)

BASIC CONCEPT 2-2

두 수 사이에 있는 수 구하기

●부터 ★까지의 수를 순서대로 쓴 후 ●와 ★ 사이에 있는 수를 구합니다.
●와 ★은 포함되지 않습니다.

예 73과 79 사이에 있는 수 ➡ 73−74−75−76−77−78−79
73과 79 사이에 있는 수
➡ 74, 75, 76, 77, 78

6 87과 91 사이에 있는 수를 모두 써 보세요.

(　　　　　　　　)

3 두 수의 크기 비교, 짝수와 홀수

• 10개씩 묶음의 수와 낱개의 수를 이용해 수의 크기를 비교할 수 있습니다.
• 낱개의 수에 따라 짝수, 홀수를 구별할 수 있습니다.

BASIC CONCEPT 3-1

두 수의 크기 비교

• 10개씩 묶음의 수가 다른 경우
➡ 10개씩 묶음의 수가 클수록 큰 수입니다.

63 < 79 63은 79보다 작습니다.
(6<7)

• 10개씩 묶음의 수가 같은 경우
➡ 낱개의 수가 클수록 큰 수입니다.

83 > 81 83은 81보다 큽니다.
(3>1)

기호로 나타내기
• ■는 ●보다 큽니다.
➡ ■>●
• ●는 ■보다 작습니다.
➡ ●<■

1 두 수의 크기 비교가 잘못된 것을 모두 찾아 기호를 써 보세요.

㉠ 72>91	㉡ 85>76
㉢ 56<59	㉣ 68<63

(　　　　　　)

2 색종이를 미나는 73장 가지고 있고, 하주는 69장 가지고 있습니다. 누가 색종이를 더 많이 가지고 있을까요?

(　　　　　　)

3 큰 수부터 차례대로 써 보세요.

58　　61　　54

(　　　　　　)

정답과 풀이 9쪽

4 ○ 안에는 $>$, $=$, $<$를 알맞게 써넣고, □ 안에는 1부터 9까지의 수 중에서 알맞은 수를 써넣으세요.

$$62 \bigcirc 60+2$$

$$62 > 60+\square$$

5 0부터 9까지의 수 중에서 □ 안에 들어갈 수 있는 수는 모두 몇 개일까요?

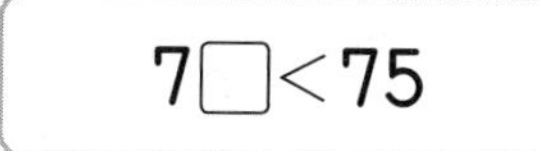

(　　　　　　　　)

BASIC CONCEPT 3-2

짝수와 홀수

• 짝수: 2, 4, 6, 8, 10, 12와 같은 수 둘씩 짝을 지을 때 남는 것이 없는 수

예

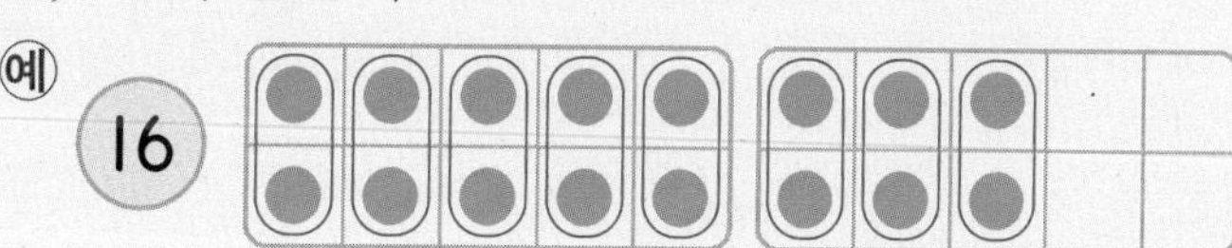

• 홀수: 1, 3, 5, 7, 9, 11과 같은 수 둘씩 짝을 지을 때 하나가 남는 수

예

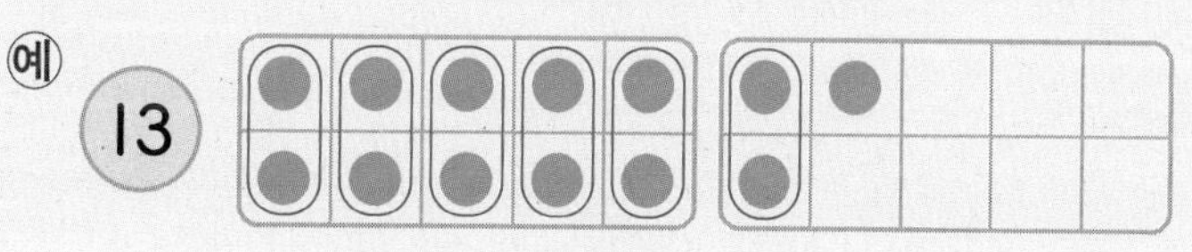

6 홀수를 모두 찾아 써 보세요.

18	43	24	85	51

(　　　　　　　　)

7 65보다 크고 72보다 작은 짝수는 모두 몇 개일까요?

(　　　　　　　　)

수를 순서대로 썼을 때

앞의 수는 작은 수, 뒤의 수는 큰 수이다.

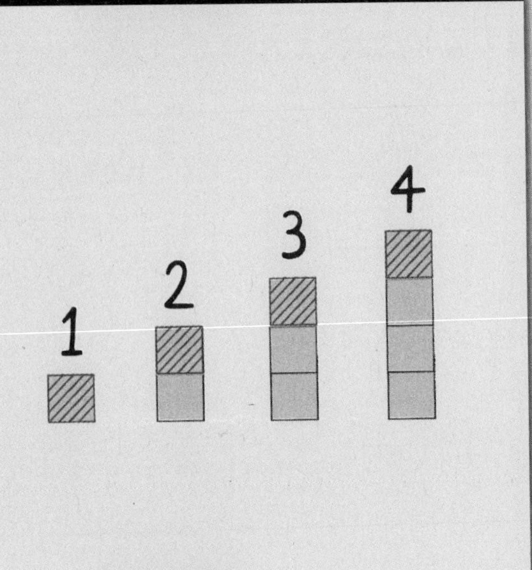

10개씩 묶음 2개와 낱개 5개인 수보다 1만큼 더 큰 수

앞의 수 → 25

뒤의 수 → 26

10개씩 묶음 6개와 낱개 29개인 수보다 1만큼 더 큰 수를 구해 보세요.

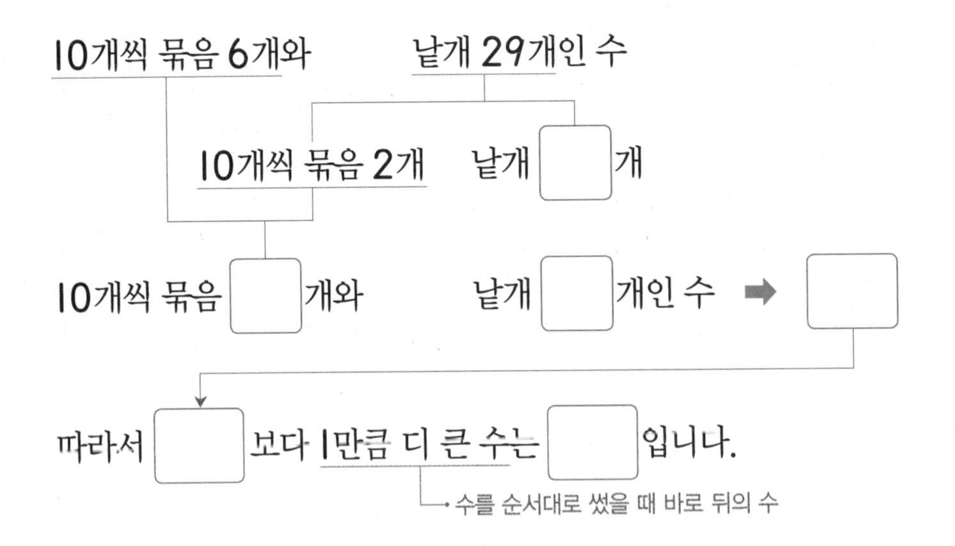

1-1 10개씩 묶음 5개와 낱개 12개인 수보다 1만큼 더 큰 수를 구해 보세요.

( )

1-2 10개씩 묶음 3개와 낱개 25개인 수보다 1만큼 더 작은 수를 구해 보세요.

( )

1-3 10개씩 묶음 6개와 낱개 34개인 수보다 3만큼 더 작은 수를 구해 보세요.

( )

1-4 미소가 모은 딱지는 10개씩 묶음 7개와 낱개 26개입니다. 딱지를 몇 개 더 모아야 100개가 되는지 구해 보세요.

( )

같은 방향은 같은 규칙으로 커지거나 작아진다.

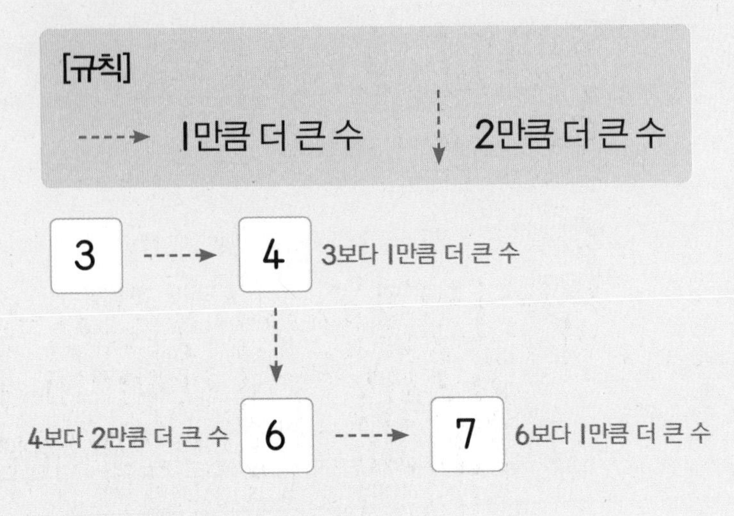

대표문제 2

화살표의 [규칙]에 맞게 ㉠에 알맞은 수를 구해 보세요.

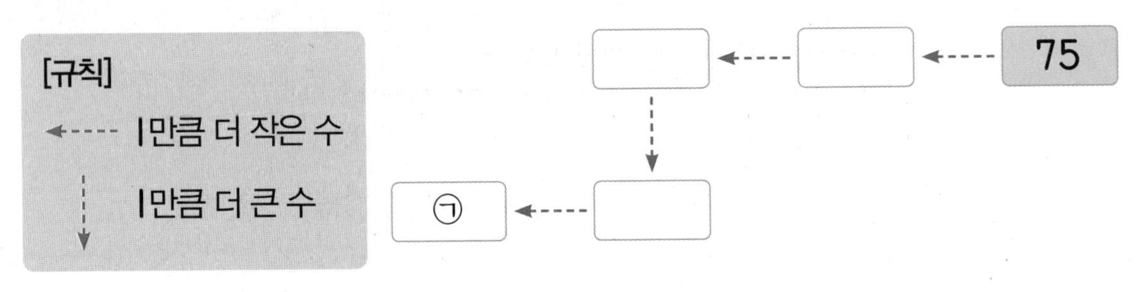

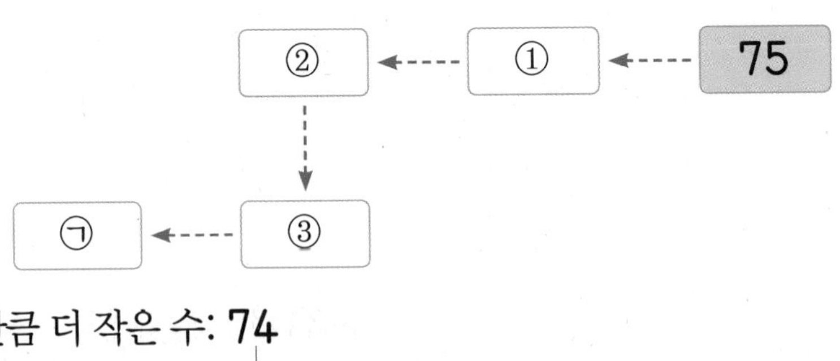

① 75보다 1만큼 더 작은 수: 74

② 74보다 1만큼 더 작은 수: ☐

③ ☐보다 1만큼 더 큰 수: ☐

➡ ㉠ ☐보다 1만큼 더 작은 수: ☐

2-1 화살표의 [규칙]에 맞게 ㉠에 알맞은 수를 구해 보세요.

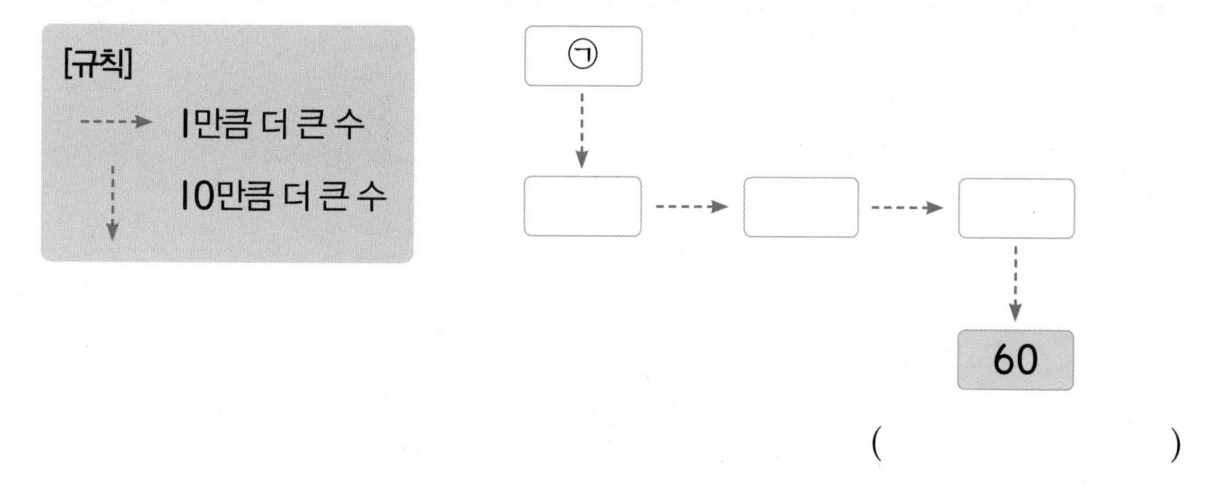

(　　　　　　　　)

2-2 화살표의 [규칙]에 맞게 ㉠에 알맞은 수를 구해 보세요.

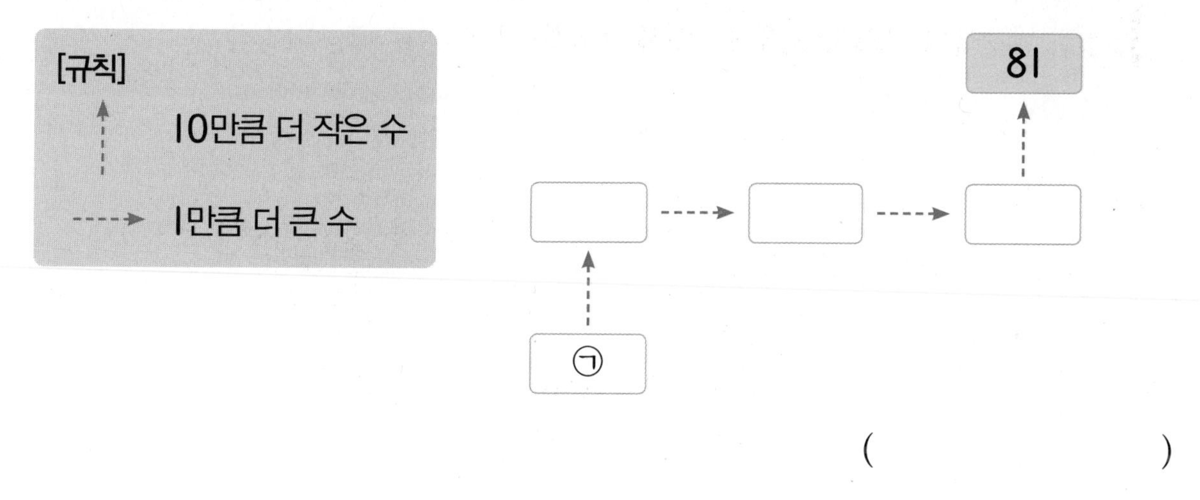

(　　　　　　　　)

2-3 화살표의 [규칙]에 맞게 ㉠에 알맞은 수를 구해 보세요.

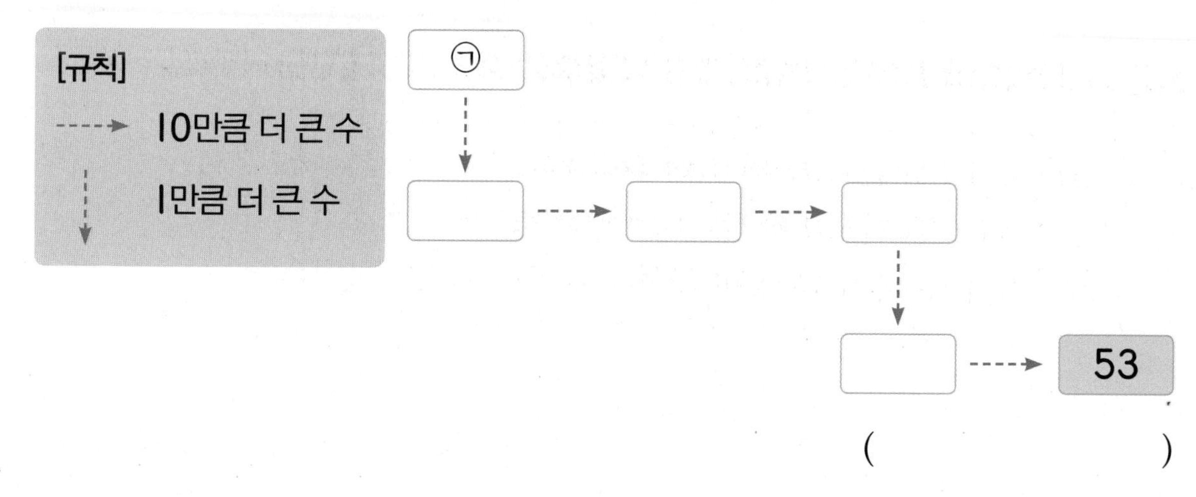

(　　　　　　　　)

수의 크기는 10개씩 묶음의 수부터 차례로 비교한다.

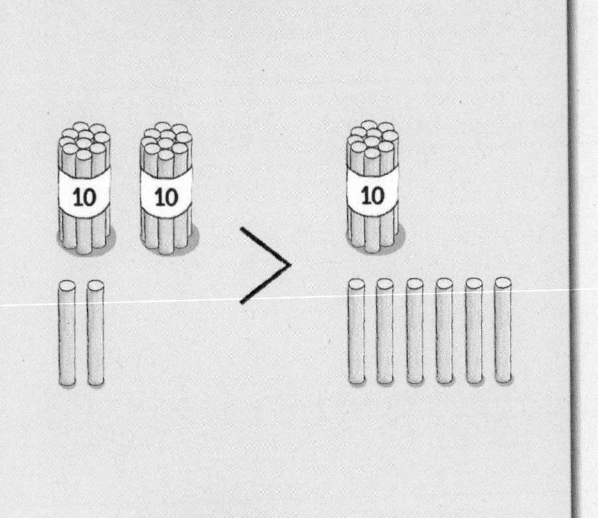

31, 26, 19 중에서 가장 큰 수

	10개씩 묶음	낱개
31	3	1
26	2	6
19	1	9

➡ 10개씩 묶음의 수가 가장 큰 31이 가장 큰 수입니다.

4명의 학생이 가지고 있는 수 카드로 만든 두 자리 수입니다. 셋째로 큰 수를 만든 학생의 이름을 써 보세요.

(두 자리 수 → 몇십몇)

〈진서〉 5☐ 〈경주〉 6☐ 〈미나〉 8☐ 〈영호〉 2☐

두 자리 수는 10개씩 묶음의 수가 클수록 큰 수이므로 10개씩 묶음의 수를 비교합니다.

➡ 8 > ☐ > ☐ > ☐

10개씩 묶음의 수가 큰 수를 만든 학생부터 차례로 이름을 쓰면

미나(첫째), ☐(둘째), ☐(셋째), ☐(넷째) 입니다.

따라서 셋째로 큰 수를 만든 학생은 ☐ 입니다.

3-1

3명의 학생이 가지고 있는 수 카드로 만든 두 자리 수입니다. 큰 수를 만든 학생부터 차례로 이름을 써 보세요.

(　　　　　　　　　　)

3-2

4명의 학생이 가지고 있는 수 카드로 만든 두 자리 수입니다. 둘째로 작은 수를 만든 학생의 이름을 써 보세요.

(　　　　　　　　　　)

3-3

과일의 수를 종류별로 나타낸 것입니다. 감이 가장 많고 배가 사과보다 2개 더 적다면 배는 몇 개일까요?

과일	사과	배	감
수(개)	8●		81

(　　　　　　　　　　)

3-4

주어진 수를 한 번씩 모두 사용하여 □ 안에 알맞게 써넣으세요.

5　　6　　7　　8

7□ < □□ < □0

●와 ▲ 사이에 있는 수는

●보다 1만큼 더 큰 수부터 ▲보다 1만큼 더 작은 수까지이다.

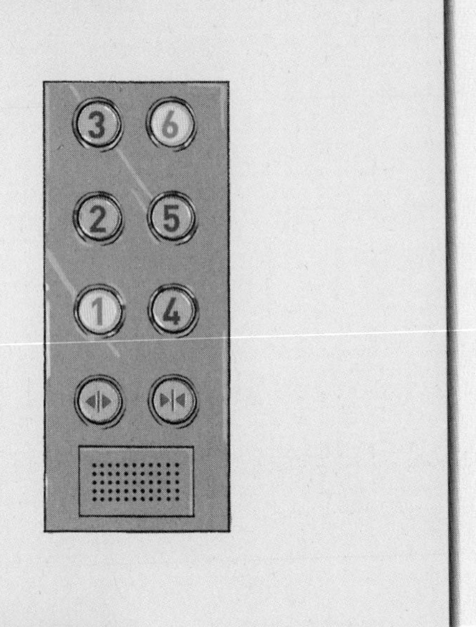

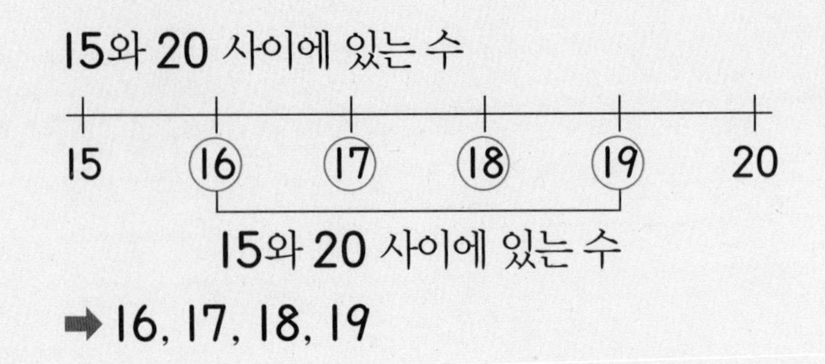

➡ 16, 17, 18, 19

운동장에 선수들이 번호표를 달고 왼쪽부터 번호 순서대로 한 줄로 서 있습니다. 59번 선수와 68번 선수 사이에 서 있는 선수는 모두 몇 명인지 구해 보세요. (단, 참가하지 않은 선수는 없습니다.)

59번 선수와 68번 선수 사이에 서 있는 선수들의 번호는 두 번호 사이에 있는 수와 같습니다.

59와 68 사이에 있는 수

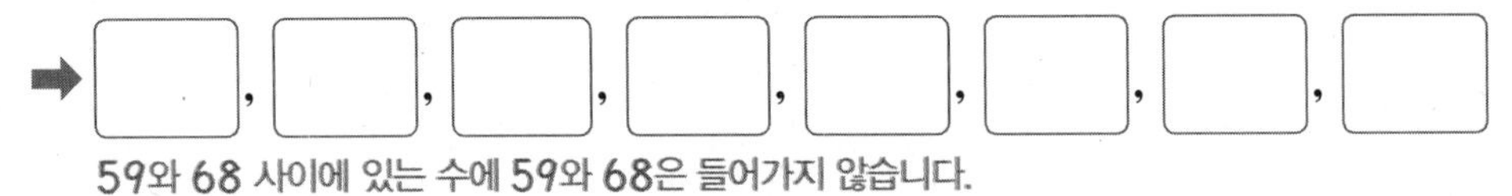

59와 68 사이에 있는 수에 59와 68은 들어가지 않습니다.

따라서 59번 선수와 68번 선수 사이에 서 있는 선수는 모두 ☐명입니다.

4-1 69보다 크고 75보다 작은 수를 모두 써 보세요.

( )

4-2 책꽂이에 책이 빠진 번호 없이 번호 순서대로 꽂혀 있습니다. 현서는 87번과 93번 사이에 있는 책을 모두 빌렸습니다. 현서가 빌린 책은 모두 몇 권일까요?

( )

4-3 73과 어떤 수 사이에 있는 수가 7개일 때 어떤 수는 얼마일까요? (단, 73은 어떤 수보다 작습니다.)

( )

4-4 조건을 만족하는 수는 모두 몇 개일까요?

- 60보다 크고 80보다 작습니다.
- 10개씩 묶음의 수보다 낱개의 수가 더 큽니다.

( )

최상위 S

수 카드로 조건에 맞게 만들 수 있는 수를 구한다.

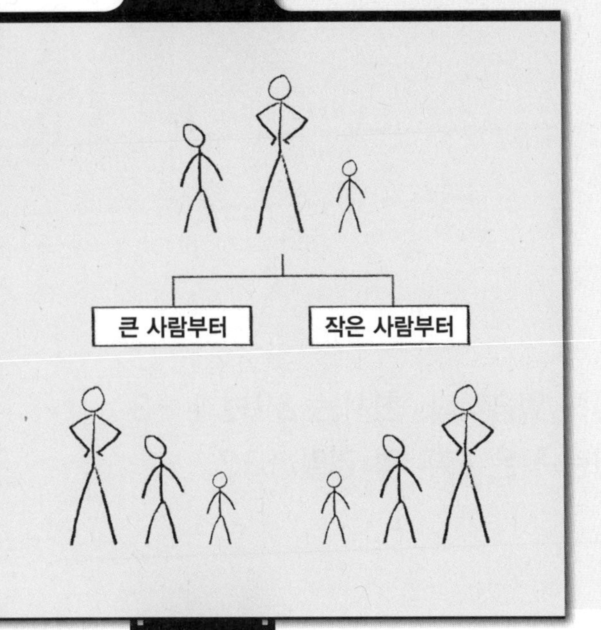

4, 2, 6, 3 으로 만들 수 있는 가장 큰 두 자리 수

가장 큰 수: 6

둘째로 큰 수: 4

가장 큰 수 | 둘째로 큰 수

➡ 가장 큰 두 자리 수: 64

대표문제 5

4장의 수 카드 중에서 2장을 골라 한 번씩만 사용하여 두 자리 수를 만들려고 합니다. 만들 수 있는 수 중에서 74보다 크고 95보다 작은 수는 모두 몇 개인지 구해 보세요.

9, 5, 4, 7로 두 자리 수를 만들 때 74보다 커야 하므로 10개씩 묶음의 수에는 9와 7을 쓸 수 있습니다.

- 10개씩 묶음의 수가 9일 때 만들 수 있는 두 자리 수: 95, 94, ☐
- 10개씩 묶음의 수가 7일 때 만들 수 있는 두 자리 수: 79, ☐, ☐

따라서 만들 수 있는 두 자리 수 중에서 74보다 크고 95보다 작은 수는
└ 74와 95는 들어가지 않습니다.

☐, ☐, ☐로 모두 ☐개입니다.

5-1 3장의 수 카드 중에서 2장을 골라 한 번씩만 사용하여 만들 수 있는 두 자리 수를 모두 써 보세요.

5 0 1

(　　　　　　　　　　)

서술형 **5-2** 4장의 수 카드 중에서 2장을 골라 한 번씩만 사용하여 두 자리 수를 만들려고 합니다. 만들 수 있는 수 중에서 65보다 크고 85보다 작은 수는 모두 몇 개인지 풀이 과정을 쓰고 답을 구해 보세요.

3 6 8 2

풀이

답

5-3 4장의 수 카드 중에서 2장을 골라 한 번씩만 사용하여 두 자리 수를 만들려고 합니다. 만들 수 있는 수 중에서 63보다 크고 75보다 작은 홀수는 모두 몇 개일까요?

2 5 6 7

(　　　　　　)

5-4 5장의 수 카드 중에서 2장을 골라 한 번씩만 사용하여 두 자리 수를 만들려고 합니다. 만들 수 있는 수 중에서 둘째로 큰 수와 둘째로 작은 수를 차례로 써 보세요.

9 4 1 3 5

(　　　　　　), (　　　　　　)

조건에 맞는 수를 차례로 구한다.

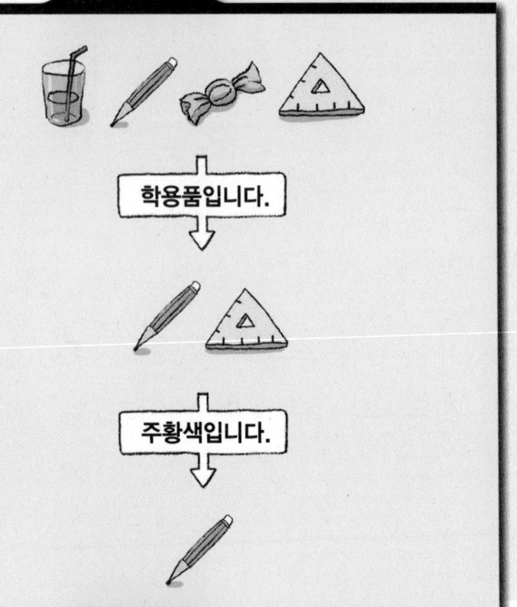

■, ▲가 1부터 9까지의 수일 때
■+6=▲인 두 자리 수 ■▲, ▲■ 중에서
→ (1, 7), (2, 8), (3, 9)
17, 28, 39, 71, 82, 93
가장 큰 수는 93입니다.

대표문제 6

조건을 만족하는 두 자리 수 ■▲를 구해 보세요.

- ■와 ▲의 합은 8입니다.
- ■는 ▲보다 6만큼 더 큰 수입니다.

■▲에서 ■는 10개씩 묶음의 수를, ▲는 낱개의 수를 나타냅니다.
→ ■는 0이 아닙니다.
■와 ▲의 합이 8인 경우는 다음과 같습니다.

■	1	2	3		5		7
▲	7	6		4	3		

이 중에서 ■가 ▲보다 6만큼 더 큰 수는 ■= ☐, ▲= ☐ 입니다.

따라서 조건을 만족하는 두 자리 수 ■▲는 ☐ 입니다.

6-1 1부터 6까지 쓰여 있는 주사위 2개를 동시에 던져 나온 수로 두 자리 수를 만들려고 합니다. 만들 수 있는 수 중에서 10개씩 묶음의 수와 낱개의 수의 합이 6인 수는 모두 몇 개일까요?

( )

6-2 조건을 만족하는 두 자리 수 ●◆를 구해 보세요.

- ●와 ◆의 합은 9입니다.
- ●는 ◆보다 1만큼 더 큽니다.

( )

6-3 조건을 만족하는 두 자리 수 ★♣는 모두 몇 개일까요?

- ★과 ♣의 차는 5입니다.
- 짝수입니다.

( )

6-4 조건을 만족하는 두 자리 수를 모두 구해 보세요.

- 10개씩 묶음의 수와 낱개의 수의 합은 10입니다.
- 10개씩 묶음의 수가 낱개의 수보다 큰 수입니다.
- 홀수입니다.

( )

최상위 S

모르는 자리의 수를 □로 하여 식으로 나타낸다.

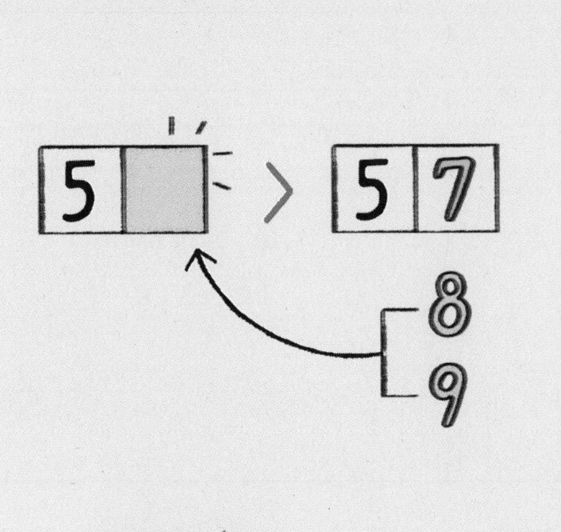

10개씩 묶음의 수가 낱개의 수 6보다 큰 두 자리 수

↓

7, 8, 9

□6은 76, 86, 96입니다.

└□>6인 수

10개씩 묶음의 수가 6인 두 자리 수 중에서 67보다 큰 수는 모두 몇 개인지 구해 보세요.

10개씩 묶음의 수가 6인 두 자리 수를 6■라 하고 식으로 나타내면 다음과 같습니다.

└ ■는 0부터 9까지의 수가 될 수 있습니다.

6■ > 67

10개씩 묶음의 수가 □으로 같으므로 낱개의 수를 비교하면

■는 □보다 커야 합니다.

➡ ■는 8, □가 될 수 있습니다.

따라서 67보다 큰 수는 68, □로 모두 □개입니다.

7-1 0부터 9까지의 수 중에서 □ 안에 들어갈 수 있는 수는 모두 몇 개일까요?

8□은/는 83보다 작습니다.

( )

7-2 낱개의 수가 9인 두 자리 수 중에서 75보다 큰 수를 모두 써 보세요.

( )

7-3 다음 수 중에서 낱개의 수가 8인 두 자리 수는 모두 몇 개일까요?

59보다 크고 81보다 작은 수입니다.

( )

7-4 65보다 크고 93보다 작은 수 중에서 숫자 7이 들어 있는 수는 모두 몇 개일까요?

( )

설명하는 수의 개수를 줄여 가며 구한다.

28보다 크고 36보다 작은 수 중에서

29, 30, 31, 32, 33, 34, 35

낱개의 수가 10개씩 묶음의 수보다 더 큰 수

■▲에서 ■ < ▲인 수

➡ 29, 34, 35

대표문제 8

설명하는 수를 모두 구해 보세요.

- 68보다 크고 79보다 작은 수입니다.
- 10개씩 묶음의 수가 낱개의 수보다 작습니다.

---

① 68보다 크고 79보다 작은 수

➡ 69, 70, 71, 72, 73, 74, ☐, ☐, ☐, ☐

② 10개씩 묶음의 수가 낱개의 수보다 작은 수

➡ 69, ☐

따라서 설명하는 수는 69, ☐ 입니다.

8-1 설명하는 수를 모두 구해 보세요.

- 75보다 큰 두 자리 수입니다.
- 10개씩 묶음의 수가 7입니다.
- 짝수입니다.

(　　　　　　　　)

8-2 설명하는 수를 구해 보세요.

- 85보다 크고 99보다 작은 수입니다.
- 10개씩 묶음의 수와 낱개의 수가 같습니다.

(　　　　　　　　)

서술형 8-3 설명하는 수는 모두 몇 개인지 풀이 과정을 쓰고 답을 구해 보세요.

- 69보다 크고 90보다 작은 홀수입니다.
- 10개씩 묶음의 수가 낱개의 수보다 작습니다.

풀이 ....

....

....

답 ....

8-4 설명하는 수를 구해 보세요.

- 10개씩 묶음의 수가 6보다 큰 두 자리 수입니다.
- 10개씩 묶음의 수와 낱개의 수의 합이 10보다 작습니다.
- 낱개의 수는 1보다 큽니다.

(　　　　　　　　)

1 지혜는 구슬을 여든다섯 개 가지고 있습니다. 이 구슬을 한 사람에게 10개씩 나누어 준다면 모두 몇 명에게 나누어 줄 수 있을까요?

(　　　　　　　　)

서술형 **2** 10개씩 묶음 6개와 낱개 23개인 수가 있습니다. 이 수보다 6만큼 더 큰 수는 얼마인지 풀이 과정을 쓰고 답을 구해 보세요.

먼저 생각해 봐요!
10개씩 묶음 3개와 낱개 18개인 수는?

풀이 ....

답 ....

3 똑같은 책을 현수는 58쪽부터 76쪽까지 읽었고, 연아는 81쪽부터 97쪽까지 읽었습니다. 두 사람 중에서 누가 책을 몇 쪽 더 많이 읽었을까요?

(　　　　　　　　), (　　　　　　　　)

4 1부터 9까지의 수 중에서 □ 안에 공통으로 들어갈 수 있는 수를 모두 구해 보세요.

67<6□　　　　□3>68

(　　　　　　　　)

5 4장의 수 카드 중에서 2장을 골라 한 번씩만 사용하여 두 자리 수를 만들려고 합니다. 만들 수 있는 수 중에서 짝수는 모두 몇 개일까요?

먼저 생각해 봐요!

6, 7 을 한 번씩만 사용하여 만들 수 있는 두 자리 수 중에서 짝수는?

3 0 4 7

( )

서술형 **6** 주호는 줄넘기를 69번 했습니다. 한수는 줄넘기를 주호보다 6번 더 많이 했고, 영미는 한수보다 13번 더 적게 했습니다. 영미는 줄넘기를 몇 번 했는지 풀이 과정을 쓰고 답을 구해 보세요.

풀이

답

7 10개씩 묶음의 수가 낱개의 수보다 3만큼 더 작은 두 자리 수 중에서 가장 큰 수를 구해 보세요.

( )

8 1부터 99까지의 수를 순서대로 쓸 때 숫자 1은 모두 몇 번 써야 할까요?

( )

9 1부터 9까지 서로 다른 수가 적힌 4장의 수 카드 중에서 2장을 골라 한 번씩만 사용하여 두 자리 수를 만들려고 합니다. 만들 수 있는 수 중에서 셋째로 큰 수가 96일 때 뒤집어진 수 카드에 적힌 수를 구해 보세요.

7 9 [ ] 6

( )

10 조건을 만족하는 두 수 ㉠, ㉡이 있습니다. ㉡은 ㉠보다 얼마만큼 더 클까요?

- ㉠은 68보다 크고, ㉡은 87보다 작은 수입니다.
- 68과 ㉠ 사이의 수는 모두 9개입니다.
- ㉡과 87 사이의 수는 모두 7개입니다.

( )

2

덧셈과 뺄셈 (1)

1 세 수의 계산

- 덧셈은 순서를 바꾸어 계산해도 결과가 같습니다.
- 뺄셈이 있는 계산은 앞에서부터 순서대로 계산합니다.

1-1 BASIC CONCEPT

세 수의 덧셈

방법1 가로로 계산하기

$2+1+4=7$ (2+1=3, 3+4=7)

방법2 세로로 계산하기

$2+1=3$ → $3+4=7$

세 수의 덧셈에서 계산 순서를 바꾸어 더해도 결과는 같습니다.

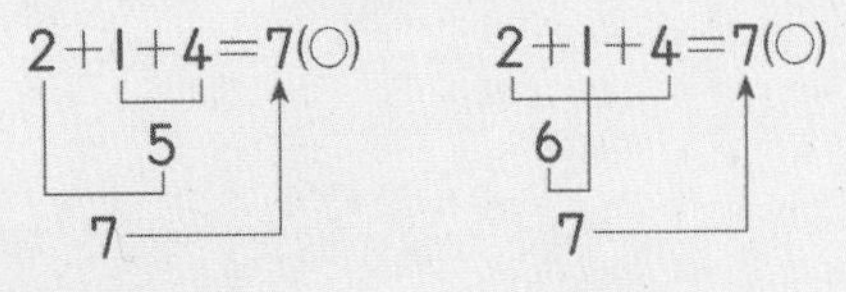

세 수의 뺄셈

방법1 가로로 계산하기

$8-3-2=3$ (8−3=5, 5−2=3)

방법2 세로로 계산하기

$8-3=5$ → $5-2=3$

1 □ 안에 알맞은 수를 써넣으세요.

(1) $4+2+3=\square$

$4+2=\square$

$\square+3=\square$

(2) $8-4-2=\square$

$8-4=\square$

$\square-2=\square$

2 계산에서 잘못된 곳을 찾아 바르게 고쳐 보세요.

$7-3-1=5$ (3−1=2, 7−2=5) ➡ □

3 계산 결과를 비교하여 ○ 안에 >, =, <를 알맞게 써넣으세요.

(1) $2+1+2$ ○ $9-1-2$

(2) $3+2+4$ ○ $8-2-1$

4 계산 결과가 다른 하나를 찾아 기호를 써 보세요.

㉠ $9-1-3$　㉡ $2+3+1$　㉢ $3+1+1$

(　　　　　　　)

1-2 BASIC CONCEPT

덧셈과 뺄셈이 섞여 있는 계산

덧셈과 뺄셈이 섞여 있는 계산은 앞에서부터 순서대로 계산합니다.

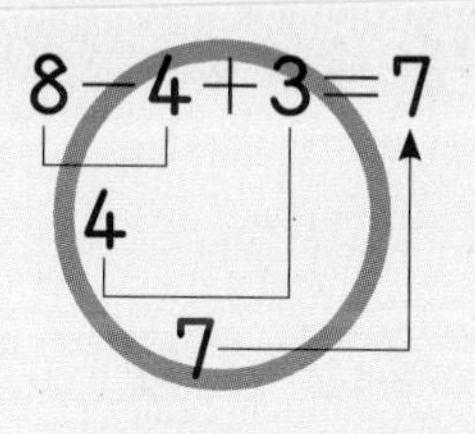

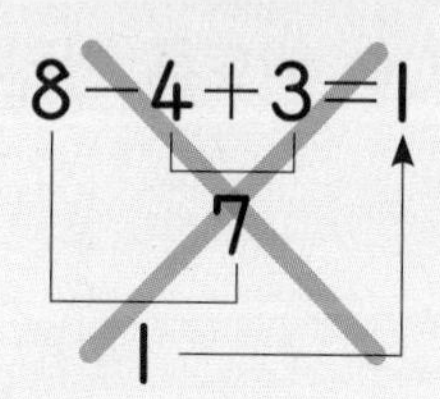

5 주머니에 빨간색 구슬 3개, 파란색 구슬 5개가 들어 있습니다. 이 중에서 6개의 구슬을 꺼내어 동생에게 주었습니다. 주머니에 남아 있는 구슬은 몇 개일까요?

(　　　　　　　)

6 ○ 안에 +, − 중에서 알맞은 것을 써넣으세요.

5 ○ $3+1=3$

2 10이 되는 더하기, 10에서 빼기

• 1과 9, 2와 8, 3과 7, 4와 6, 5와 5처럼 더해서 10이 되는 두 수를 10의 보수라고 합니다.
• 10의 보수를 이용해 여러 가지 덧셈식과 뺄셈식을 만들 수 있습니다.

BASIC CONCEPT 2-1

10이 되는 더하기, 10에서 빼기

10이 되는 더하기	1+9=10 9+1=10	2+8=10 8+2=10	3+7=10 7+3=10	4+6=10 6+4=10	5+5=10
10에서 빼기	10−1=9 10−9=1	10−2=8 10−8=2	10−3=7 10−7=3	10−4=6 10−6=4	10−5=5

1 □ 안에 알맞은 수를 써넣으세요.

(1)

□+3=10

(2)

□+7=10

2 두 수를 더해서 10이 되도록 빈칸에 알맞은 수를 써넣으세요.

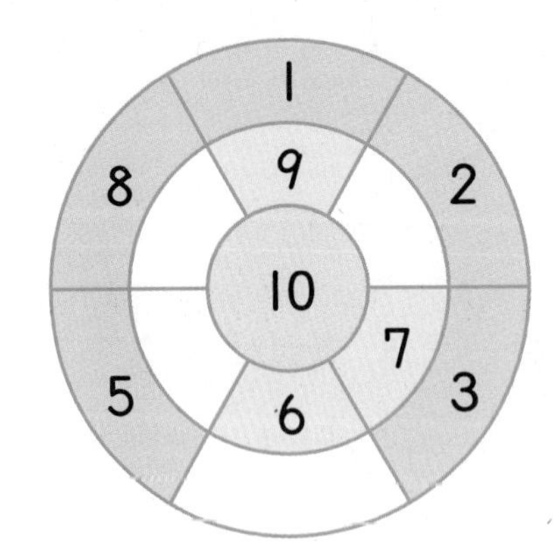

3 더해서 10이 되는 이웃한 두 수를 모두 찾아 ◯로 묶어 보세요.

↔, ↕, ↘, ↗ 방향으로 이웃한 두 수를 찾습니다.

2	8	4	3
4	5	4	7
5	1	2	5

■가 있는 식에서 ■의 값 구하기

- ■가 있는 덧셈식

  ■$+4=10$ ➡ $10-4=$■, ■$=6$

  $4+$■$=10$ ➡ $10-4=$■, ■$=6$

- ■가 있는 뺄셈식

  $10-$■$=7$ ➡ $10-7=$■, ■$=3$

4 □ 안에 알맞은 수를 써넣으세요.

(1) $1+\square=10$

$2+\square=10$

$3+\square=10$

$4+\square=10$

(2) $10-\square=8$

$10-\square=7$

$10-\square=6$

$10-\square=5$

5 □ 안에 알맞은 수를 써넣으세요.

(1) $8+2=6+\square$

(2) $3+7=\square+5$

(3) $\square+4=9+1$

(4) $1+\square=4+6$

6 초콜릿이 10개 있습니다. 하린이가 초콜릿 몇 개를 먹었더니 6개가 남았습니다. 하린이가 먹은 초콜릿은 몇 개일까요?

(　　　　　　)

7 □ 안에 들어갈 수가 더 큰 것을 찾아 기호를 써 보세요.

㉠ $3+\square=10$

㉡ $10-\square=8$

(　　　　　　)

3 10을 만들어 더하기

• 세 수의 덧셈은 순서를 바꾸어 더해도 결과가 같습니다.

3-1 BASIC CONCEPT

세 수 더하기

10이 되는 두 수를 먼저 더하고, 남은 수를 더합니다.

└ 10이 되는 두 수를 먼저 계산하면 편리합니다.

$7+3+5=15$ (7+3=10, 10+5=15)

$3+4+6=13$ (4+6=10, 3+10=13)

$2+4+8=14$ (2+8=10, 10+4=14)

1 □ 안에 알맞은 수를 써넣으세요.

(1) $5+5+6=\square+6=16$

(2) $4+7+3=4+\square=14$

2 밑줄 친 두 수의 합이 10이 되도록 ○ 안에 수를 써넣고, 계산해 보세요.

(1) $5+\underline{7+\bigcirc}=\square$

(2) $\underline{\bigcirc+6}+7=\square$

(3) $\underline{2}+9+\underline{\bigcirc}=\square$

3 계산 결과를 비교하여 ○ 안에 >, =, <를 알맞게 써넣으세요.

(1) $4+6+5$ ○ $10+4$

(2) $2+9+1$ ○ $10+6$

정답과 풀이 21쪽

4 상자 안에 야구공 7개, 축구공 4개, 배구공 6개가 들어 있습니다. 상자 안에 들어 있는 공은 모두 몇 개인지 식을 쓰고 답을 구해 보세요.

식 .... 답 ....

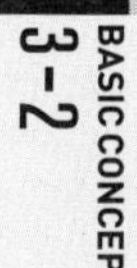

3-2 BASIC CONCEPT

세 수의 합을 알 때 모르는 수 구하기

세 수의 합이 17일 때 모르는 수 구하기

6 4 □

$6+4+\square=17$

$10+\square=17$이므로 $\square=7$입니다.

5 세 수의 합이 18일 때 □ 안에 알맞은 수를 구해 보세요.

3 □ 7

( )

6 수 카드 9, 6, 1 중에서 2장을 골라 합이 14가 되는 덧셈식을 만들려고 합니다. □ 안에 알맞은 수를 써넣으세요.

$\square+\square+4=14$

7 1부터 9까지의 수 중에서 ■와 ●에 알맞은 수를 넣어서 만들 수 있는 덧셈식을 2개 써 보세요.

■+6+●=16

(,)

'='의 왼쪽 식의 값과 오른쪽 식의 값은 같다.

수 카드 2장을 골라 만든 덧셈식 2개로 하나의 식 만들기

➡ □+□=□+□

4+1=5, 4+2=6, 4+5=9, 더하는 두 수의 순서를 바꾼 덧셈식 1+4=5, 2+4=6, 5+4=9, 2+1=3, 5+1=6, 5+2=7

1+2=3, 1+5=6, 2+5=7

➡4+2=1+5

대표문제 1

수 카드를 한 번씩만 사용하여 식을 완성해 보세요.

5 2 3 6

□−□=□−□

두 수씩 묶어 차가 같은 두 식을 찾아봅니다.

└ 큰 수에서 작은 수를 뺍니다.

• (5, 2)와 (3, 6): 5−2=□, 6−3=□

• (5, 3)과 (2, 6): 5−3=□, 6−2=□

• (5, 6)과 (2, 3): 6−5=□, 3−2=□

따라서 만들 수 있는 식은 3−2=6−□, 5−2=□−□입니다.

계산 결과가 1인 경우 / 계산 결과가 3인 경우

1-1
수 카드를 한 번씩만 사용하여 식을 완성해 보세요.

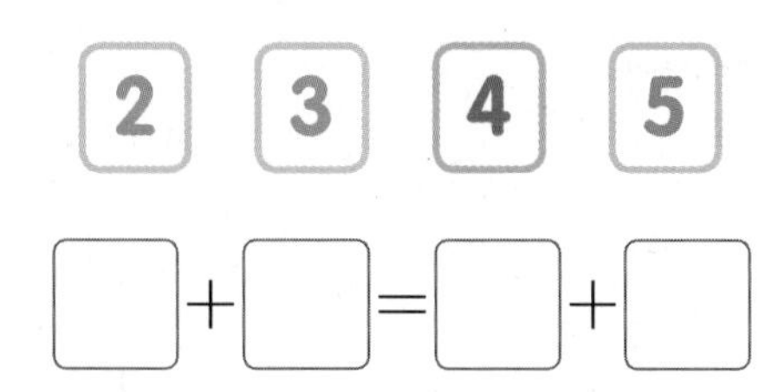

1-2
수 카드 중에서 4장을 골라 한 번씩만 사용하여 식을 완성해 보세요.

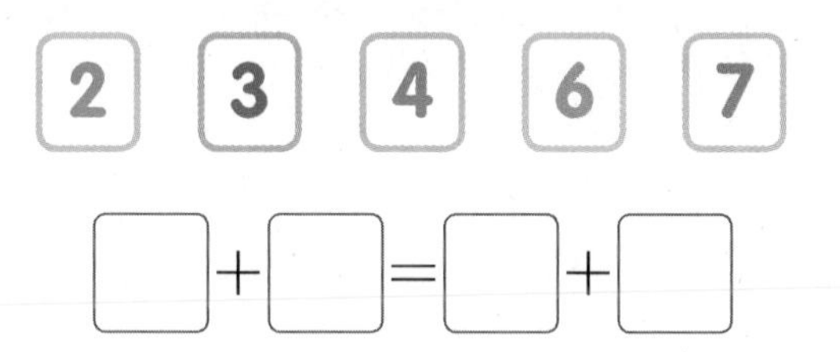

1-3
수 카드를 한 번씩만 사용하여 식을 완성해 보세요.

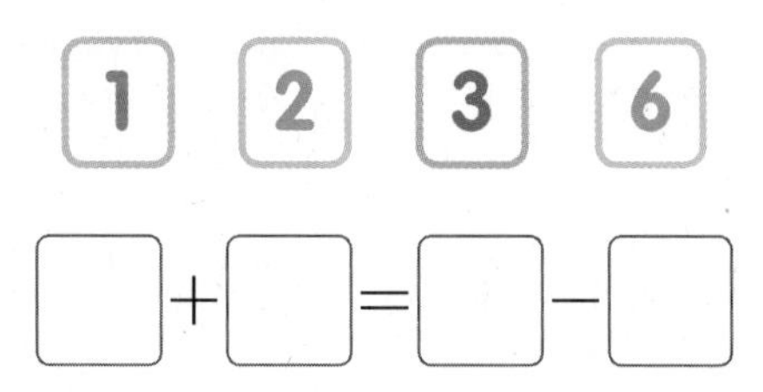

10을 두 수로 가르기하는 방법은 여러 가지이다.

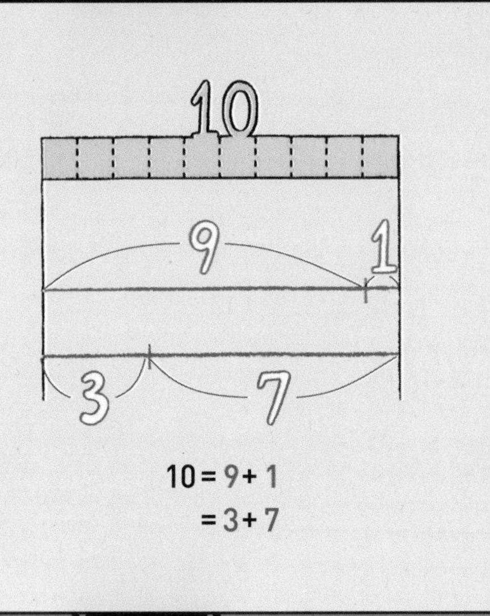

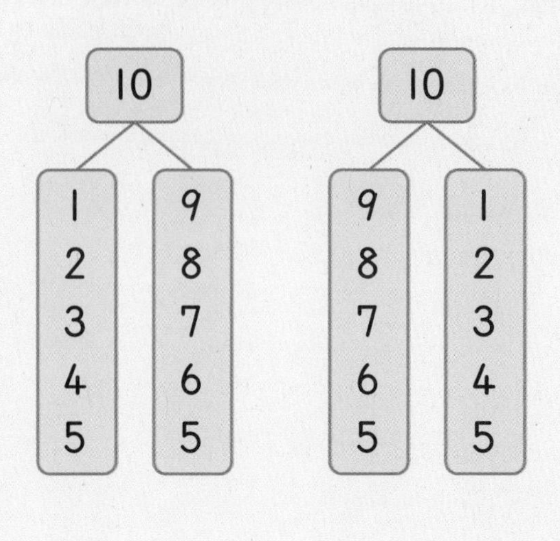

은아와 희주는 연필 10자루를 남김없이 나누어 가지려고 합니다. 은아가 희주보다 연필을 4자루 더 많이 가지려면 은아와 희주는 연필을 각각 몇 자루 가져야 하는지 구해 보세요.

10을 두 수로 가르기해 봅니다.

10	1	2	3	4	5	6	7		
	9	8	7	6	5			2	1

10을 두 수로 가르기한 것 중에 차가 4인 것은 3과 ☐, ☐과 3입니다.

따라서 은아가 희주보다 연필을 4자루 더 많이 가지려면

은아는 ☐자루, 희주는 ☐자루를 가져야 합니다.

2-1 서로 다른 두 수가 있습니다. 두 수를 더하면 10이고, 큰 수에서 작은 수를 빼면 8입니다. 큰 수를 구해 보세요.

( )

2-2 아영이는 진서보다 2살 더 많고 아영이와 진서의 나이의 합은 10살입니다. 아영이의 나이는 몇 살일까요?

( )

2-3 색종이 10장을 모두 사용하여 종이학과 종이별을 접었습니다. 종이학을 접는 데 종이별을 접는 것보다 색종이를 6장 더 많이 사용했다면 종이별을 접는 데 사용한 색종이는 몇 장일까요?

( )

2-4 바둑돌 10개 중에서 6개를 남겨 놓고 노란색과 빨간색 주머니에 나누어 넣었습니다. 노란색 주머니에 넣은 바둑돌이 빨간색 주머니에 넣은 바둑돌보다 적다면 빨간색 주머니에는 몇 개의 바둑돌이 들어 있을까요? (단, 비어 있는 주머니는 없습니다.)

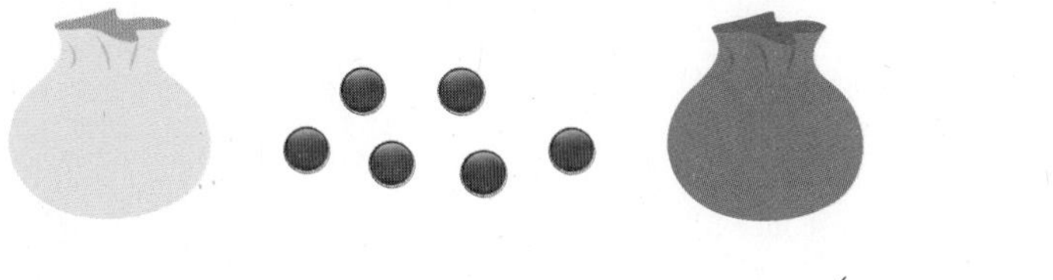

( )

같은 수의 배열이라도

연산 기호에 따라 계산 결과가 달라진다.

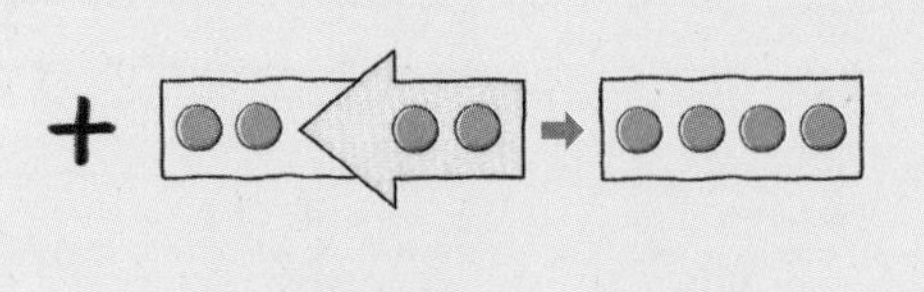

$7 \oplus 3 \oplus 4=14$

$7 \oplus 3 \ominus 4=6$

$7 \ominus 3 \oplus 4=8$

$7 \ominus 3 \ominus 4=0$

올바른 식이 되도록 ○ 안에 ＋, － 기호를 알맞게 써넣으세요.

7 ○ 3 ○ 2 = 8

가장 왼쪽의 수(7)보다 등호(=) 오른쪽의 수(8)가 커졌으므로 ＋가 적어도 한 번은 들어갑니다.

└ ＋가 한 번 또는 두 번 들어갑니다.(한 번도 안 들어가는 경우 제외)

7 (＋) 3 (＋) 2=10 ○ 2=□

7 ○ 3 ○ 2=10 ○ 2=□

7 ○ 3 ○ 2= 4 ○ 2=□

따라서 계산 결과가 8이 되는 식은 7 ○ 3 ○ 2=8입니다.

3-1

올바른 식이 되도록 ○ 안에 $+$, $-$ 기호를 알맞게 써넣으세요.

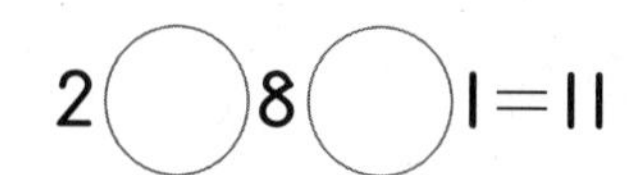

3-2

올바른 식이 되도록 ○ 안에 $+$, $-$ 기호를 알맞게 써넣으세요.

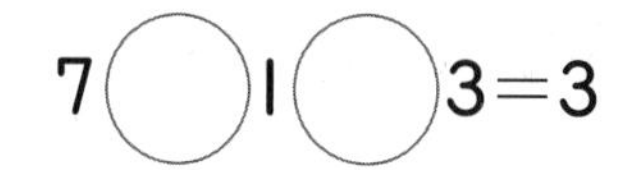

3-3

올바른 식이 되도록 ○ 안에 $+$, $-$ 기호를 알맞게 써넣으세요.

8 ◯ 2 ◯ 3=7

3-4

올바른 식이 되도록 ○ 안에 $+$, $-$ 기호를 알맞게 써넣으세요.

아는 수를 이용해 모르는 수를 구한다.

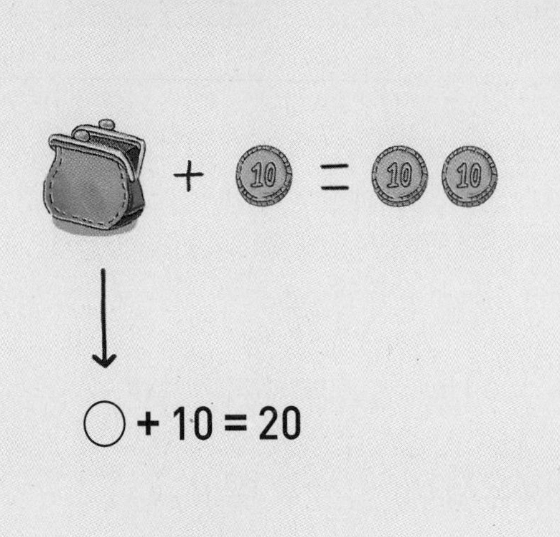

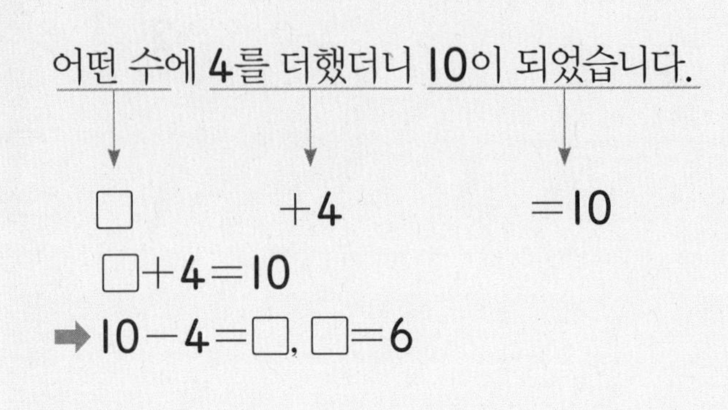

대표문제 4

혜미는 파란색 구슬 4개와 노란색 구슬 3개를 가지고 있습니다. 혜미와 성호가 가지고 있는 구슬이 모두 10개일 때 성호가 가지고 있는 구슬은 몇 개인지 구해 보세요.

(혜미가 가지고 있는 구슬의 수)=4+□=□(개)

성호가 가지고 있는 구슬의 수를 ■개라 하면
혜미와 성호가 가지고 있는 구슬이 모두 10개이므로

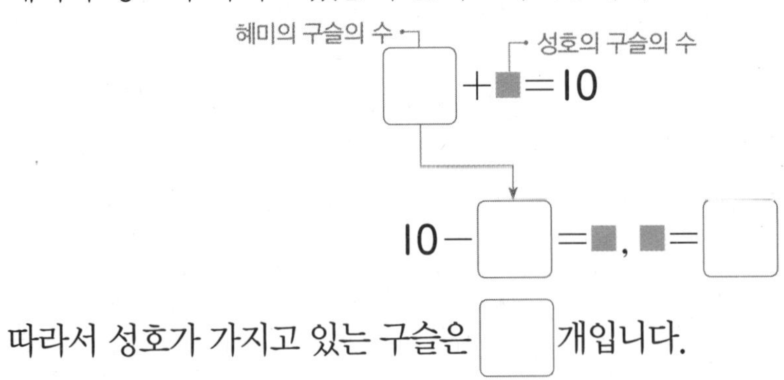

따라서 성호가 가지고 있는 구슬은 □개입니다.

4-1 어진이는 딸기 맛 사탕 2개와 포도 맛 사탕 3개를 가지고 있습니다. 어진이와 희수가 가지고 있는 사탕이 모두 10개일 때 희수가 가지고 있는 사탕은 몇 개 일까요?

( )

4-2 소미가 동화책 4권과 위인전 2권, 과학책 몇 권을 가지고 있습니다. 소미가 가지고 있는 책이 모두 10권이라면 과학책을 몇 권 가지고 있을까요?

( )

4-3 현아와 성준이는 과녁 맞히기 놀이를 하였습니다. 화살을 각각 2개씩 던져 현아는 3점과 7점을 맞히고 성준이는 8점과 몇 점을 맞혔습니다. 두 사람의 점수가 같다면 성준이가 맞힌 점수 중 모르는 점수는 몇 점일까요?

( )

4-4 상자 안에 사과, 배, 감이 모두 10개 들어 있습니다. 사과와 배를 합하면 7개이고, 배와 감을 합하면 8개입니다. 상자 안에 배는 몇 개 들어 있을까요?

( )

계산한 방법과 순서를 거꾸로 하면 처음 수가 된다.

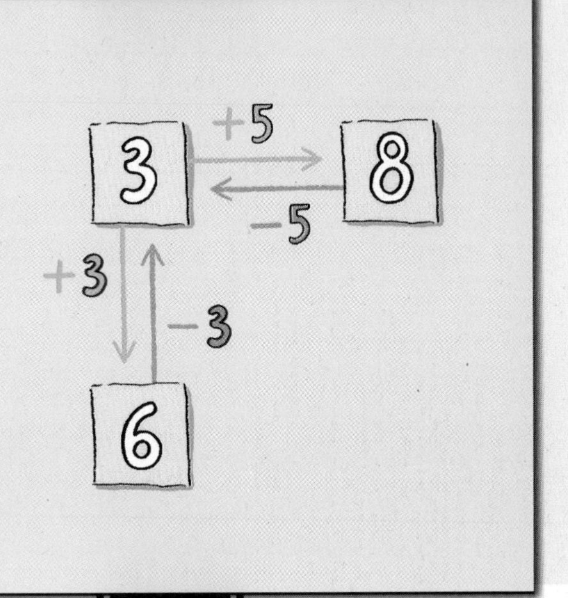

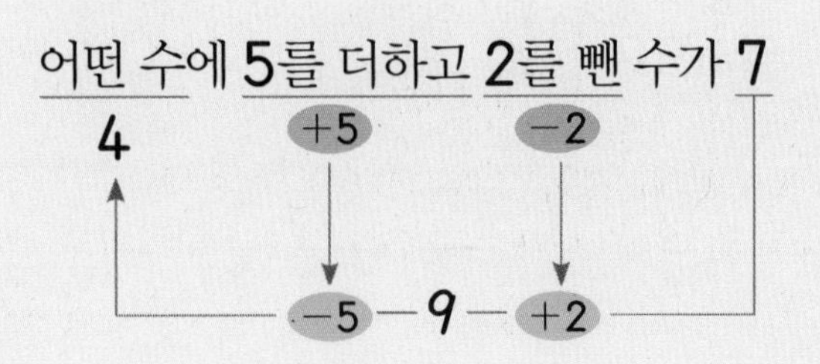

대표문제 5

윤아는 가지고 있던 색종이 중에서 3장을 사용하고 동생에게 4장을 주었더니 2장이 남았습니다. 윤아가 처음에 가지고 있던 색종이는 몇 장인지 구해 보세요.

거꾸로 생각하여 계산합니다.

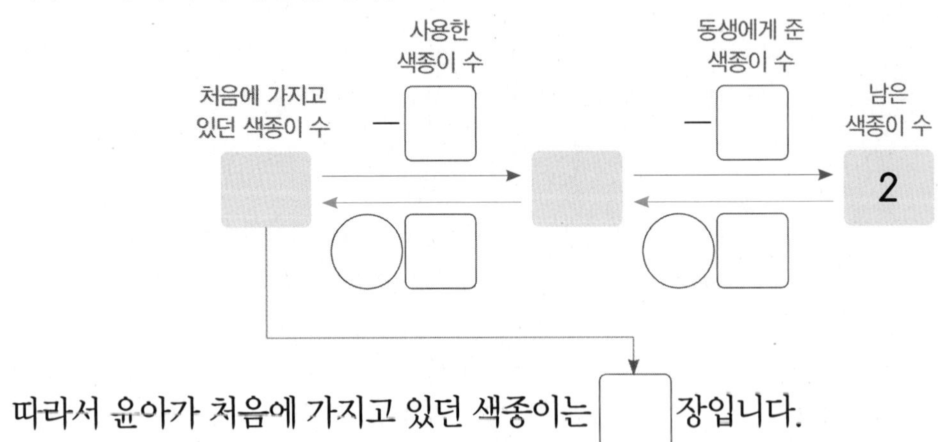

따라서 윤아가 처음에 가지고 있던 색종이는 ☐ 장입니다.

5-1 바구니에서 귤을 민주가 2개, 동생이 5개 꺼내 먹었더니 바구니에 귤이 1개 남았습니다. 처음에 바구니에 있던 귤은 몇 개일까요?

( )

서술형 **5-2** 성호가 연필 몇 자루를 가지고 있었는데 5자루를 사고 3자루를 잃어버렸더니 7자루가 남았습니다. 성호가 처음에 가지고 있던 연필은 몇 자루인지 풀이 과정을 쓰고 답을 구해 보세요.

풀이

답

5-3 선화는 동화책을 첫째 날 5쪽, 둘째 날 2쪽 읽었더니 2쪽이 남았습니다. 은호는 위인전을 첫째 날 4쪽, 둘째 날 3쪽 읽었더니 3쪽이 남았습니다. 동화책과 위인전 중 쪽수가 더 많은 책은 무엇일까요?

( )

5-4 몇 명이 타고 있던 버스가 첫째 정류장에 도착하여 3명이 내리고 4명이 새로 탔습니다. 둘째 정류장에서는 새로 타는 사람 없이 8명만 내렸더니 버스에 타고 있는 사람이 2명이었습니다. 처음에 버스에 타고 있던 사람은 몇 명일까요?

( )

최상위

규칙을 찾아 식으로 나타낸다.

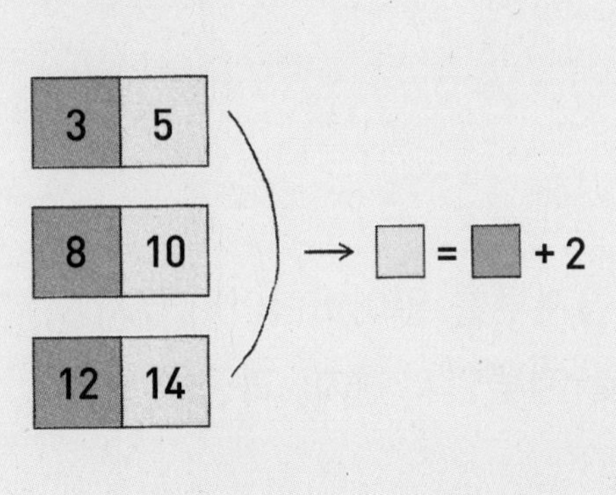

1	2
	3

$1+2=3$

3	4
	7

$3+4=7$

2	4
	6

$2+4=6$

4	4

$4+4=8$

규칙을 찾아 빈칸에 알맞은 수를 구해 보세요.

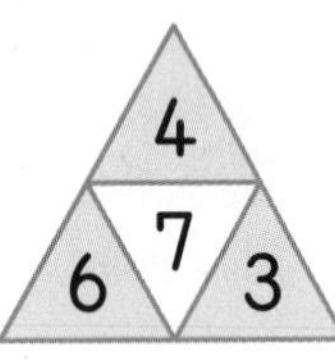

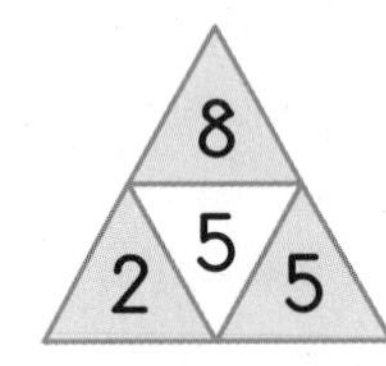

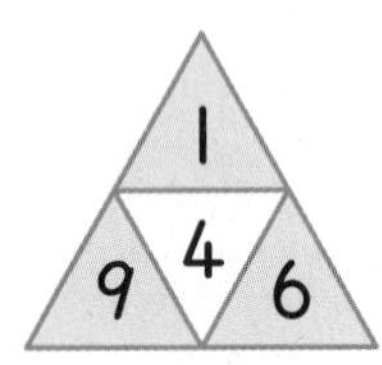

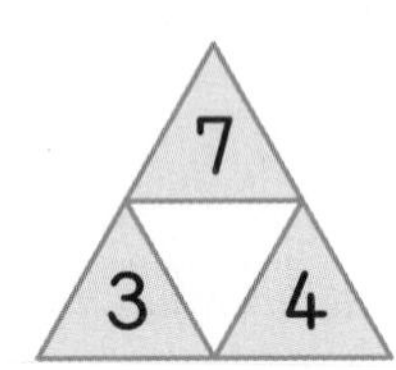

색칠한 칸에 있는 세 수와 가운데 있는 수 사이에 어떤 규칙이 있는지 알아봅니다.

└ 10이 되는 두 수를 먼저 더하고, 남은 수를 뺍니다.

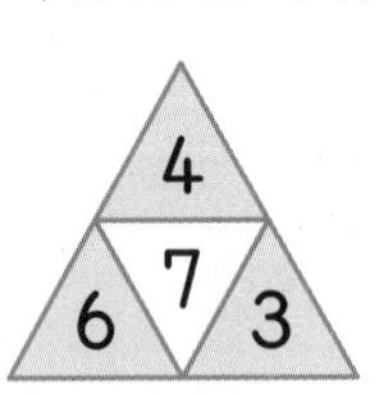

$4+6-3=10-3=7$

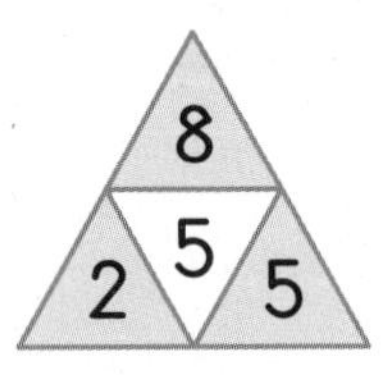

$8+2-5=10-\square=5$

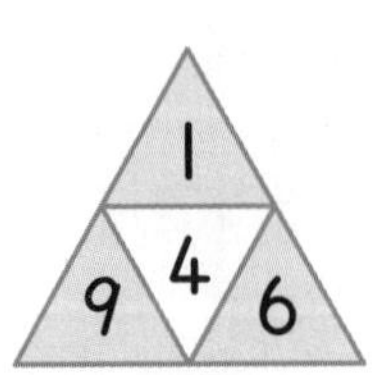

$1+9-6=10-\square=4$

7
3 4

$7+3-4=\square-\square=\square$

따라서 빈칸에 알맞은 수는 □ 입니다.

6-1 규칙을 찾아 빈칸에 알맞은 수를 써넣으세요.

3	7
4	14

2	5
8	15

3	5
2	10

8	9
1	

6-2 규칙을 찾아 빈칸에 알맞은 수를 써넣으세요.

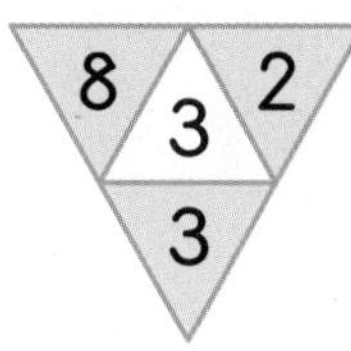

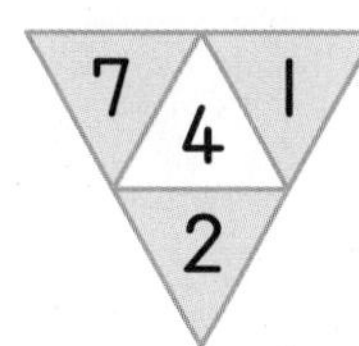

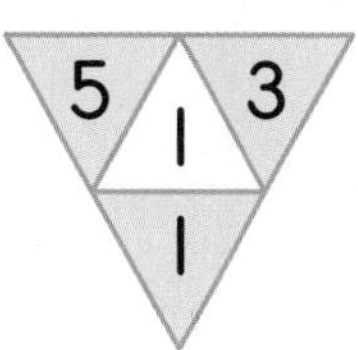

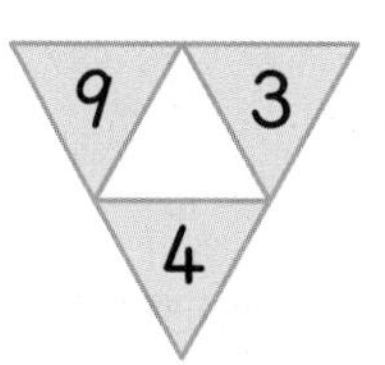

6-3 규칙을 찾아 빈칸에 알맞은 수를 써넣으세요.

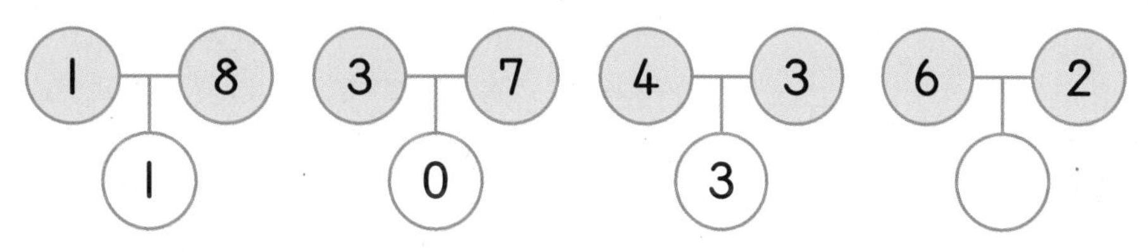

6-4 규칙을 찾아 빈칸에 알맞은 수를 써넣으세요.

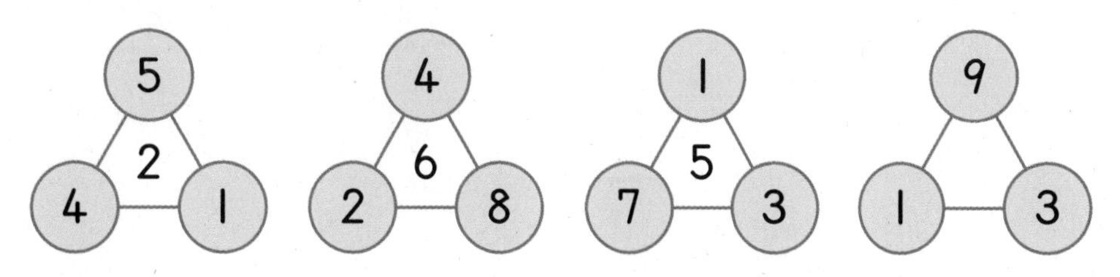

알 수 있는 것부터 차례로 구한다.

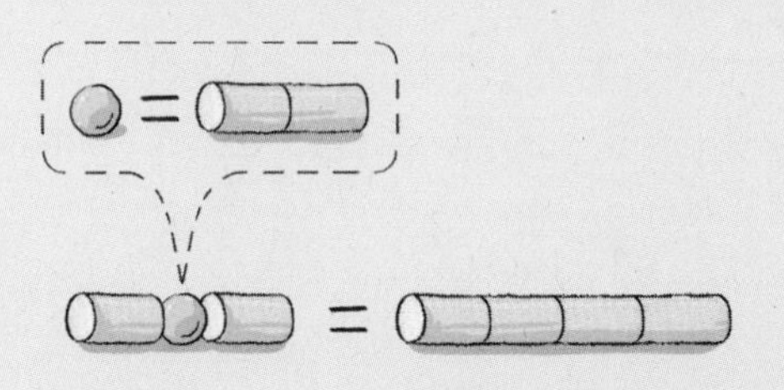

- ■ $-2-3=4$
- ● $+$ ■ $=10$

■ $-2-3=4$ ➡ $4+3+2=$ ■, ■ $=9$

● $+$ ■ $=10$ ➡ ● $+9=10$ ➡ $10-9=$ ●, ● $=1$

같은 모양은 같은 수를 나타냅니다. ■에 알맞은 수를 구해 보세요.

- ● $+8=10$
- ■ $-2-1=$ ●

먼저 ●에 알맞은 수를 구합니다.

● $+8=10$ ➡ $10-8=$ ●, ● $=$ ☐

■ $-2-1=$ ● ➡ ■ $-2-1=$ ☐, ☐ $+1+2=$ ■, ■ $=$ ☐

따라서 ■에 알맞은 수는 ☐ 입니다.

7-1 같은 모양은 같은 수를 나타냅니다. ●에 알맞은 수를 구해 보세요.

• ■ + 7 = 10
• ● − 4 − 2 = ■

( )

7-2 같은 모양은 같은 수를 나타냅니다. ◆에 알맞은 수를 구해 보세요.

• ★ − 1 − 2 = 7
• 1 + ◆ = ★

( )

서술형 **7-3** 같은 모양은 같은 수를 나타냅니다. ■에 알맞은 수를 구하는 풀이 과정을 쓰고 답을 구해 보세요.

• ▲ − 7 + 6 = 8
• 3 + 7 − ▲ = ■

풀이

답

하나의 수는 여러 가지 방법의 덧셈식으로 나타낼 수 있다.

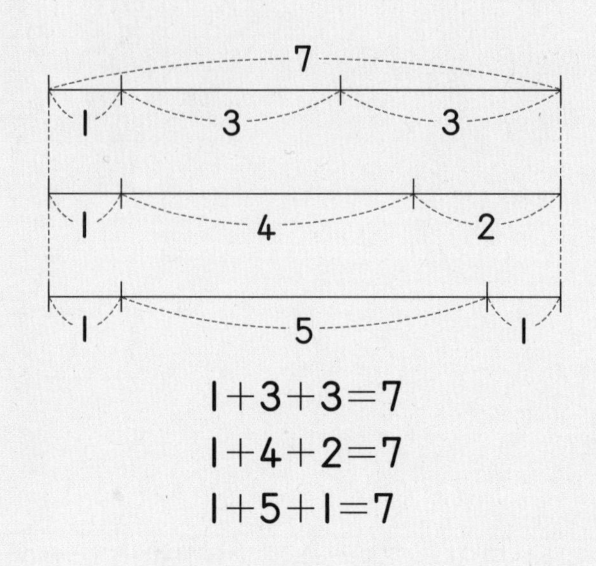

$1+3+3=7$
$1+4+2=7$
$1+5+1=7$

대표문제 8

1부터 6까지의 수 중에서 서로 다른 세 수의 합이 8이 되는 경우는 모두 몇 가지인지 구해 보세요. (단, 더하는 순서만 다른 식은 같은 식으로 생각합니다.)

• 가장 큰 수가 6인 경우: 나머지 두 수의 합이 2입니다.
└ 가장 작은 수와 둘째로 작은 수의 합이 1+2=3이므로 2인 경우는 없습니다.

• 가장 큰 수가 5인 경우: 나머지 두 수의 합이 ☐입니다.

➡ ☐+☐+5=8

• 가장 큰 수가 4인 경우: 나머지 두 수의 합이 ☐입니다.

➡ ☐+☐+4=8

따라서 1부터 6까지의 수 중에서 서로 다른 세 수의 합이 8이 되는 경우는 모두 ☐가지입니다.

8-1 주머니 안에 1부터 9까지의 수가 적힌 공이 한 개씩 들어 있습니다. 이 중에서 2개를 뽑았을 때 합이 10이 되는 경우는 모두 몇 가지일까요? (단, 뽑은 순서는 생각하지 않습니다.)

( )

8-2 1부터 8까지의 수 중에서 서로 다른 세 수의 합이 9가 되는 경우는 모두 몇 가지일까요? (단, 더하는 순서만 다른 식은 같은 식으로 생각합니다.)

( )

8-3 1, 2, 3을 여러 번 사용하여 더했을 때 합이 4가 되는 경우는 모두 몇 가지일까요? (단, 더하는 순서만 다른 식은 같은 식으로 생각합니다.)

( )

8-4 1부터 6까지의 수가 적힌 주사위가 있습니다. 이 주사위를 3번 던져서 나온 세 수의 합이 6이 되는 경우는 모두 몇 가지일까요? (단, 더하는 순서만 다른 식은 같은 식으로 생각합니다.)

( )

1 재원이와 지혜는 귤을 각각 10개씩 가지고 있었습니다. 이 중에서 귤을 몇 개 먹었더니 재원이는 3개, 지혜는 5개 남았습니다. 귤을 더 많이 먹은 사람의 이름을 써 보세요.

( )

2 도미노를 이웃한 두 수끼리 모아 10이 되도록 빈칸에 알맞은 수를 써넣으세요.

4	5

2	9

3	1

6	8

5	7

10

4	5

3 합이 16이 되는 세 수를 찾아 써 보세요. (단, 세 수 중 두 수의 합은 10입니다.)

5	6	9	3	1

( )

서술형 **4** 형은 주원이보다 3살 더 많고, 동생은 주원이보다 2살 더 적습니다. 형이 10살이라면 동생은 몇 살인지 풀이 과정을 쓰고 답을 구해 보세요.

풀이

답

5 1부터 9까지의 수 중에서 □ 안에 들어갈 수 있는 가장 큰 수를 구해 보세요.

$9-3-\square > 2$

(　　　　　　　　)

먼저 생각해 봐요!

1부터 9까지의 수 중에서 □ 안에 들어갈 수 있는 수는?

$7-\square < 2$

6 같은 줄에 있는 세 수의 합은 8입니다. 빈칸에 알맞은 수를 써넣으세요.

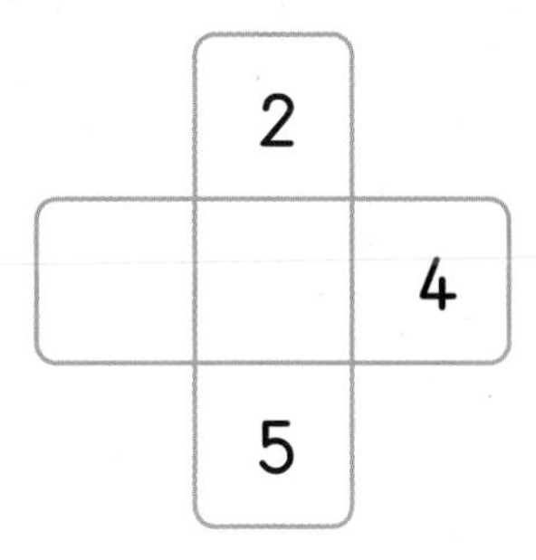

7 서로 다른 두 수가 있습니다. 두 수를 더하면 10이고, 큰 수에서 작은 수를 빼면 4입니다. 두 수를 구해 보세요.

(　　　　　　　　)

8 수 카드를 2장씩 짝 지어 수 카드에 적힌 두 수의 차를 구했을 때 차가 같은 경우는 몇 가지일까요?

(   )

9 보기 와 같이 □ 안에 +, −, =를 써넣어 식을 완성해 보세요.

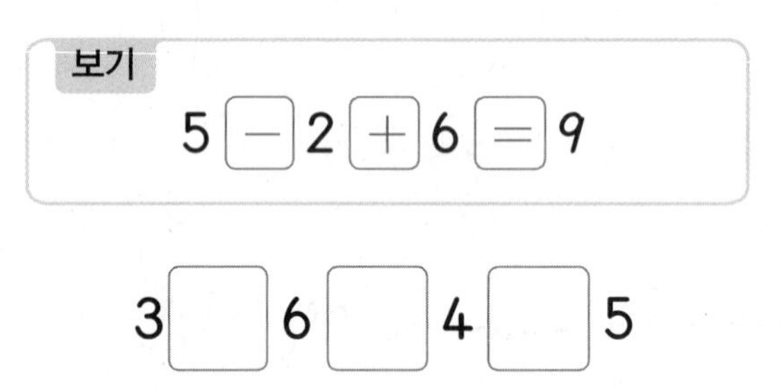

10 같은 모양은 같은 수를 나타냅니다. 표의 오른쪽에 있는 수는 가로줄(→)에 놓인 모양들의 합이고, 아래쪽에 있는 수는 세로줄(↓)에 놓인 모양들의 합입니다. ㉠에 알맞은 수를 구해 보세요.

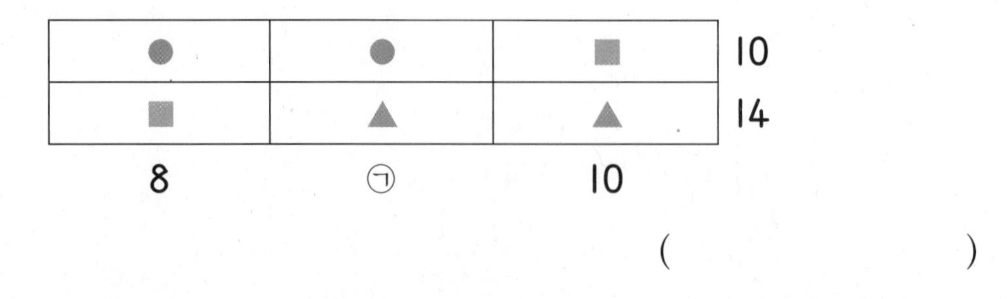

(   )

3

모양과 시각

1 여러 가지 모양

- 주변에서 ■, ▲, ● 모양을 찾아봅니다.
- ■, ▲, ● 모양의 특징을 알아봅니다.

1-1 BASIC CONCEPT

■, ▲, ● 모양 알아보기

■ 모양	▲ 모양	● 모양
• 뾰족한 부분이 4군데입니다. • 곧은 선이 있습니다.	• 뾰족한 부분이 3군데입니다. • 곧은 선이 있습니다.	• 뾰족한 부분이 없습니다. • 둥근 부분만 있습니다.

1 ▲ 모양은 몇 개일까요?

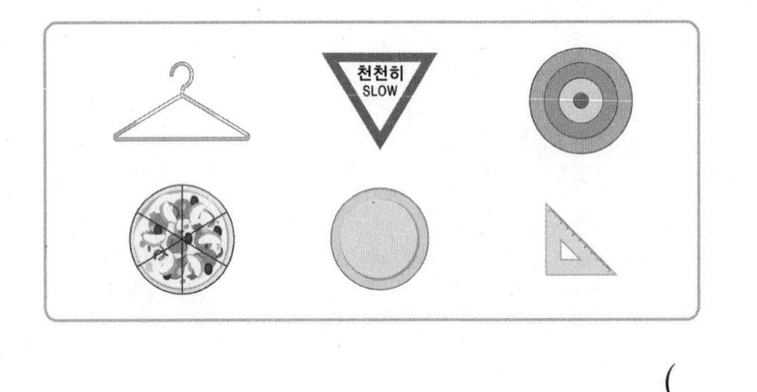

( )

2 모양 자의 안쪽에 있는 모양을 이용하여 그릴 수 있는 ■, ▲, ● 모양 중 가장 많이 그릴 수 있는 모양은 어떤 모양일까요?

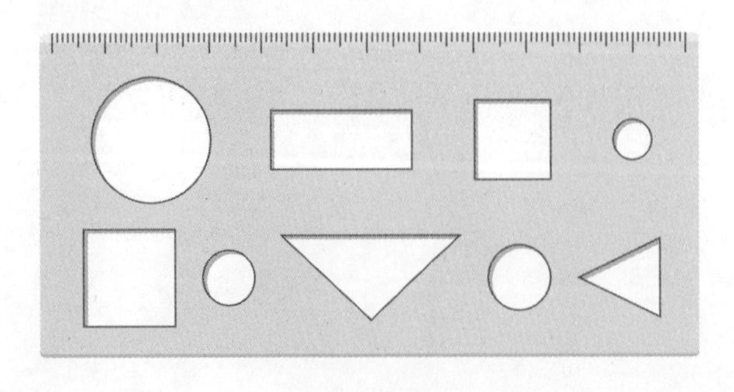

( )

3 같은 모양끼리 모은 것입니다. 잘못 모은 것을 찾아 기호를 써 보세요.

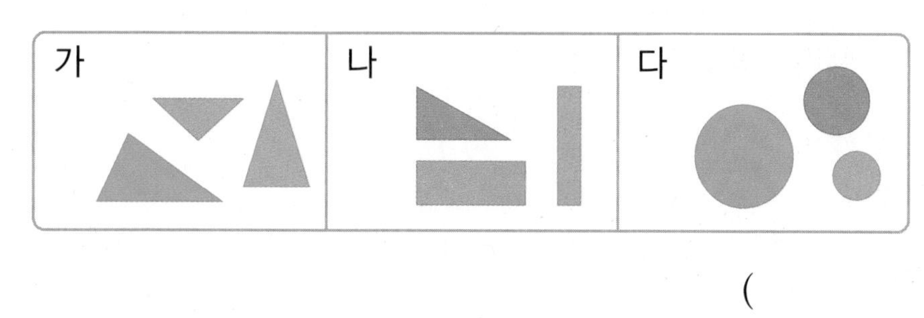

( )

4 다음 모양에 물감을 묻혀 찍기를 할 때 나올 수 없는 모양은 ■, ▲, ● 모양 중 어떤 모양일까요?

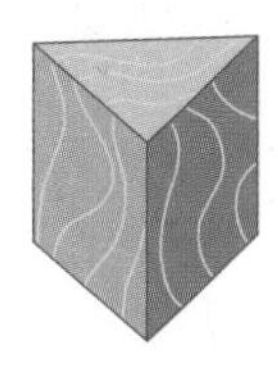

( )

BASIC CONCEPT 1-2

여러 가지 도형 알아보기

2-1 연계

삼각형	사각형	원
변, 꼭짓점	변, 꼭짓점	
변이 3개, 꼭짓점이 3개입니다. └곧은 선 └곧은 선이 만나는 점	변이 4개, 꼭짓점이 4개입니다.	변과 꼭짓점이 없습니다.

5 다음 조건을 만족하는 도형의 이름을 써 보세요.

- 뾰족한 부분이 4군데 있습니다.
- 곧은 선이 4개 있습니다.

( )

2 여러 가지 모양 꾸미기

• 크기가 달라도 모양이 같으면 같은 모양입니다.

BASIC CONCEPT 2-1

■, ▲, ● 모양을 이용하여 여러 가지 모양 꾸미기

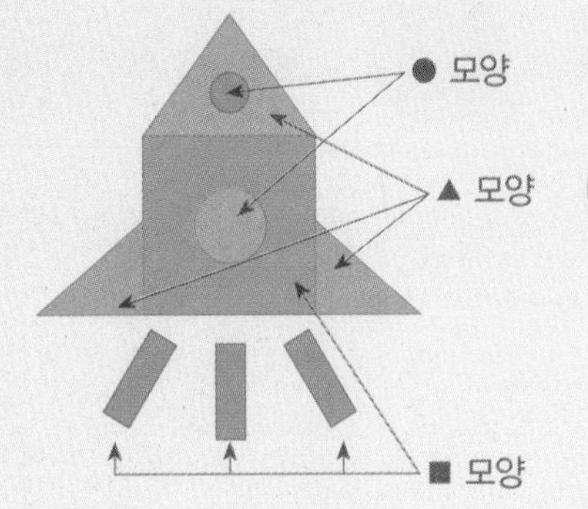

같은 모양은 같은 표시를 하면서 세면 세기 쉽습니다.

➡ ■ 모양 4개, ▲ 모양 3개, ● 모양 2개로 로켓 모양을 만들었습니다.

1 오른쪽 그림에서 이용한 모양의 수를 빈칸에 알맞게 써넣으세요.

모양	■	▲	●
이용한 개수(개)			

2 ■, ▲, ● 모양 중 가장 많이 이용한 모양에 ○표, 가장 적게 이용한 모양에 △표 하세요.

(■ , ▲ , ●)

3 ■, ▲, ● 모양을 이용하여 꾸민 모양입니다. 이용한 모양 중 뾰족한 부분이 없는 모양은 몇 개일까요?

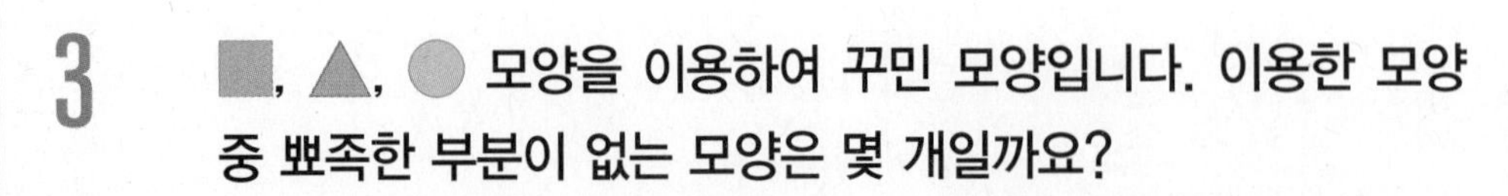

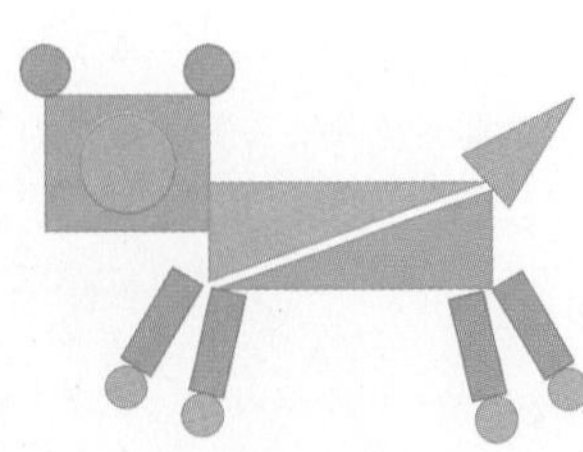

(   )

4 ■ 모양과 ▲ 모양만을 이용하여 꾸민 모양을 찾아 기호를 써 보세요.

㉠
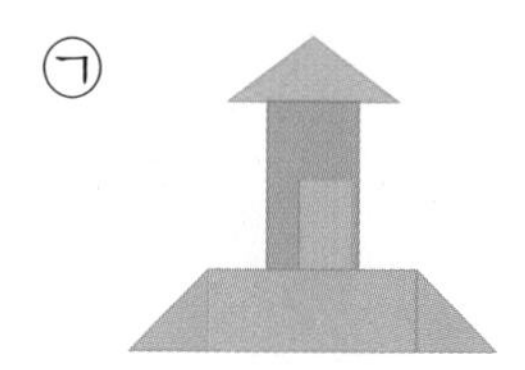
㉡
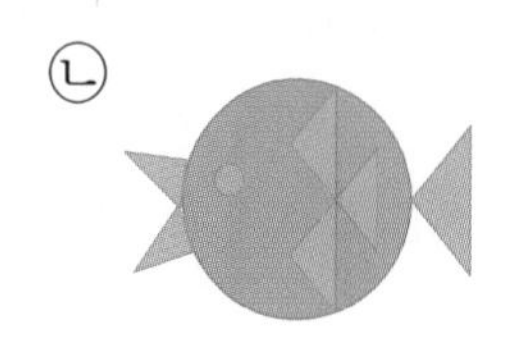

( )

5 왼쪽 모양을 모두 이용하여 모양을 꾸민 사람은 누구일까요?

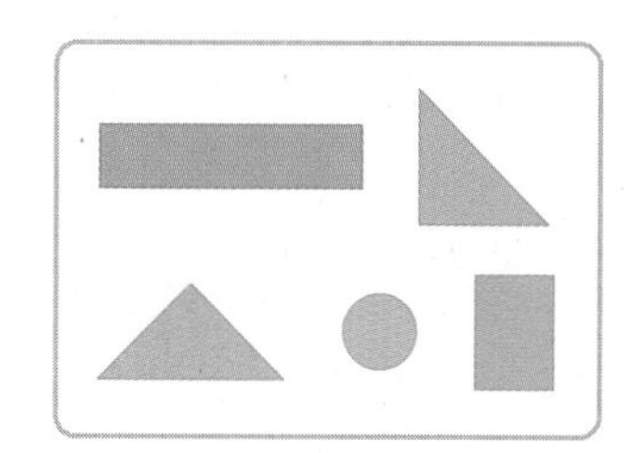
은서

진규
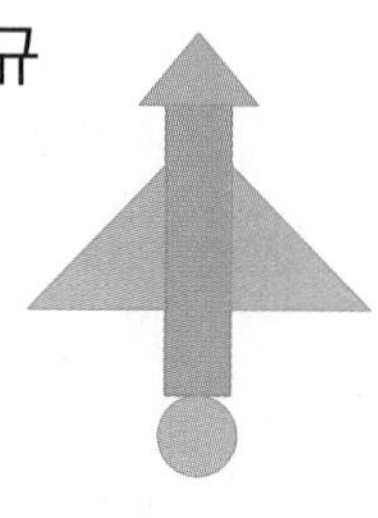

( )

같은 길이의 막대를 이용하여 모양을 만들 때 필요한 막대의 수 알아보기

막대 4개로 이루어진 ■ 모양이 1개씩 늘어날 때 막대는 몇 개씩 늘어나는지 알아봅니다.

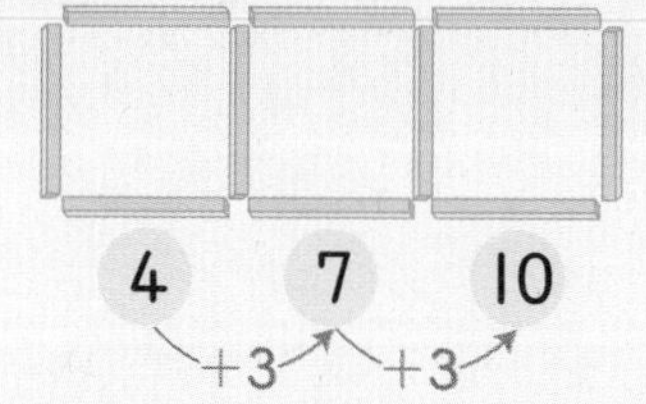

… ➡ (■ 모양 4개를 만들 때 필요한 막대의 수)
$=4+3+3+3=13$(개)

6 같은 길이의 막대를 이용하여 오른쪽과 같은 방법으로 ■ 모양을 만들고 있습니다. 막대 4개로 이루어진 ■ 모양 5개를 만들려면 필요한 막대는 모두 몇 개일까요?

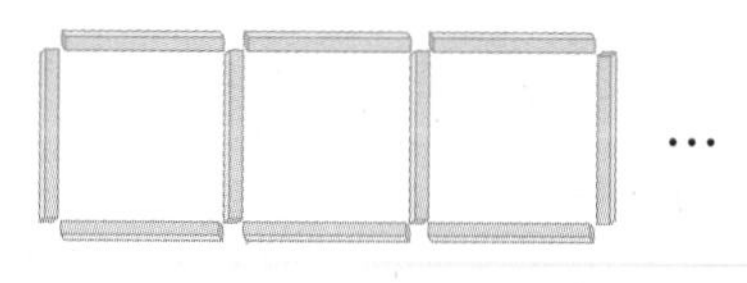

( )

7 같은 길이의 막대를 이용하여 오른쪽과 같은 방법으로 ▲ 모양을 만들고 있습니다. 막대 3개로 이루어진 ▲ 모양 6개를 만들려면 필요한 막대는 모두 몇 개일까요?

( )

3 몇 시, 몇 시 30분

- 시계의 짧은바늘은 '시'를 나타냅니다.
- 시계의 긴바늘은 '분'을 나타냅니다.
- 긴바늘이 한 바퀴 움직일 때 짧은바늘은 숫자 눈금 한 칸을 움직입니다.

BASIC CONCEPT 3-1

몇 시 알아보기

시계의 긴바늘이 12를 가리킬 때 '몇 시'를 나타냅니다.

짧은바늘이 7, 긴바늘이 12를 가리킬 때 시계는 7시를 나타내고 일곱 시라고 읽습니다.

몇 시 30분 알아보기

시계의 긴바늘이 6을 가리킬 때 '몇 시 30분'을 나타냅니다.

짧은바늘이 2와 3 사이, 긴바늘이 6을 가리킬 때 시계는 2시 30분을 나타내고 두 시 삼십 분이라고 읽습니다.

7시, 2시 30분 등을 시각이라고 합니다.

몇 시, 몇 시 30분 나타내기

- 10시 나타내기
  짧은바늘이 10, 긴바늘이 12를 가리키도록 그립니다.
- 4시 30분 나타내기
  짧은바늘이 4와 5 사이, 긴바늘이 6을 가리키도록 그립니다.

1 디지털시계의 시각과 같은 시각을 찾아 기호를 써 보세요.
(시각: 어느 한 시점)

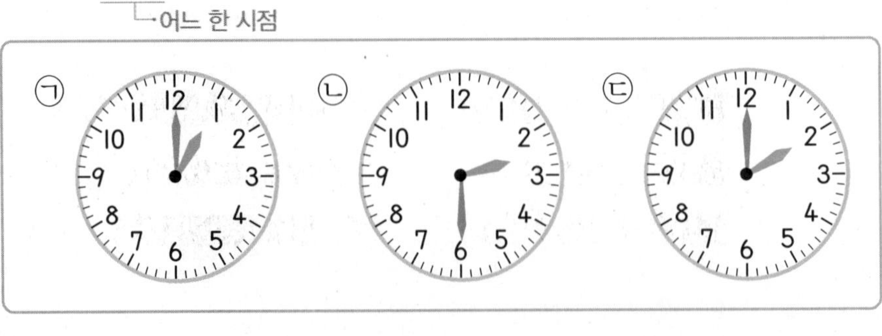

(　　　　　　)

2 시계에 시각을 나타내 보세요.

(1) 6시

(2) 3시 30분

BASIC CONCEPT 3-2

짧은바늘과 긴바늘 사이의 관계

긴바늘이 시계를 한 바퀴 돌면 짧은바늘은 숫자 눈금 한 칸을 움직입니다.

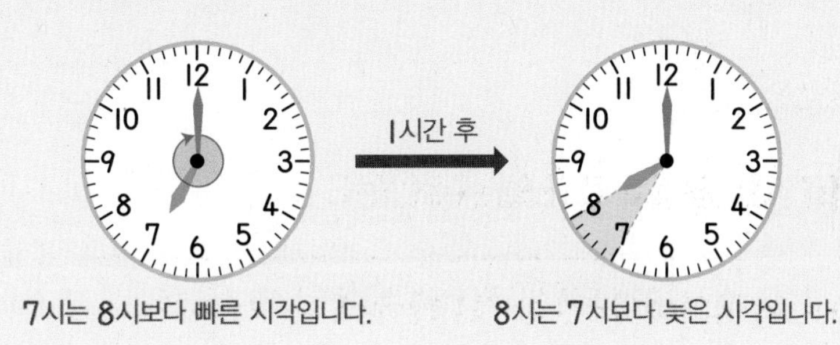

7시는 8시보다 빠른 시각입니다. 8시는 7시보다 늦은 시각입니다.

3 오른쪽 시계가 나타내는 시각에서 2시간 후의 시각은 몇 시일까요?

( )

4 ㉮는 영화가 시작한 시각이고 ㉯는 영화가 끝난 시각입니다. ㉮와 ㉯ 사이의 시각 중 긴바늘이 12를 가리키는 시각을 모두 써 보세요.

㉮ 

㉯ 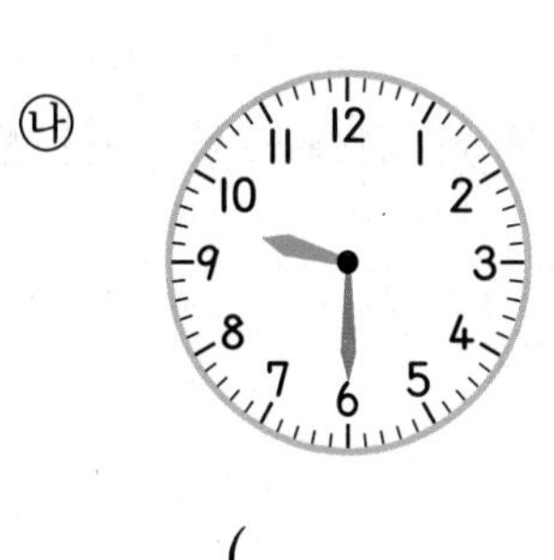

( )

최상위 S

모양끼리 겹치면 크기와 모양은 변하지 않는다.

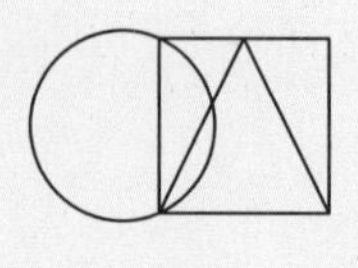

■, ▲, ● 모양을 각각 1개씩 겹쳐서 만들었습니다.

대표문제 1

주어진 모양들을 겹쳐서 만들 수 있는 모양을 모두 찾아 기호를 써 보세요.

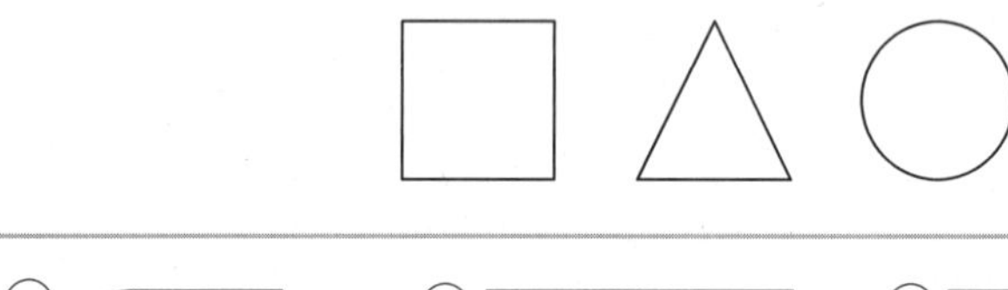

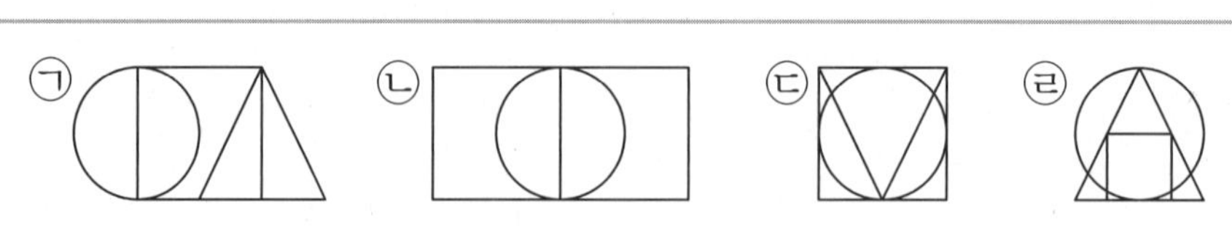

㉠ ➡ ■, ▲, ● 모양을 각각 1개씩 이용하였으므로 주어진 모양으로 만들 수 있습니다.

㉡ ➡ ■ 모양 2개, ● 모양 1개를 이용하였으므로 주어진 모양으로 만들 수 (있습니다 , 없습니다).

㉢ ➡ ■, ▲, ● 모양을 각각 1개씩 이용하였으므로 주어진 모양으로 만들 수 (있습니다 , 없습니다).

㉣ ➡ ■, ▲, ● 모양을 각각 1개씩 이용하였지만 ■ 모양의 크기가 다르므로 주어진 모양으로 만들 수 (있습니다 , 없습니다).

따라서 주어진 모양으로 만들 수 있는 모양은 ☐, ☐ 입니다.

1-1 주어진 모양들을 겹쳐서 만들 수 있는 모양을 찾아 기호를 써 보세요.

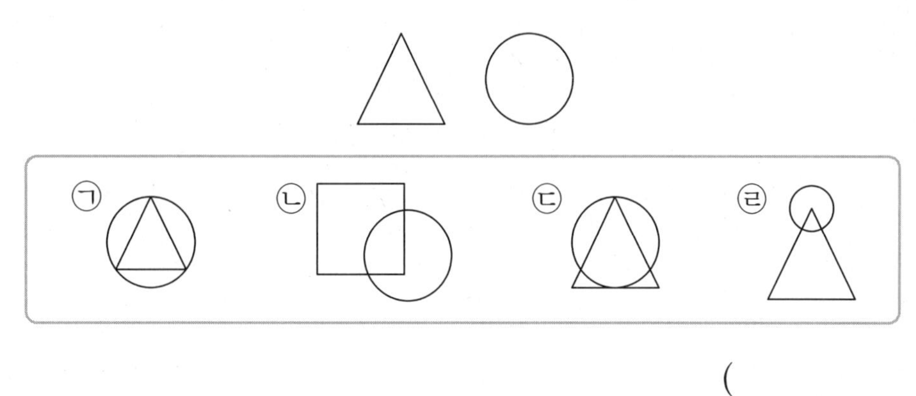

( )

1-2 주어진 모양들을 겹쳐서 만들 수 있는 모양을 모두 찾아 기호를 써 보세요.

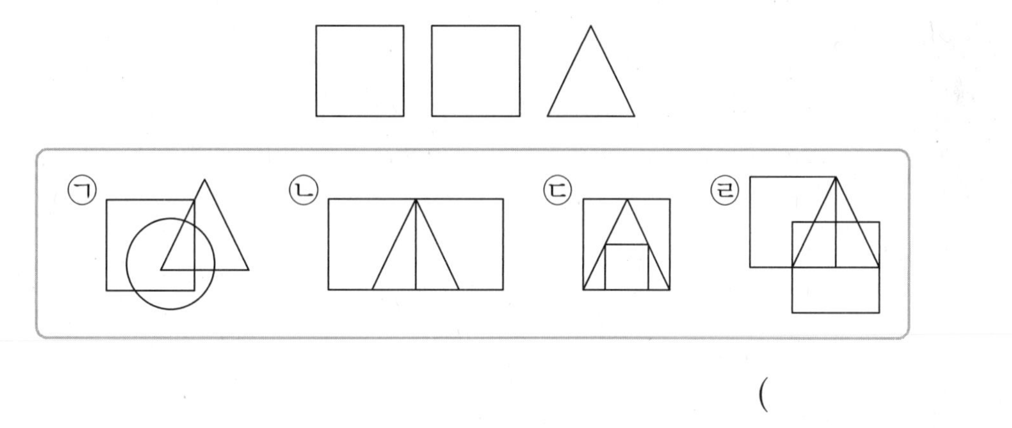

( )

1-3 색종이를 잘라 ■, ▲ 모양을 만들었습니다. 만든 모양들을 겹쳐서 만들 수 있는 모양을 모두 찾아 기호를 써 보세요.

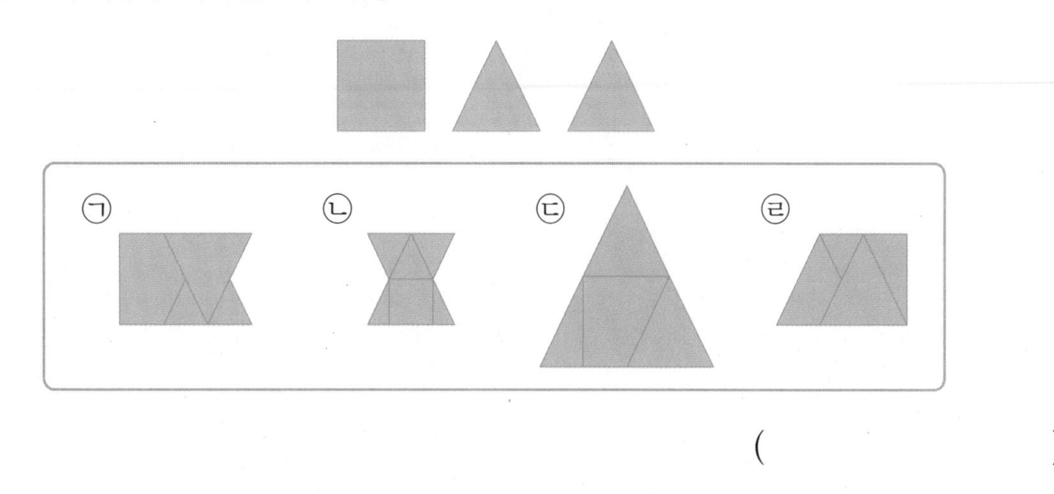

( )

최상위 S

모양의 일부분만 봐도 그 모양을 알 수 있다.

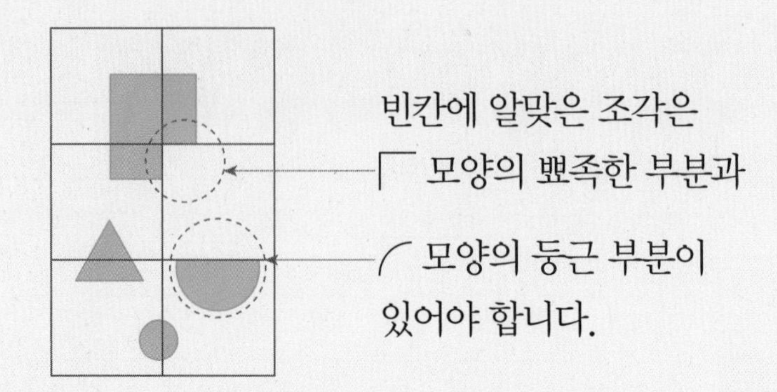

대표문제 2

■, ▲, ● 모양이 그려진 퍼즐의 빈칸에 알맞은 조각을 찾아 기호를 써넣으세요.

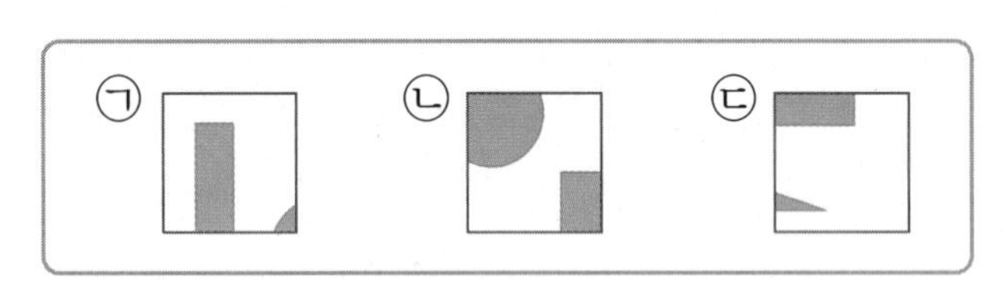

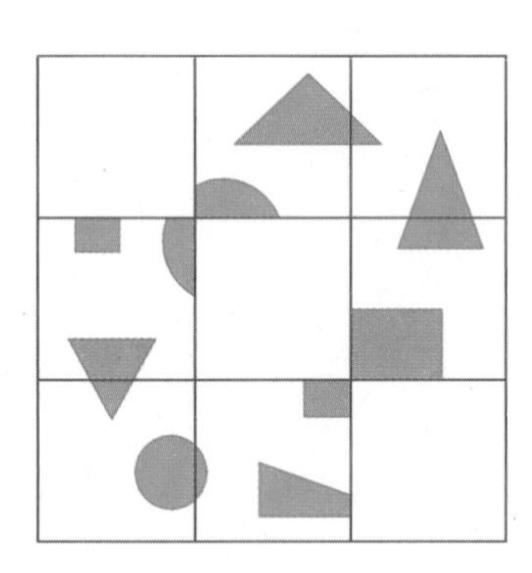

맞춰진 퍼즐 조각을 보고 빈칸에 어떤 조각을 맞추었을 때 ■, ▲, ● 모양이 완성되는지 알아봅니다.

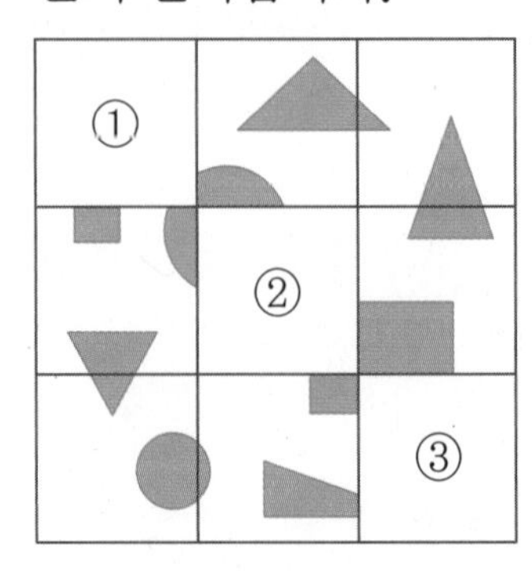

① ┌ 모양의 뾰족한 부분과 ╭ 모양의 둥근 부분이 있는 조각 ➡ ㉠

㉡은 ┌ 모양의 뾰족한 부분과 ╭ 모양의 둥근 부분이 있지만 ①에 넣었을 때 모양이 완성되지 않습니다.

② ╭ 모양의 둥근 부분과 ┌ 모양의 뾰족한 부분이 있는 조각 ➡ ☐

③ ┌ 모양의 뾰족한 부분과 ╱╲ 모양의 뾰족한 부분이 있는 조각 ➡ ☐

2-1 ■, ▲, ● 모양이 그려진 퍼즐의 빈칸에 알맞은 조각을 찾아 기호를 써 보세요.

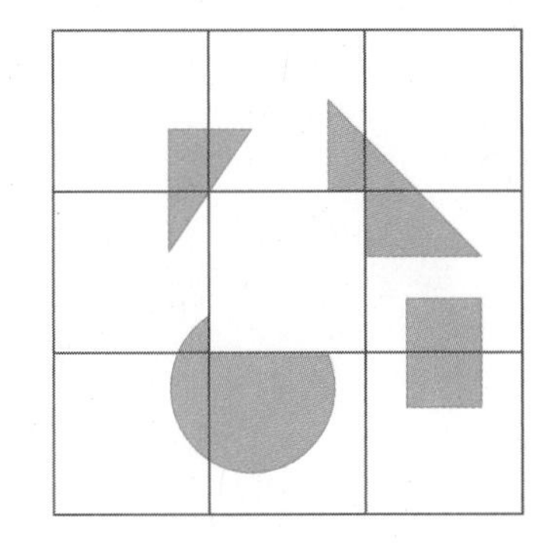

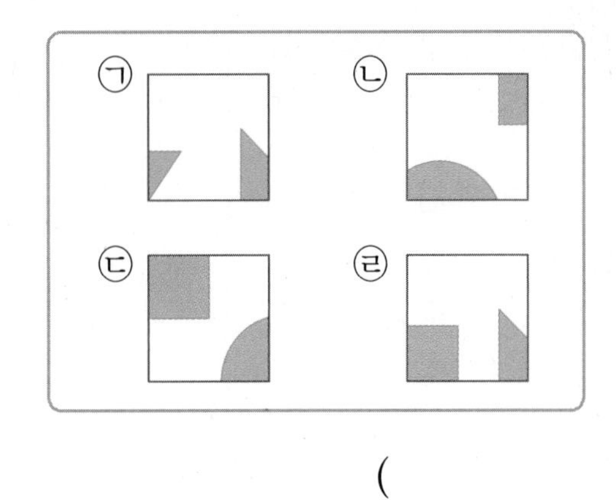

(　　　　　　　)

2-2 ■, ▲, ● 모양이 그려진 퍼즐의 빈칸에 알맞은 조각을 찾아 기호를 써 보세요.

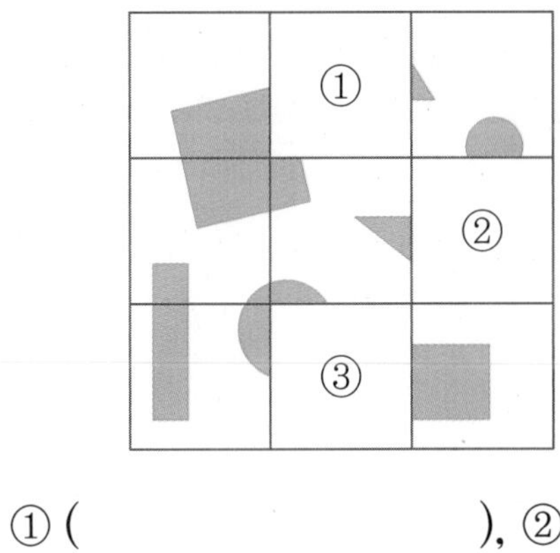

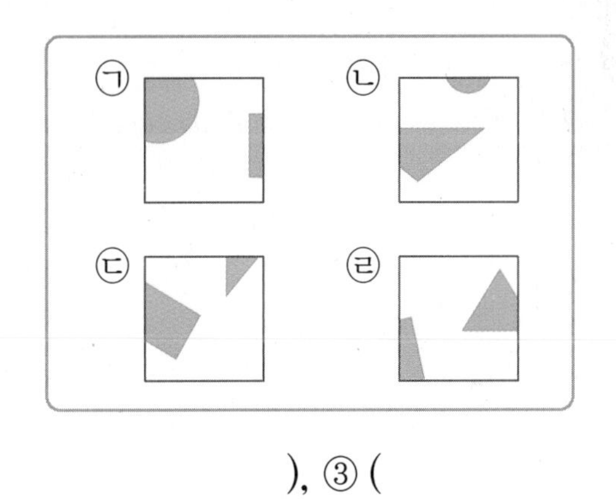

① (　　　　　　　), ② (　　　　　　　), ③ (　　　　　　　)

2-3 ■, ▲, ● 모양이 그려진 퍼즐의 빈칸에 알맞은 조각을 찾아 기호를 써 보세요.

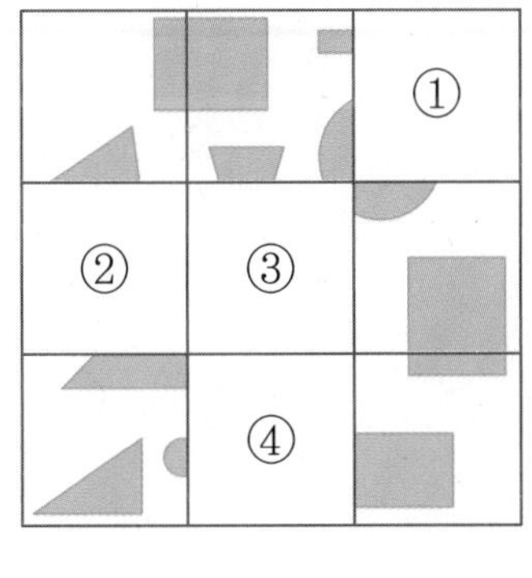

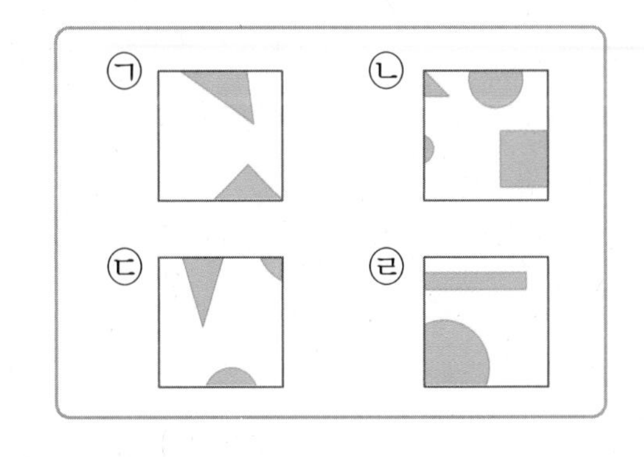

① (　　　　　), ② (　　　　　), ③ (　　　　　), ④ (　　　　　)

같은 모양을 여러 개 이어 붙여 새로운 모양을 만들 수 있다.

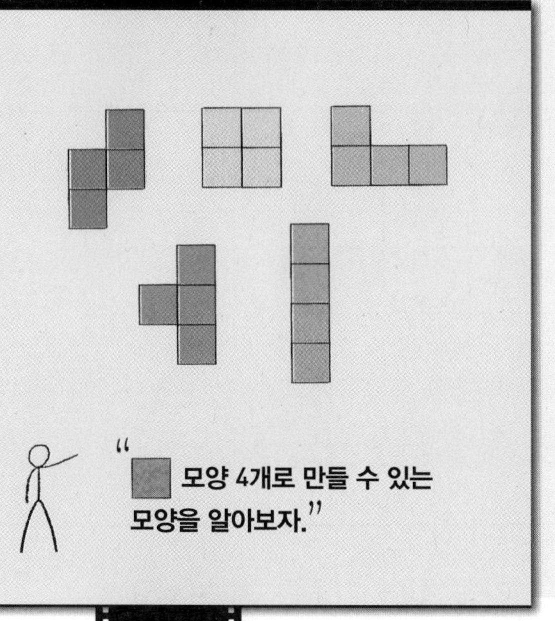

모양 2개로 여러 가지 모양을 만들 수 있습니다.

오른쪽 색종이를 점선을 따라 잘랐습니다. 잘라서 나온 모양을 겹치지 않게 이어 붙여서 만들 수 없는 모양을 찾아 기호를 써 보세요.

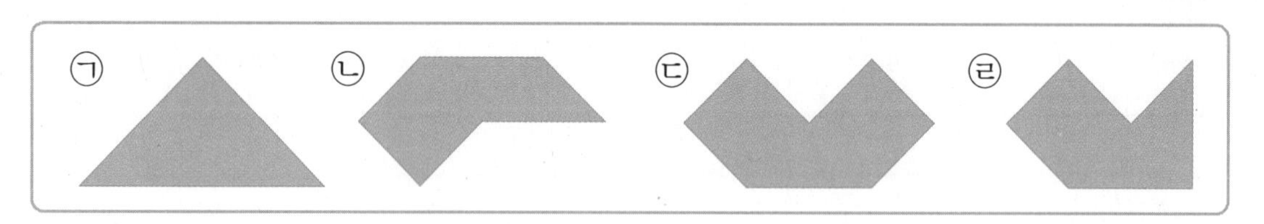

색종이의 점선을 따라 자른 모양은 크기가 같은 ▲ 모양 4개입니다.
각각의 모양이 ▲ 모양을 어떻게 이어 붙인 것인지 점선으로 나타내고 이용한 개수를 세어 봅니다.

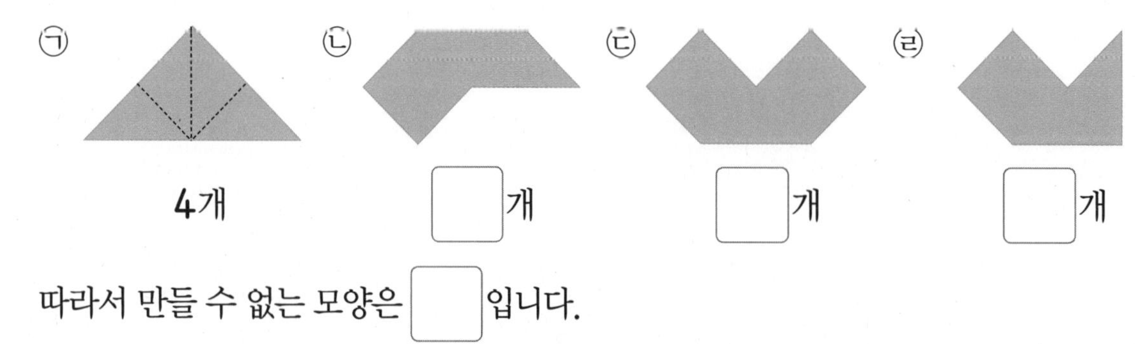

따라서 만들 수 없는 모양은 ☐ 입니다.

3-1

오른쪽 그림은 크기가 같은 ■ 모양 3개를 겹치지 않게 이어 붙인 것입니다. 어떻게 이어 붙인 것인지 선을 그어 보세요.

3-2

오른쪽 색종이를 점선을 따라 잘랐습니다. 잘라서 나온 모양을 겹치지 않게 이어 붙여서 만들 수 없는 모양을 찾아 기호를 써 보세요.

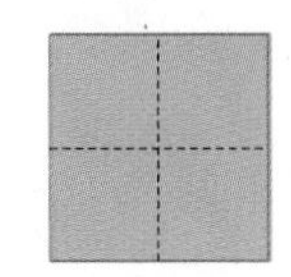

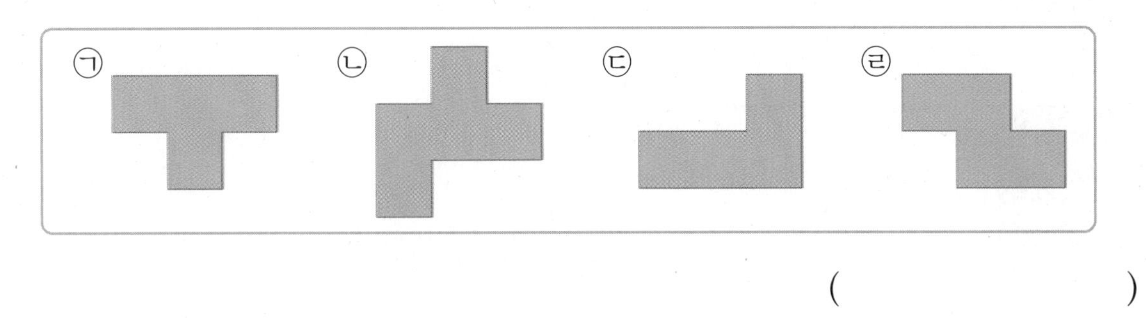

( )

3-3

오른쪽 그림은 크기가 같은 ▲ 모양 7개를 겹치지 않게 이어 붙인 것입니다. 어떻게 이어 붙인 것인지 선을 그어 보세요.

3-4

오른쪽 그림은 ■ 모양 1개와 크기가 같은 ▲ 모양 3개를 겹치지 않게 이어 붙인 것입니다. 어떻게 이어 붙인 것인지 선을 그어 보세요.

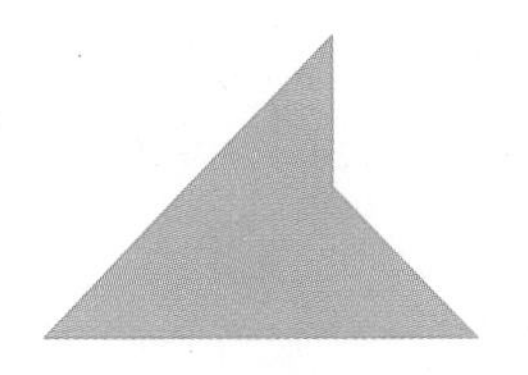

선을 그으면 새로운 모양이 만들어진다.

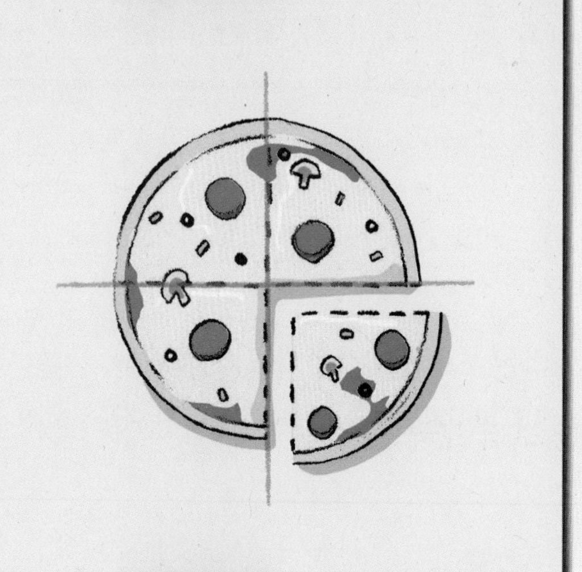

색종이에 ▲ 모양 6개가 되도록 선을 그어 봅니다.

① 선 1개를 그어 ▲ 모양 2개를 만듭니다.

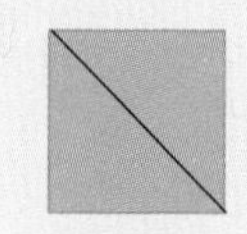

② ①에서 만든 ▲ 모양 2개에 선을 그어 ▲ 모양 4개를 만듭니다.

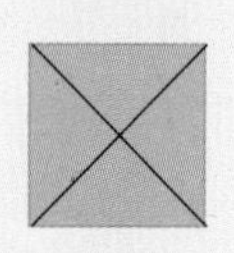

③ ②에서 만든 ▲ 모양 2개에 선을 그어 ▲ 모양 6개를 만듭니다.

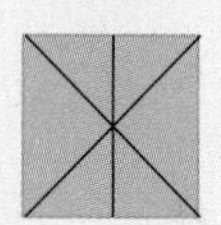

대표문제 4

색종이에 ■ 모양 3개, ▲ 모양 2개가 되도록 선을 그어 보세요.

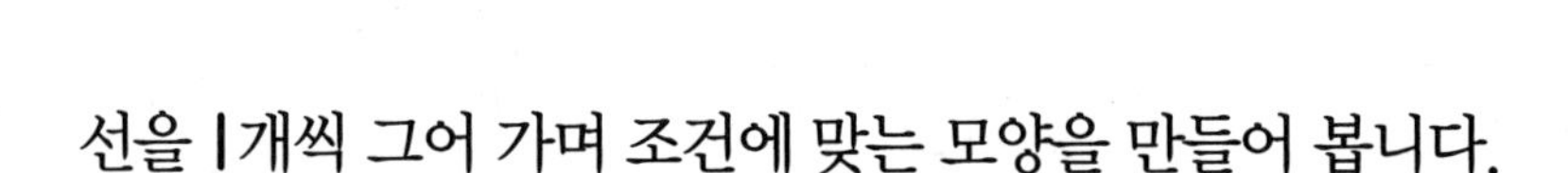

선을 1개씩 그어 가며 조건에 맞는 모양을 만들어 봅니다.

① 선을 1개 그어 ■ 모양 2개를 만듭니다.

② ①에서 만든 ■ 모양 2개에 선을 1개 그어 ■ 모양 4개를 만듭니다.

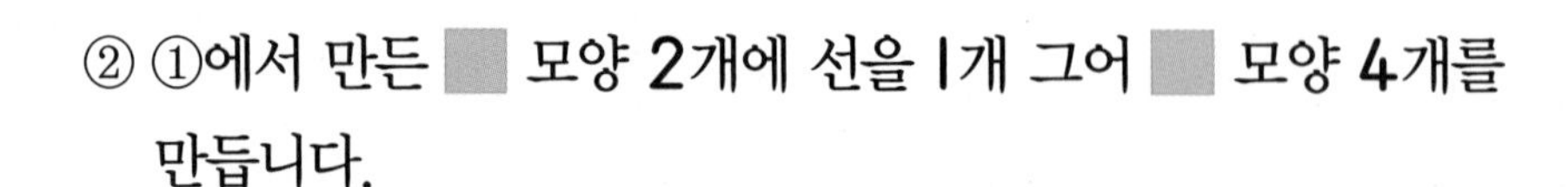

③ ②에서 만든 ■ 모양 1개에 선을 1개 그어 ▲ 모양 2개를 만듭니다.

4-1 색종이에 ■ 모양이 4개가 되도록 서로 다른 2가지 방법으로 선을 그어 보세요.

4-2 색종이에 ■ 모양 1개, ▲ 모양 4개가 되도록 선을 그어 보세요.

4-3 색종이에 ■ 모양 2개, ▲ 모양 4개가 되도록 선을 3개 그어 보세요.

4-4 주어진 모양에 ▲ 모양이 5개가 되도록 선을 3개 그어 보세요.

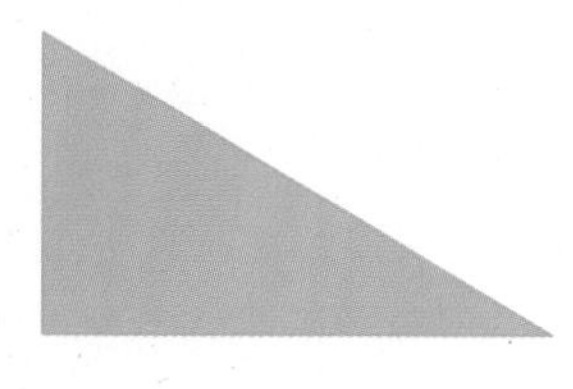

접은 순서를 거꾸로 생각한다.

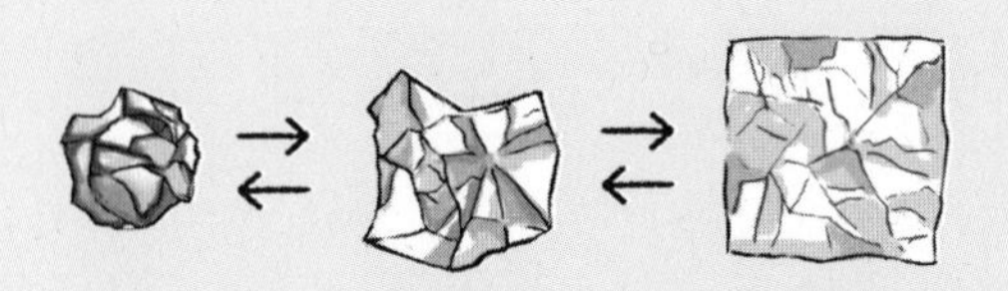

접은 색종이를 펼쳐 보면

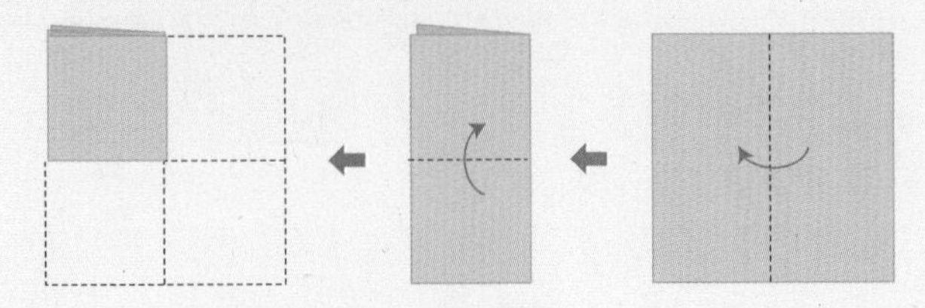

접기 전의 모양이 됩니다.

대표문제 5

그림과 같이 색종이를 접은 후 선을 따라 자르면 ▒ 모양이 몇 개 만들어지는지 구해 보세요.

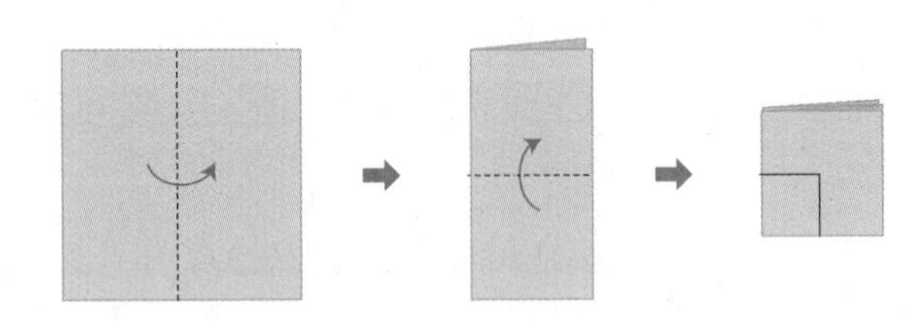

접은 부분을 거꾸로 펼쳐 보며 생각해 봅니다.

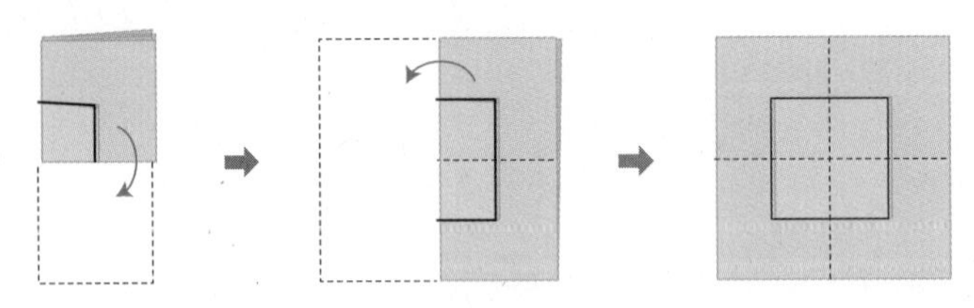

따라서 색종이를 2번 접은 후 선을 따라 자르면 ▒ 모양이 ☐ 개 만들어집니다.

5-1 그림과 같이 색종이를 접은 후 선을 따라 자르면 ▲ 모양이 몇 개 만들어질까요?

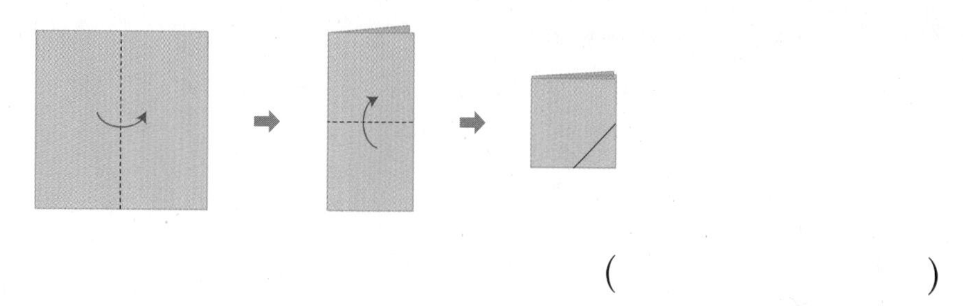

(　　　　　　　　)

5-2 그림과 같이 색종이를 접은 후 선을 따라 자르면 ■ 모양이 몇 개 만들어질까요?

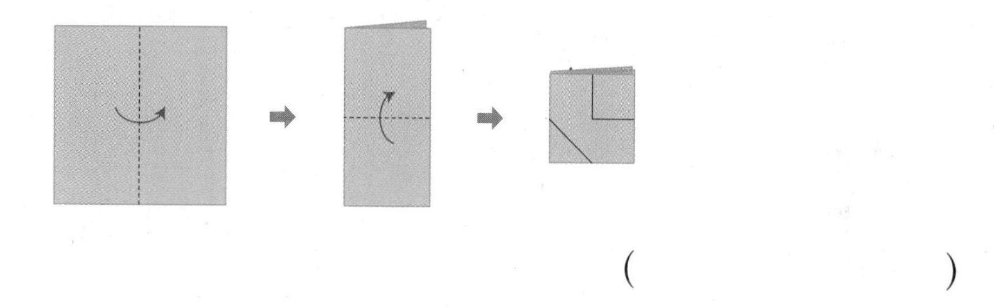

(　　　　　　　　)

5-3 그림과 같이 색종이를 접은 후 선을 따라 자르면 ■ 모양, ▲ 모양이 각각 몇 개 만들어질까요?

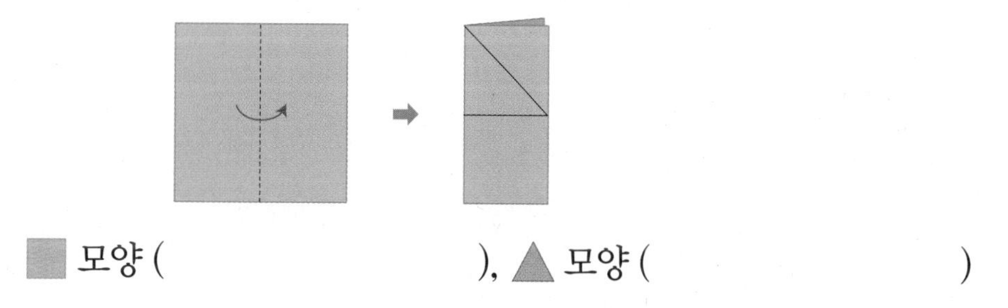

■ 모양 (　　　　　　　　), ▲ 모양 (　　　　　　　　)

5-4 그림과 같이 색종이를 접은 후 선을 따라 자르면 어떤 모양이 몇 개 만들어질까요?

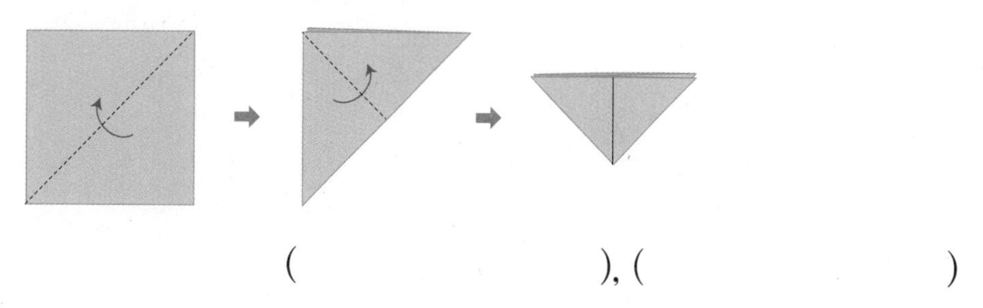

(　　　　　　　　), (　　　　　　　　)

시계에는 숫자가 1부터 12까지 있다.

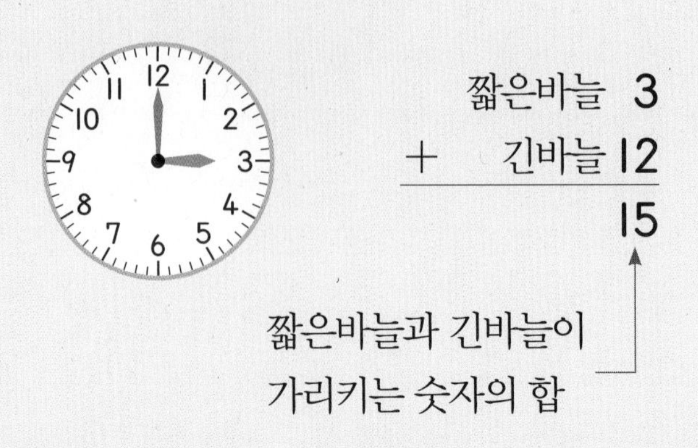

지금 시각은 몇 시입니다. 시계의 짧은바늘과 긴바늘이 가리키는 두 숫자의 합이 17일 때 지금 시각을 구해 보세요.

지금 시각이 몇 시이므로 긴바늘은 ☐를 가리킵니다.

시계에는 숫자가 1부터 12까지 있으므로
이 중에서 12와 더하여 17이 되는 숫자를 ■라 하면

12+■=17, 17−12=■, ■=☐입니다.

따라서 시계의 짧은바늘이 ☐, 긴바늘이 ☐를 가리키므로

지금 시각은 ☐시입니다.

6-1 지금 시각은 6시입니다. 시계의 짧은바늘과 긴바늘이 가리키는 두 숫자의 합을 구해 보세요.

( )

서술형 **6-2** 지금 시각은 몇 시입니다. 시계의 짧은바늘과 긴바늘이 가리키는 두 숫자의 차가 10일 때 지금 시각은 몇 시인지 풀이 과정을 쓰고 답을 구해 보세요.

풀이

답

6-3 시계의 짧은바늘과 긴바늘이 가리키는 두 숫자의 합이 19입니다. 이 시계가 나타내는 시각은 몇 시일까요?

( )

6-4 시계의 긴바늘은 6을 가리키고 짧은바늘은 합이 9인 두 숫자 사이에 있습니다. 이 시계가 나타내는 시각은 몇 시 몇 분일까요?

( )

최상위 S

긴바늘이 시계를 한 바퀴 돌면 짧은바늘은 숫자 한 칸을 간다.

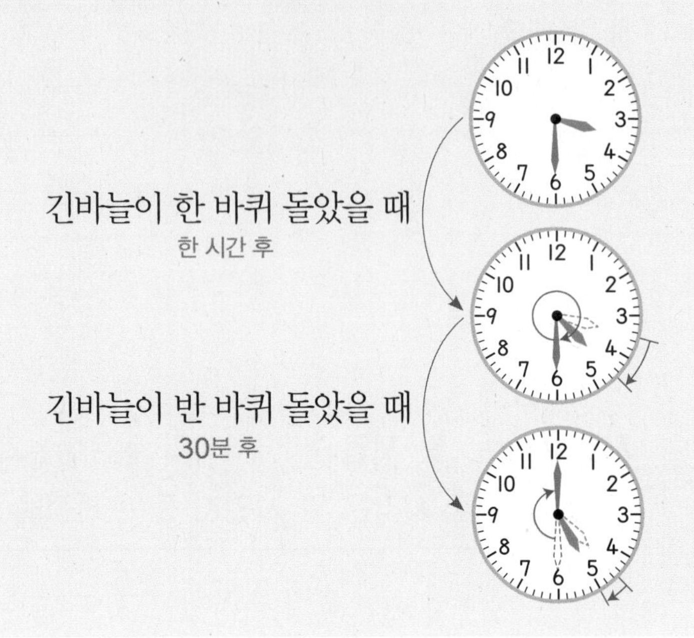

대표문제 7

시계가 3시 30분을 나타내는 시각에서 긴바늘이 한 바퀴 반 돌았습니다. 이때 시계의 긴바늘이 가리키는 숫자를 구해 보세요.

시계의 긴바늘이 한 바퀴 반 돌았을 때의 시각을 구해 봅니다.
└ 한 바퀴 + 반 바퀴

3시 30분 —(한 바퀴 돌았을 때 / 한 시간 후)→ ☐시 30분 —(반 바퀴 돌았을 때 / 30분 후)→ ☐시

3시 30분에서 시계의 긴바늘이 한 바퀴 반 돌았을 때의 시각은 ☐시이고

이때 긴바늘이 가리키는 숫자는 ☐입니다.

7-1 시계가 2시를 나타내는 시각에서 긴바늘이 반 바퀴 돌았습니다. 이때 시계의 긴바늘이 가리키는 숫자를 구해 보세요.

(　　　　　　　　)

서술형 **7-2** 시계의 짧은바늘은 10과 11 사이, 긴바늘은 6을 가리키고 있습니다. 이 시각에서 시계의 긴바늘을 시계 반대 방향으로 반 바퀴 돌렸을 때 시계가 나타내는 시각을 구하려고 합니다. 풀이 과정을 쓰고 답을 구해 보세요.

풀이 ....

답 ....

7-3 오른쪽은 거울에 비친 시계입니다. 이 시각에서 긴바늘이 시계 방향으로 숫자 눈금 6칸을 갔을 때의 시각을 구해 보세요.

(　　　　　　　　)

7-4 시계가 1시를 나타내고 있습니다. 이 시각에서 시계의 짧은바늘이 한 바퀴 돌면 긴바늘은 숫자 6을 몇 번 지나갈까요?

(　　　　　　　　)

조건에 맞는 시각을 차례로 구한다.

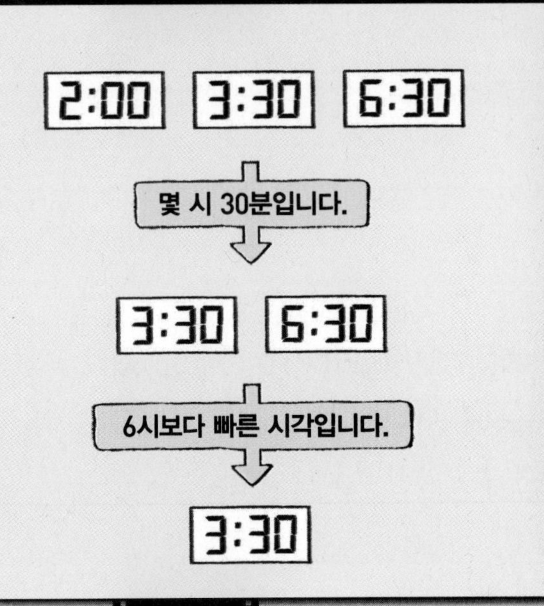

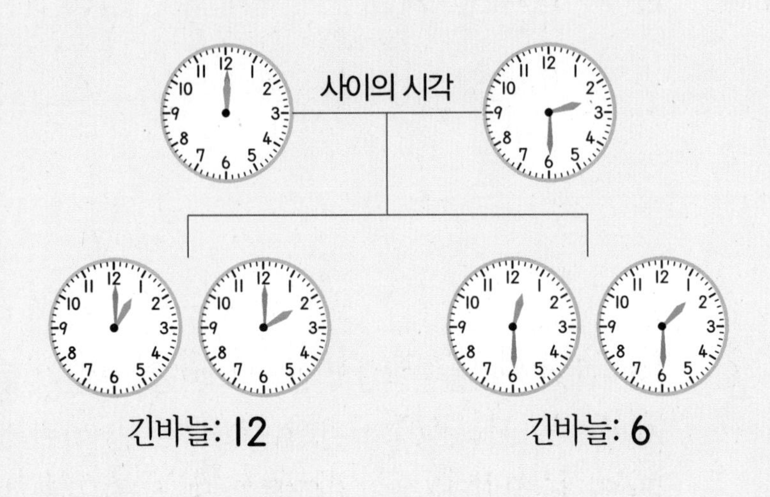

대표문제 8

다음 설명에 알맞은 시각을 구해 보세요.

- 시계 방향으로 4시와 7시 사이의 시각입니다.
- 시계의 긴바늘은 6을 가리킵니다.
- 시계의 짧은바늘이 가리키는 숫자가 4보다 7에 더 가깝습니다.

시계 방향으로 4시와 7시 사이의 시각 중에서 긴바늘이 6을 가리키는 시각

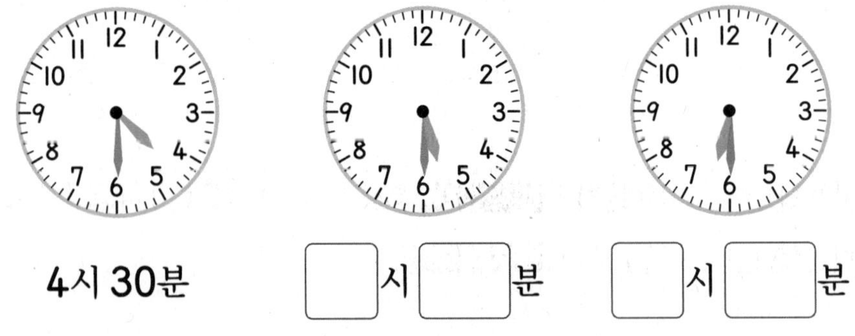

4시 30분　　□시 □분　　□시 □분

이 중에서 짧은바늘이 가리키는 숫자가 4보다 7에 더 가까운 시각은

짧은바늘이 6과 7 사이에 있는 □시 □분입니다.

8-1 다음 설명에 알맞은 시각을 구해 보세요.

- 시계의 짧은바늘과 긴바늘은 서로 반대 방향을 가리킵니다.
- 시계의 긴바늘은 가장 큰 숫자를 가리킵니다.

(　　　　　　　)

8-2 다음 설명에 알맞은 시각을 구해 보세요.

- 시계 방향으로 3시와 6시 사이의 시각입니다.
- 시계의 긴바늘은 6을 가리킵니다.
- 4시보다 늦고 5시보다 빠른 시각입니다.

(　　　　　　　)

8-3 다음 설명에 알맞은 시각을 구해 보세요.

- 시계 방향으로 9시와 1시 사이의 시각입니다.
- 시계의 긴바늘은 6을 가리킵니다.
- 시계의 짧은바늘과 긴바늘이 같은 숫자를 가리키는 시각보다 늦은 시각입니다.

(　　　　　　　)

8-4 다음 설명에 알맞은 시각을 구해 보세요.

- 시계 방향으로 9시와 3시 사이의 시각입니다.
- 시계의 긴바늘은 12를 가리킵니다.
- 시계의 짧은바늘과 긴바늘이 바뀌어도 같은 시각이 되는 시각입니다.

(　　　　　　　)

1 오른쪽 그림과 같이 ■, ▲, ● 모양을 겹쳐 놓았습니다. 밑에 있는 모양부터 차례로 써 보세요.

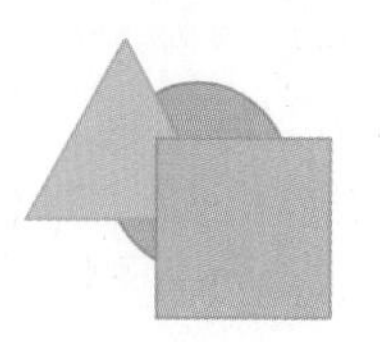

( ), ( ), ( )

2 주어진 모양을 모두 이용하여 만들 수 있는 것을 찾아 기호를 써 보세요.

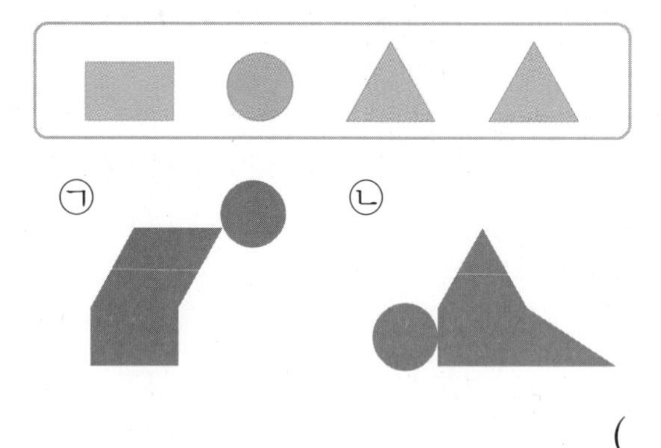

( )

서술형 **3** 친구들이 도서관에서 만나기로 약속했습니다. 친구들이 도서관에 도착한 시각을 보고 약속한 시각보다 늦게 온 사람은 누구인지 풀이 과정을 쓰고 답을 구해 보세요.

풀이

답

4 오른쪽 모양에 같은 크기의 ▲ 모양이 6개가 되도록 선을 3개 그어 보세요.

5 곧은 선이 있는 모양과 둥근 부분이 있는 모양의 수의 차가 더 큰 것을 찾아 기호를 써 보세요.

먼저 생각해 봐요!

■, ▲, ● 모양 중에서 둥근 부분만 있는 모양은?

가

나

(　　　　　　)

6 시계가 3시를 나타내고 있습니다. 이 시각에서 시계의 짧은바늘이 한 바퀴 반을 돌았을 때 시계가 나타내는 시각은 몇 시일까요?

(　　　　　　)

먼저 생각해 봐요!

12시에서 시계의 짧은바늘이 한 바퀴 돌았을 때의 시각은?

7 오른쪽과 같이 면봉으로 만든 모양에 면봉 2개를 더 그려 크고 작은 ▲ 모양 5개를 만들어 보세요.

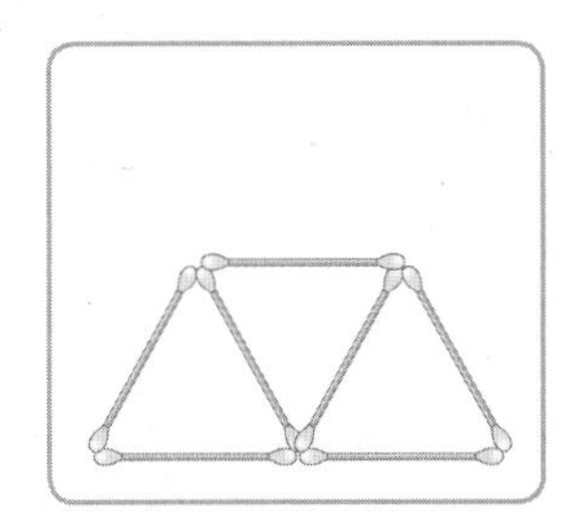

8 한수는 시계의 긴바늘이 2바퀴 도는 동안 그림을 그렸고 이어서 시계의 긴바늘이 반 바퀴 도는 동안 책을 읽었습니다. 한수가 책 읽기를 끝냈을 때의 시각이 3시 30분이라면 한수가 그림을 그리기 시작한 시각을 구해 보세요.

( )

9 오른쪽 색종이를 여러 번 접었다 펼친 후 접힌 부분을 잘라서 8개의 똑같은 ▲ 모양을 만들려고 합니다. 적어도 몇 번을 접어야 할까요?

( )

10 같은 길이의 막대를 이용하여 다음과 같은 방법으로 ■ 모양을 만들고 있습니다. 막대 16개를 늘어놓으면 막대 4개로 이루어진 ■ 모양은 모두 몇 개 생길까요?

( )

4

덧셈과 뺄셈 (2)

1 덧셈하기

• 수를 가르기하여 덧셈을 할 수 있습니다.

1-1 BASIC CONCEPT

덧셈하기

4+9의 계산

방법1 뒤의 수를 가르기하기

$4 + 9 = 13$ (9 → 6, 3)

① 9를 6과 3으로 가르기하여 4와 6을 더해 10을 만듭니다.
② 만든 10과 남은 3을 더합니다.

방법2 앞의 수를 가르기하기

$4 + 9 = 13$ (4 → 3, 1)

① 4를 3과 1로 가르기하여 1과 9를 더해 10을 만듭니다.
② 3과 만든 10을 더합니다.

1 □ 안에 알맞은 수를 써넣으세요.

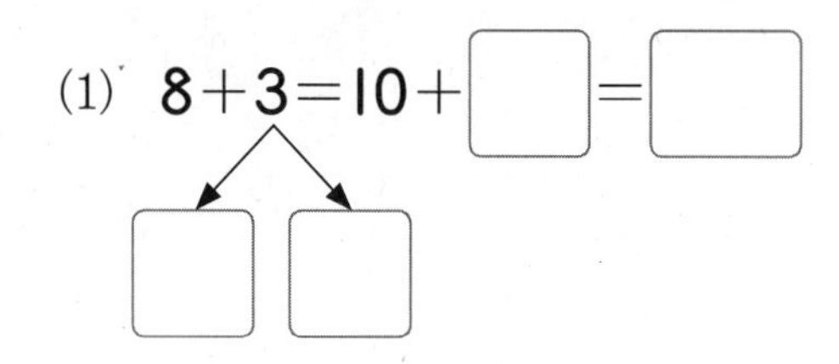

(1) 8+3=10+□=□

(2) 5+7=□+10=□

2 □ 안에 알맞은 수를 써넣으세요.

(1) 6+5=6+4+□=10+□=□

(2) 5+9=4+□+9=4+□=□

3 은수는 구슬 6개를 가지고 있고, 현규는 은수보다 구슬을 5개 더 많이 가지고 있습니다. 현규가 가지고 있는 구슬은 몇 개일까요?

(　　　　　　　　)

4 □ 안에 알맞은 수를 써넣으세요.

(1) 8+7=10+□

(2) 8+7>10+□

덧셈식에서 규칙 찾기

같은 수에 1씩 커지는 수를 더하면 합은 1씩 커집니다.

$8+3=11$
$8+4=12$
$8+5=13$
$8+6=14$

1씩 작아지는 수에 같은 수를 더하면 합은 1씩 작아집니다.

$7+7=14$
$6+7=13$
$5+7=12$
$4+7=11$

5 덧셈을 해 보세요.

(1) $5+6=\square$
$5+7=\square$
$5+8=\square$
$5+9=\square$

(2) $9+6=\square$
$8+6=\square$
$7+6=\square$
$6+6=\square$

6 계산 결과의 크기를 비교하여 ○ 안에 >, =, <를 알맞게 써넣으세요.

(1) $4+7$ ○ $4+8$

(2) $8+9$ ○ $7+9$

7 수 카드 3장으로 서로 다른 덧셈식을 만들어 보세요.

4　11　7

$\square+\square=\square$

$\square+\square=\square$

2 뺄셈하기

• 수를 가르기하여 뺄셈을 할 수 있습니다.

2-1 BASIC CONCEPT

뺄셈하기

12－5의 계산

방법1 뒤의 수를 가르기하기

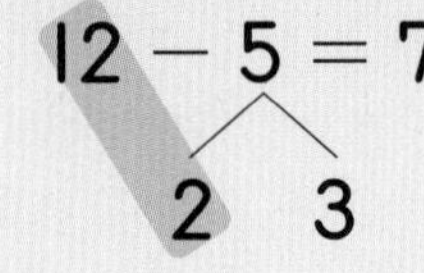

① 12가 10이 되도록 5를 2와 3으로 가르기하여 12에서 2를 먼저 뺍니다.
② 10에서 남은 3을 뺍니다.

방법2 앞의 수를 가르기하기

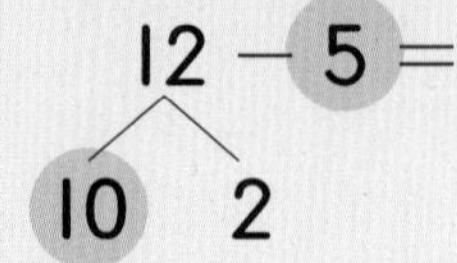

① 10에서 5를 뺄 수 있도록 12를 10과 2로 가르기하여 10에서 먼저 5를 뺍니다.
② 남은 5와 2를 더합니다.

1 □ 안에 알맞은 수를 써넣으세요.

(1) 15－6＝□－1＝□

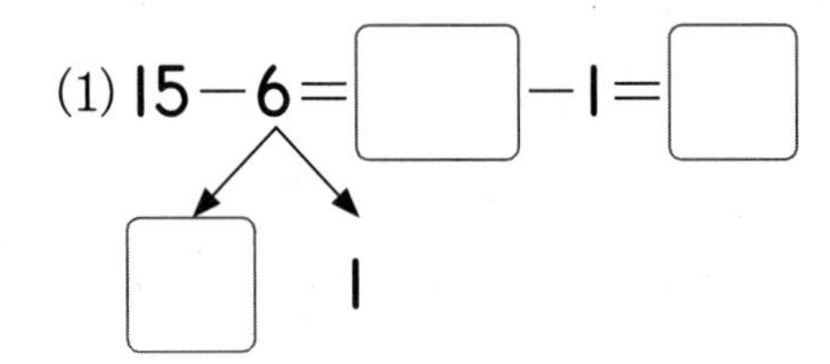

(2) 17－9＝□＋7＝□
□ 7

2 □ 안에 알맞은 수를 써넣으세요.

(1) 13－7＝13－□－4＝□－4＝□

(2) 11－6＝10＋□－6＝10－6＋□＝4＋□＝□

3 ○ 안에 4부터 9까지의 수 중에서 하나를 써넣고 뺄셈식을 완성해 보세요.

13－○＝□

4 색종이를 하니는 16장 가지고 있고, 규민이는 7장 가지고 있습니다. 하니는 규민이보다 색종이를 몇 장 더 많이 가지고 있을까요?

(　　　　　　)

빨셈식에서 규칙 찾기

같은 수에서 1씩 커지는 수를 빼면 차는 1씩 작아집니다.

$13-4=9$
$13-5=8$
$13-6=7$
$13-7=6$

1씩 커지는 수에서 같은 수를 빼면 차는 1씩 커집니다.

$14-8=6$
$15-8=7$
$16-8=8$
$17-8=9$

5 뺄셈을 해 보세요.

(1) $15-6=\square$
$15-7=\square$
$15-8=\square$
$15-9=\square$

(2) $11-5=\square$
$12-5=\square$
$13-5=\square$
$14-5=\square$

6 차가 다른 뺄셈식을 찾아 기호를 써 보세요.

㉠ $12-6$	㉡ $13-7$
㉢ $14-8$	㉣ $15-6$

(　　　　　　)

7 □ 안에 알맞은 수를 써넣으세요.

(1) $14-8=15-\square$

(2) $13-6=12-\square$

남은 것은 뺄셈으로 구한다.

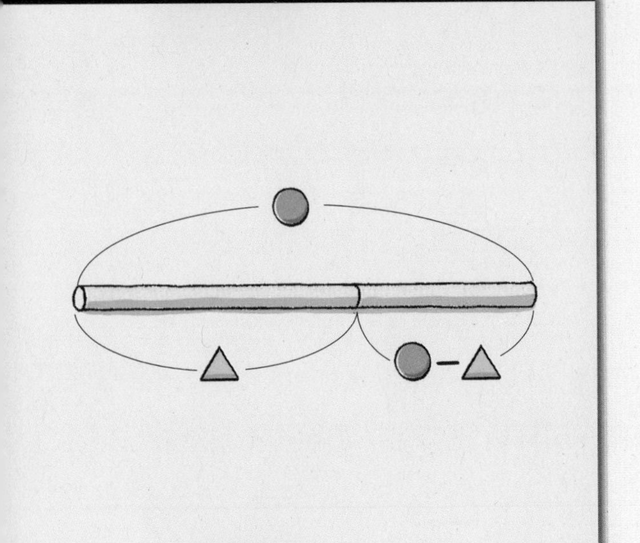

연필 8자루 와 볼펜 6자루 중에서
연필 3자루 와 볼펜 2자루 를 썼다면

(남은 연필의 수)$=8-3=5$(자루)
(남은 볼펜의 수)$=6-2=4$(자루)

➡ 연필이 $5-4=1$(자루) 더 많이 남았습니다.

은호는 사탕 12개와 초콜릿 14개를 가지고 있습니다. 이 중에서 사탕 3개와 초콜릿 6개를 먹었습니다. 사탕과 초콜릿 중 어느 것이 몇 개 더 많이 남았는지 구해 보세요.

(남은 사탕의 수)$=12$ ☐ $3=$ ☐ (개)

(남은 초콜릿의 수)$=14$ ☐ $6=$ ☐ (개)

남은 사탕의 수와 초콜릿의 수를 비교하면

남은 사탕의 수 ☐ ◯ ☐ 남은 초콜릿의 수 입니다.

따라서 (사탕 , 초콜릿)이 $9-$ ☐ $=$ ☐ (개) 더 많이 남았습니다.

1-1 지민이는 공책 16권과 종합장 12권을 가지고 있습니다. 이 중에서 공책 9권과 종합장 4권을 친구에게 주었습니다. 공책과 종합장 중 어느 것이 더 적게 남았을까요?

( )

1-2 유하는 노란색 색종이 12장과 초록색 색종이 15장을 가지고 있습니다. 이 중에서 노란색 색종이 8장과 초록색 색종이 9장을 사용했습니다. 노란색 색종이와 초록색 색종이 중 어느 것이 몇 장 더 많이 남았을까요?

( ), ( )

서술형 **1-3** 준영이는 도토리 7개와 밤 9개를 주웠고, 혜주는 도토리 8개와 밤 5개를 주웠습니다. 두 사람 중 누가 도토리와 밤을 몇 개 더 많이 주웠는지 풀이 과정을 쓰고 답을 구해 보세요.

풀이

답 ,

1-4 건희, 성준, 진아가 종이학을 접었습니다. 건희는 15개를 접었고, 성준이는 건희보다 6개 더 적게 접었고, 진아는 성준이보다 2개 더 많이 접었습니다. 건희와 진아 중 누가 종이학을 몇 개 더 많이 접었을까요?

( ), ( )

최상위 S

같은 수라도 연산 기호에 따라 계산 결과가 달라진다.

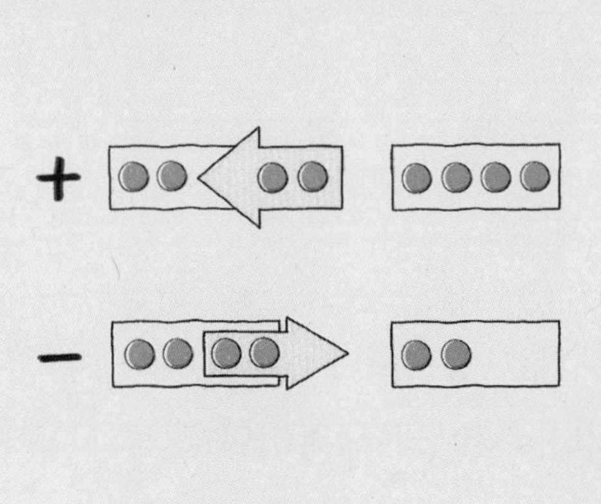

5 ◯ 1과 4 ◯ 3의 크기 비교

5 + 1	<	4 + 3
5 + 1	>	4 − 3
5 − 1	<	4 + 3
5 − 1	>	4 − 3

대표문제 2

왼쪽과 오른쪽의 계산 결과가 같아지도록 ◯ 안에 +, −를 알맞게 써넣으세요.

8 ◯ 4 = 15 ◯ 3

○ 안에 +, −를 각각 넣어 계산해 봅니다.

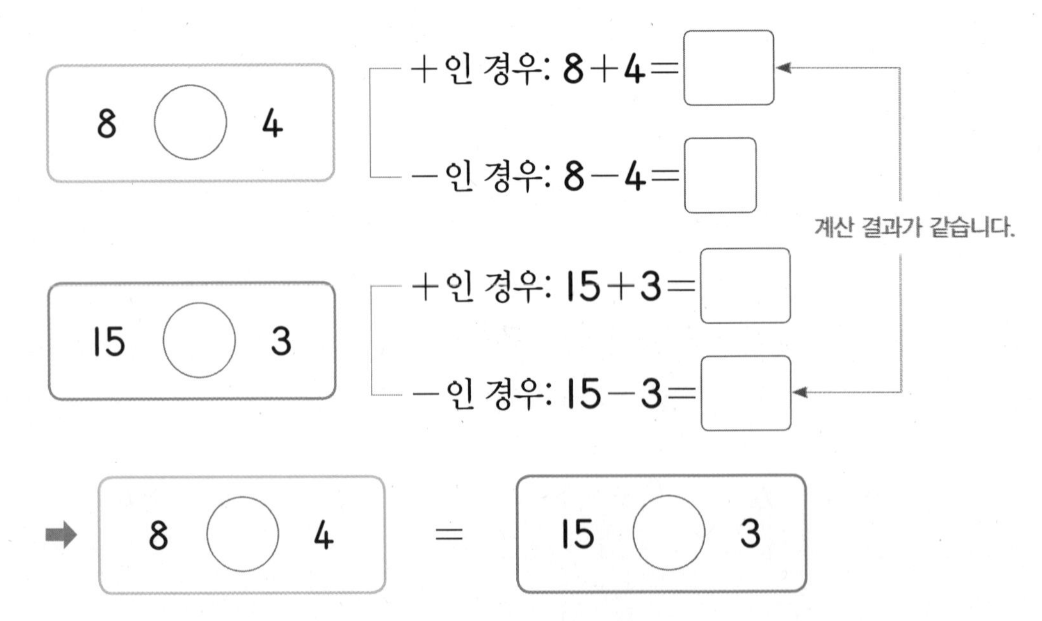

2-1

왼쪽과 오른쪽의 계산 결과가 같아지도록 ○ 안에 +, −를 알맞게 써넣으세요.

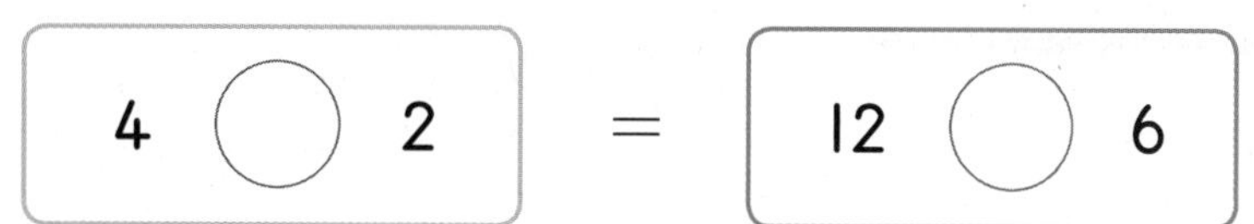
4 ○ 2 = 12 ○ 6

2-2

왼쪽과 오른쪽의 계산 결과가 같아지도록 ○ 안에 +, −를 알맞게 써넣고, 계산 결과를 구해 보세요.

7 ○ 6 = 8 ○ 5

( )

2-3

계산 결과가 모두 같아지도록 ○ 안에 +, −를 알맞게 써넣고, 계산 결과를 구해 보세요.

9 ○ 3 = 7 ○ 5 = 14 ○ 2

( )

2-4

왼쪽과 오른쪽의 계산 결과가 같아지도록 ○ 안에 +, −를 알맞게 써넣으려고 합니다. □ 안에 들어갈 수 있는 수를 모두 구해 보세요.

9 ○ 5 = 12 ○ □

( )

최상위 S

알 수 있는 값을 이용해 모르는 값을 구한다.

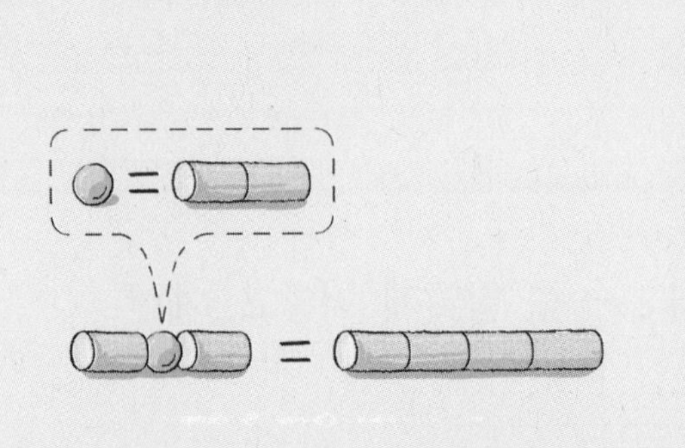

7+5와 4+●의 계산 결과가 같으면
7+5=12이므로 4+●=12입니다.

12−4=●

➡ ●=8

대표문제 3

양쪽의 ◯ 안의 두 수의 합이 가운데 ▭ 안의 수가 되도록 빈칸에 알맞은 수를 써넣으세요.

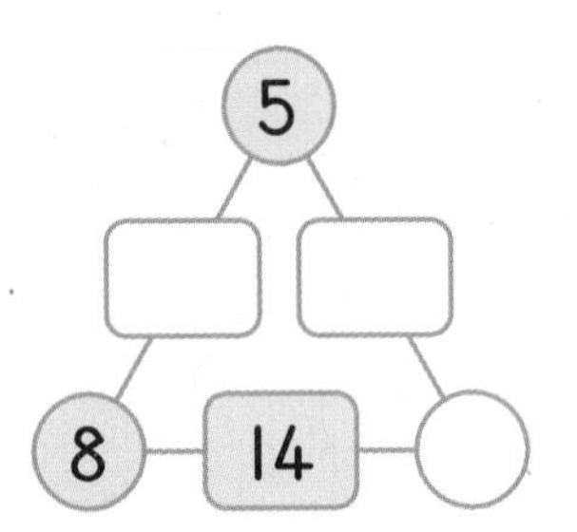

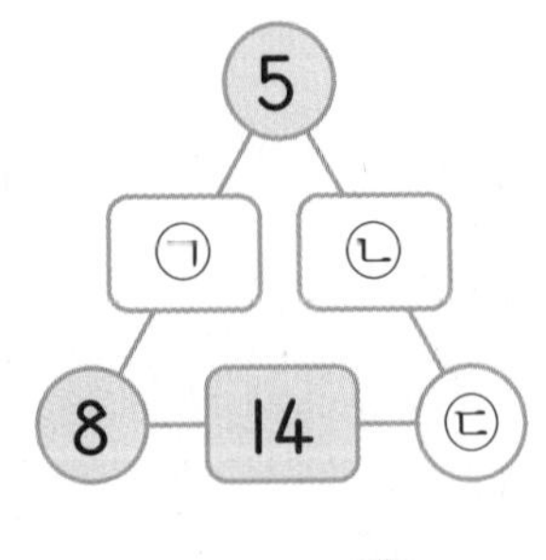

• 5+8=㉠, ㉠=▭

• 8+㉢=14, 14−8=㉢, ㉢=▭

• 5+㉢=㉡, 5+▭=㉡, ㉡=▭

➡ 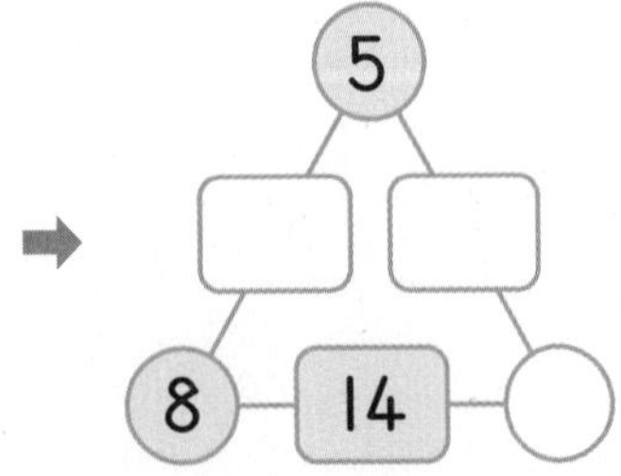

3-1

양쪽의 ◯ 안의 두 수의 합이 가운데 ▭ 안의 수가 되도록 빈칸에 알맞은 수를 써넣으세요.

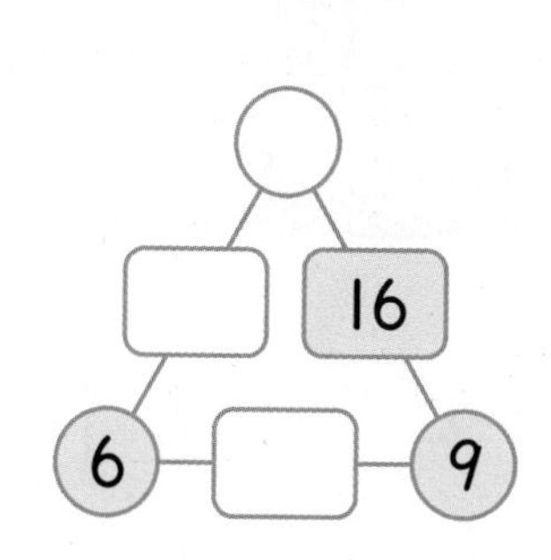

3-2

양쪽의 ◯ 안의 두 수의 차가 가운데 ▭ 안의 수가 되도록 빈칸에 1부터 9까지의 수 중에서 알맞은 수를 써넣으세요.

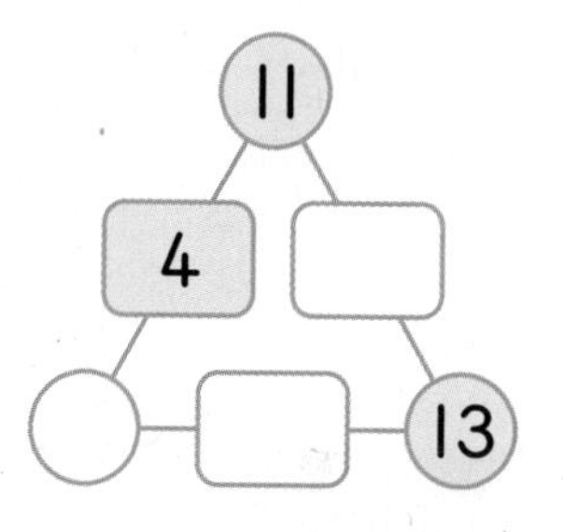

3-3

양쪽의 ◯ 안의 두 수의 차가 가운데 ▭ 안의 수가 되도록 빈칸에 알맞은 수를 써넣으세요.

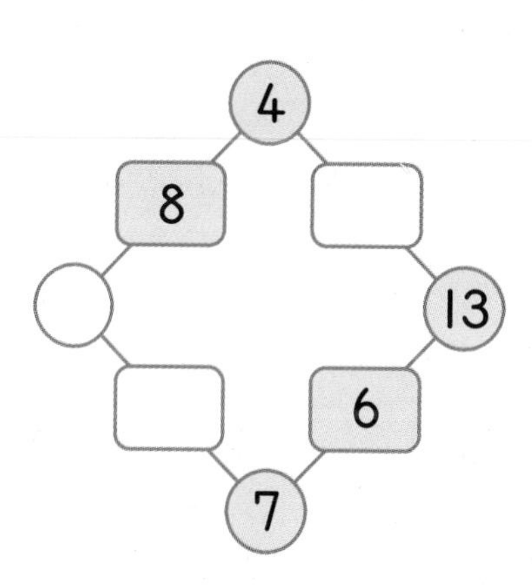

3-4

양쪽의 ◯ 안의 두 수의 합이 가운데 ▭ 안의 수가 되도록 빈칸에 알맞은 수를 써넣으세요.

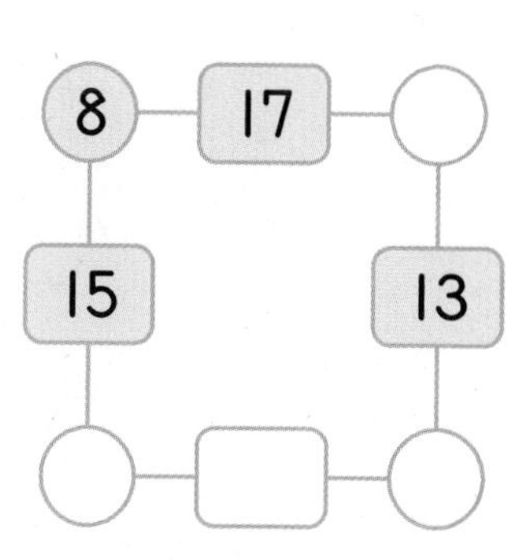

최상위 S

모양에 숨겨진 규칙을 찾는다.

2★=5

3만큼 더 큰 수

↓

2+3=5

↳★

왼쪽의 수보다 계산 결과가 작아졌으므로 뺄셈식입니다.

8♥=5

8−□=5 ➡ 8−5=□, □=3

➡ ♥는 3을 빼는 규칙입니다.

대표문제 4

다음은 어떤 수를 더하거나 빼는 것을 모양으로 나타낸 것입니다. 각 모양의 규칙을 찾아 □ 안에 알맞은 수를 구해 보세요.

6★=14 11♥=6

4★♥=□

• 6★=14에서 왼쪽의 수(6)보다 계산 결과(14)가 커졌으므로 ★은 어떤 수(■)를 더하는 규칙입니다.

6+■=14, 14−6=■, ■=□

➡ ★의 규칙: □을 더합니다.

• 11♥=6에서 왼쪽의 수(11)보다 계산 결과(6)가 작아졌으므로 ♥는 어떤 수(▲)를 빼는 규칙입니다.

11−▲=6, ▲=11−6, ▲=□

➡ ♥의 규칙: □를 뺍니다.

따라서 4★♥=4+8−5=12−5=□입니다.

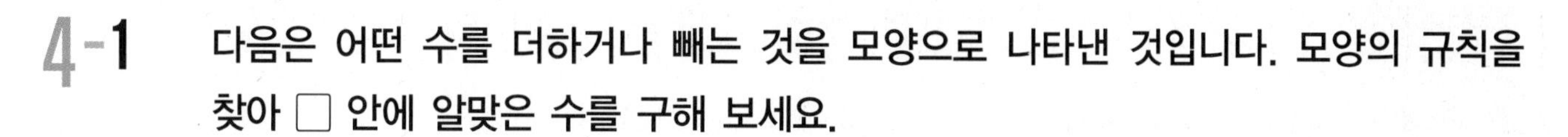

4-1

다음은 어떤 수를 더하거나 빼는 것을 모양으로 나타낸 것입니다. 모양의 규칙을 찾아 □ 안에 알맞은 수를 구해 보세요.

3▲=12

1▲▲=□

(　　　　　　　　)

4-2

다음은 어떤 수를 더하거나 빼는 것을 모양으로 나타낸 것입니다. 각 모양의 규칙을 찾아 □ 안에 알맞은 수를 구해 보세요.

5◆=11　　12●=8

7◆●=□

(　　　　　　　　)

4-3

다음은 어떤 수를 더하거나 빼는 것을 모양으로 나타낸 것입니다. 각 모양의 규칙을 찾아 □ 안에 알맞은 수를 구해 보세요.

12♥=7　　6▲=13

4▲♥=□

(　　　　　　　　)

4-4

다음은 어떤 수를 더하거나 빼는 것을 모양으로 나타낸 것입니다. 각 모양의 규칙을 찾아 □ 안에 알맞은 수를 구해 보세요.

14▣=7　　8⊙=11

9⊙▣⊙=□

(　　　　　　　　)

그림을 그려 해결한다.

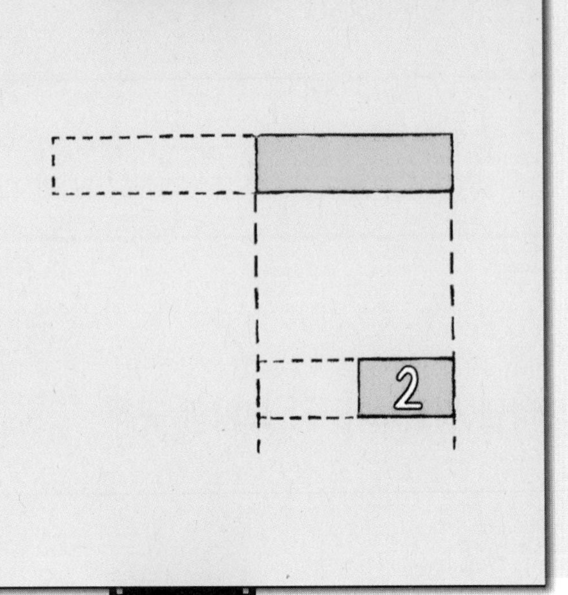

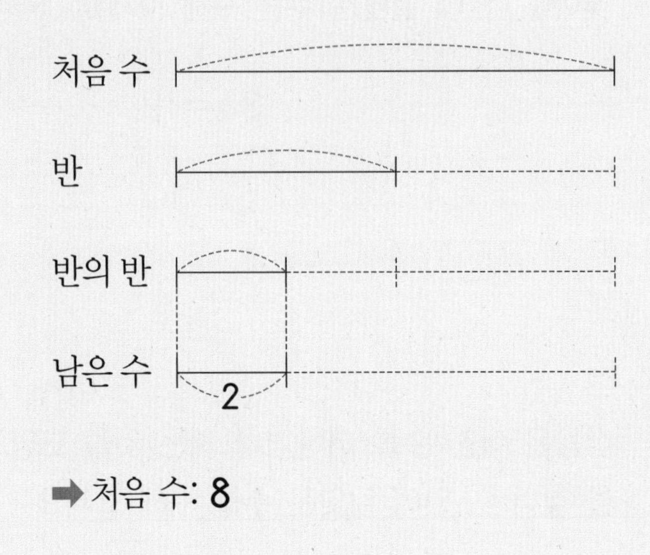

진아는 가지고 있던 사탕 중 반을 동생에게 주고 남은 사탕의 반을 먹었더니 3개가 남았습니다. 진아가 처음에 가지고 있던 사탕은 몇 개인지 구해 보세요.

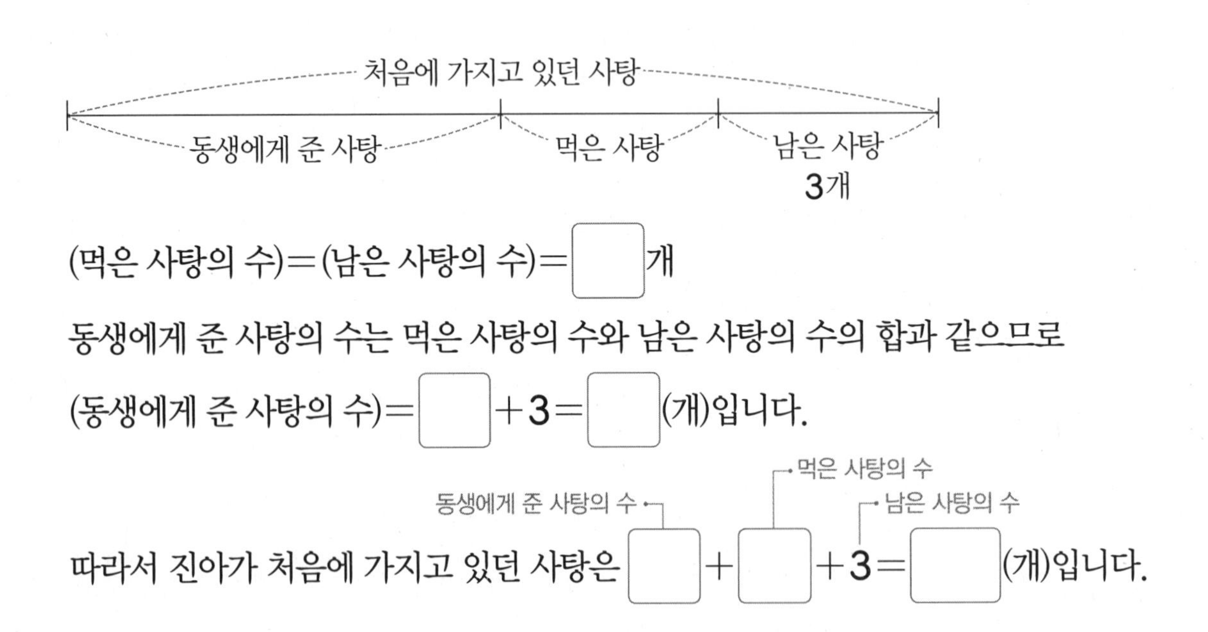

(먹은 사탕의 수)=(남은 사탕의 수)=□개

동생에게 준 사탕의 수는 먹은 사탕의 수와 남은 사탕의 수의 합과 같으므로

(동생에게 준 사탕의 수)=□+3=□(개)입니다.

따라서 진아가 처음에 가지고 있던 사탕은 □+□+3=□(개)입니다.

5-1 준하는 가지고 있던 연필의 반을 사용한 후 남은 연필을 친구 3명에게 똑같이 3자루씩 나누어 주었더니 남은 연필이 없었습니다. 준하가 처음에 가지고 있던 연필은 몇 자루일까요?

( )

서술형 **5-2** 연지는 가지고 있던 구슬의 반을 동생에게 주고 남은 구슬의 반을 친구에게 주었더니 4개가 남았습니다. 연지가 처음에 가지고 있던 구슬은 몇 개인지 풀이 과정을 쓰고 답을 구해 보세요.

풀이

답

5-3 현수는 바구니에서 귤 4개를 꺼내 먹고 남은 귤의 반을 부모님께 드리고 다시 남은 귤의 반을 친구에게 주었더니 3개가 남았습니다. 처음에 바구니에 들어 있던 귤은 몇 개일까요?

( )

5-4 성호는 처음 서 있던 곳에서 앞으로 몇 걸음 걸어가서 파랑 깃발을 꽂은 후 뒤로 반만큼 되돌아와서 빨강 깃발을 꽂았습니다. 성호가 걸은 걸음이 모두 18걸음이라면 빨강 깃발과 파랑 깃발 사이는 몇 걸음일까요? (단, 걸음 폭은 똑같습니다.)

( )

최상위 S

알 수 있는 수부터 차례로 구한다.

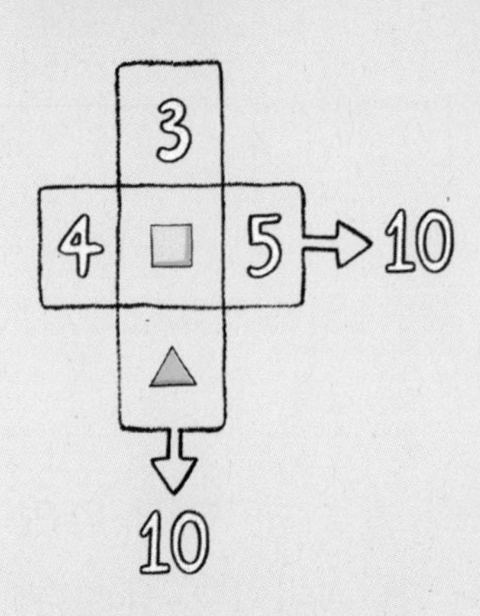

가로: 4 + □ + 5 = 10

세로: 3 + □ + △ = 10

각 ◯, ◯, ◯ 안의 수의 합: 10

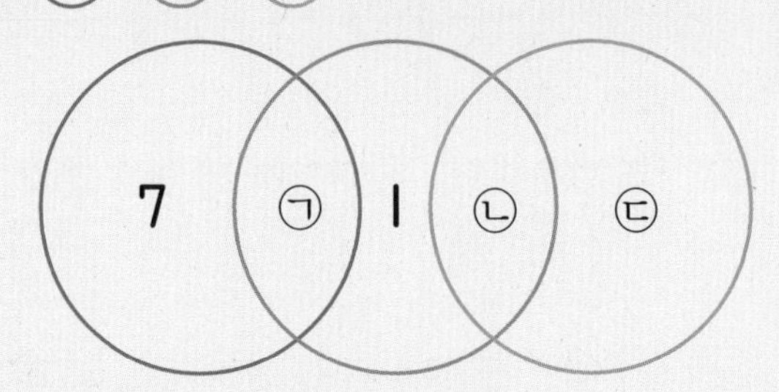

◯: 7+㉠=10, ㉠=3

◯: ㉠+1+㉡=10, 3+1+㉡=10, ㉡=6

◯: ㉡+㉢=10, 6+㉢=10, ㉢=4

◯ 안의 수의 합이 각각 11이 되도록 □ 안에 알맞은 수를 써넣으세요.

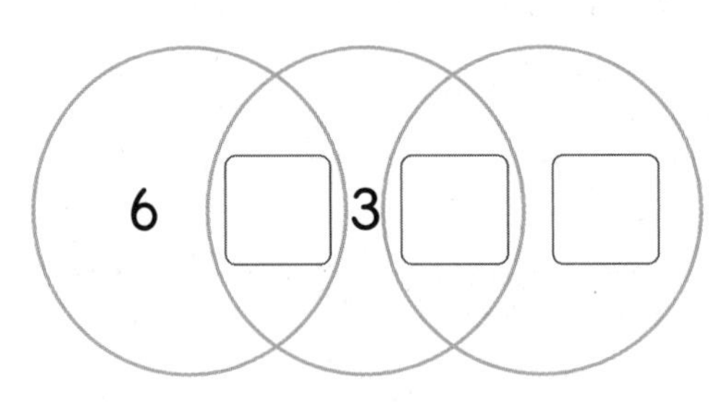

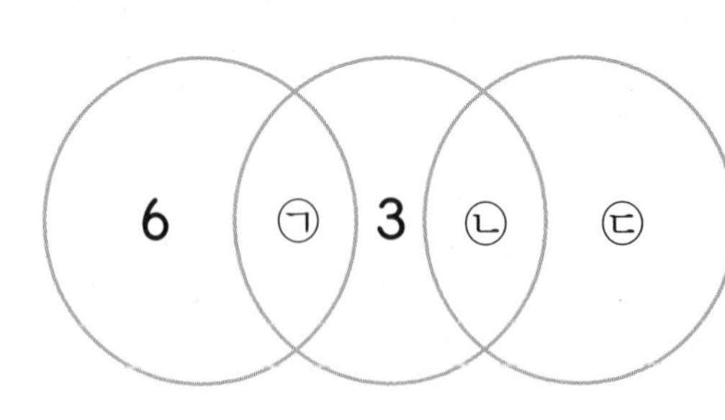

• 6+㉠=11, ㉠=□

• ㉠+3+㉡=11, □+3+㉡=11,

㉡=□

• ㉡+㉢=11, □+㉢=11, ㉢=□

➡ 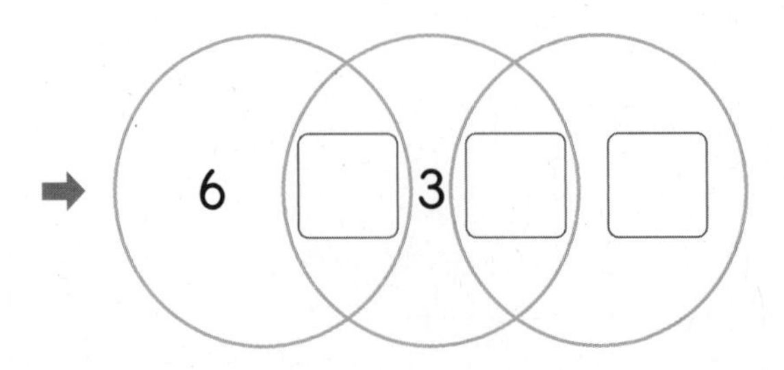

6-1

◯ 안의 수의 합이 각각 13이 되도록 □ 안에 알맞은 수를 써넣으세요.

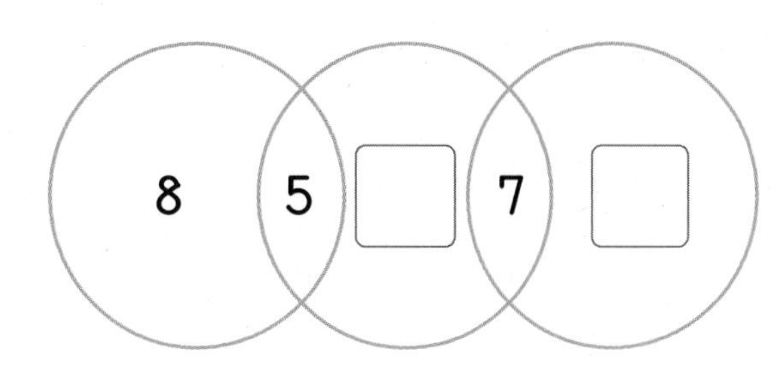

6-2

◯ 안의 수의 합이 각각 14가 되도록 □ 안에 알맞은 수를 써넣으세요.

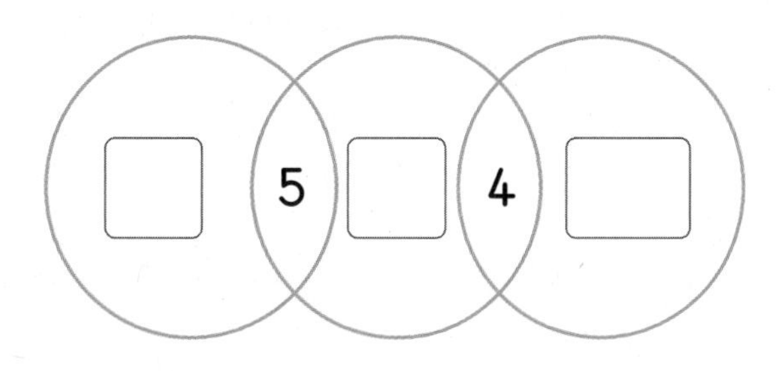

6-3

3, 4, 5, 7, 8을 한 번씩만 사용하여 ◯ 안의 수의 합이 각각 12가 되도록 □ 안에 알맞은 수를 써넣으세요.

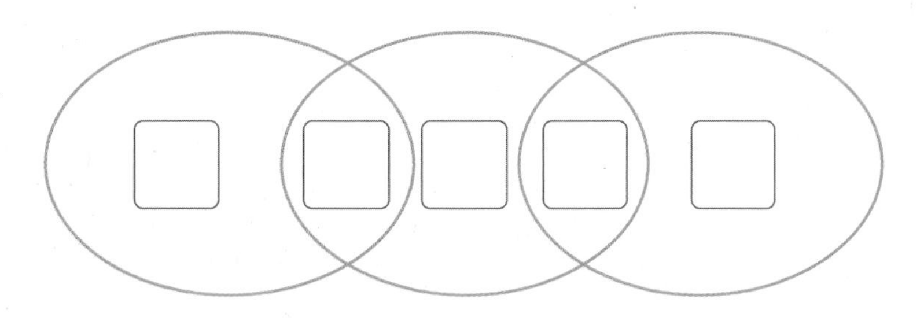

6-4

가로, 세로에 놓인 세 수의 합이 모두 같도록 빈칸에 알맞은 수를 써넣으세요.

2		
		1
4	3	8

더하는 수가 클수록 커진다.

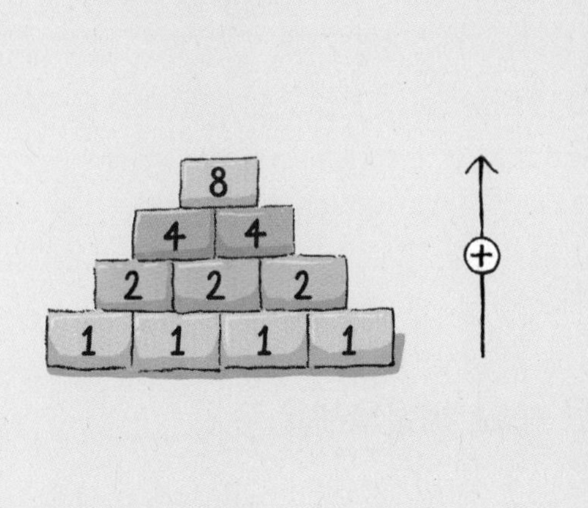

2, 4, 5로 가장 큰 수와 가장 작은 수 만들기

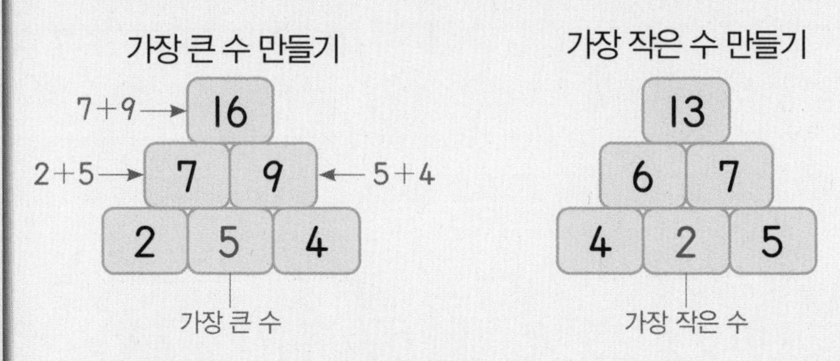

➡ 만들 수 있는 가장 큰 수: 16
만들 수 있는 가장 작은 수: 13

보기 와 같이 위의 수를 두 수로 가르기하여 바로 아래 칸에 써넣는 것을 반복하였더니 가장 아래 칸의 수가 2, 3, 5가 되었습니다. ㉮가 될 수 있는 가장 큰 수와 가장 작은 수를 각각 구해 보세요.

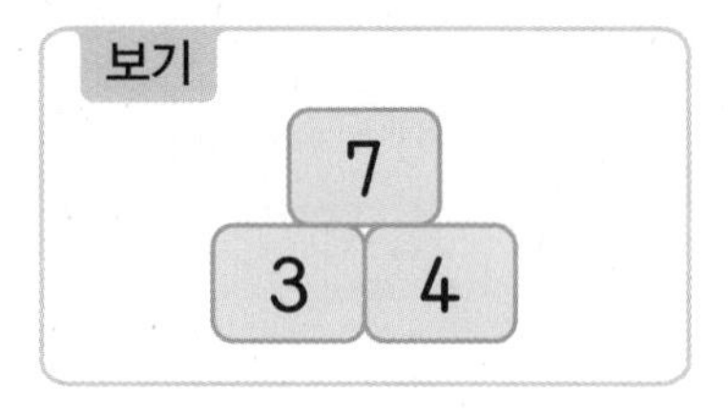

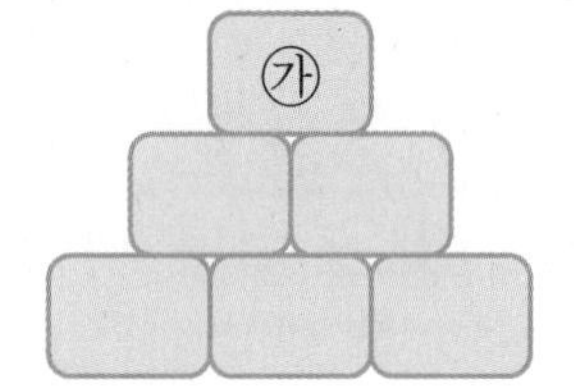

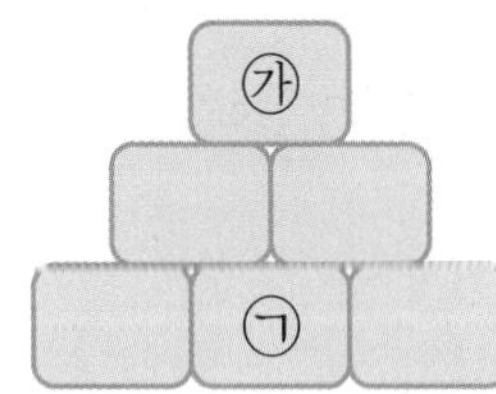

㉠에 2, 3, 5 중에서 가장 큰 수를 넣으면 ㉮가 가장 커지고, 가장 작은 수를 넣으면 ㉮가 가장 작아집니다.

㉮를 여러 번 가르기하여 2, 3, 5가 되는 것은 2, 3, 5를 여러 번 모으기하여 ㉮가 되는 것입니다.

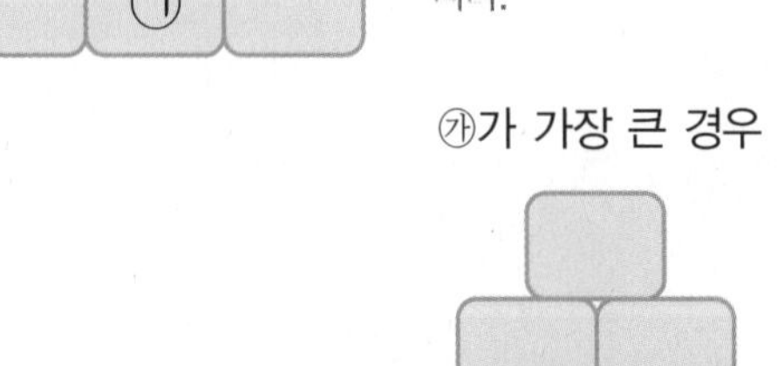

따라서 ㉮가 될 수 있는 가장 큰 수는 ☐이고, 가장 작은 수는 ☐입니다.

7-1 1, 3, 5를 두 번 모으기한 수가 14가 되도록 빈칸에 알맞은 수를 써넣으세요.

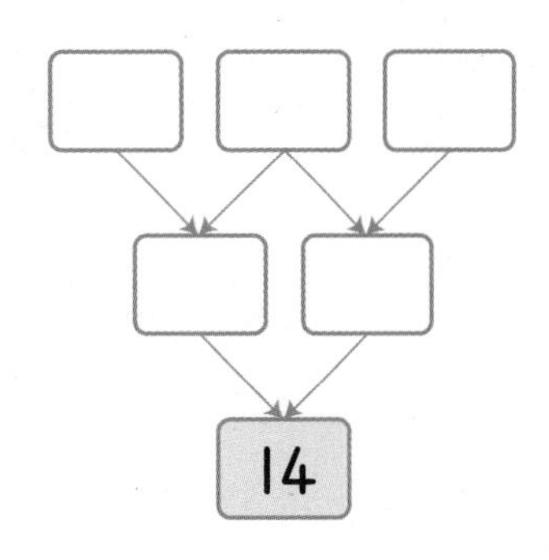

7-2 ㉮를 두 수로 가르기하여 나온 수를 다시 각각 두 수로 가르기 하였더니 3, 4, 5가 되었습니다. ㉮가 될 수 있는 가장 큰 수와 가장 작은 수를 구해 보세요.

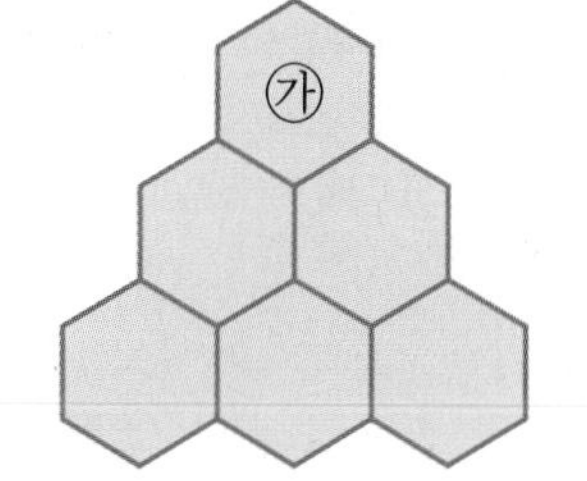

가장 큰 수 (　　　　　), 가장 작은 수 (　　　　　)

7-3 위의 수를 두 수로 가르기하여 바로 아래 칸에 써넣는 것을 반복하였더니 가장 아래 칸의 수가 1, 3, 4가 되었습니다. 가장 위쪽의 수가 될 수 있는 가장 큰 수와 가장 작은 수의 차를 구해 보세요.

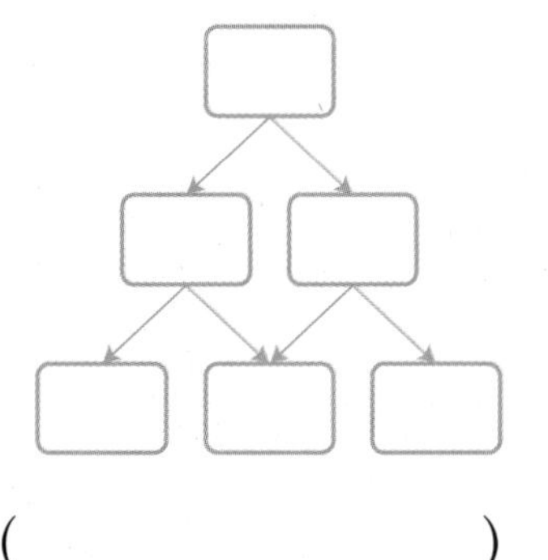

(　　　　　)

1 여학생 7명과 남학생 6명이 도서관에서 책을 읽고 읽습니다. 그중에서 5명의 학생이 교실로 갔다면 도서관에 남아 있는 학생은 몇 명일까요?

( )

2 4장의 수 카드 중에서 3장을 골라 뺄셈식을 만들어 보세요.

먼저 생각해 봐요!
수 카드 3장으로 서로 다른 뺄셈식을 만들면?
6 14 8

12 4 11 7

□ − □ = □

서술형 **3** 진성이와 한수가 가지고 있는 딱지의 수는 같습니다. 진성이는 빨간색 딱지 6개와 파란색 딱지 9개를 가지고 있고 한수는 빨간색 딱지 8개와 파란색 딱지를 가지고 있습니다. 한수가 가지고 있는 파란색 딱지는 몇 개인지 풀이 과정을 쓰고 답을 구해 보세요.

풀이

답

4 1부터 9까지의 수 중에서 □ 안에 들어갈 수 있는 수의 합을 구해 보세요.

$6+\square<3+9$

( )

5 색종이를 은수는 13장 가지고 있고, 혜인이는 9장 가지고 있습니다. 은수가 혜인이에게 색종이 몇 장을 주었더니 혜인이의 색종이가 14장이 되었습니다. 은수에게 남은 색종이는 몇 장일까요?

( )

서술형 **6** 각각 3부터 8까지의 수가 적힌 주사위가 2개 있습니다. 이 주사위 2개를 동시에 던져서 나온 수의 합이 14가 되는 경우는 모두 몇 가지인지 풀이 과정을 쓰고 답을 구해 보세요. (단, 3과 8이 나온 경우와 8과 3이 나온 경우는 한 가지로 생각합니다.)

풀이 ....

....

....

답 ....

7 같은 모양은 같은 수를 나타냅니다. ●와 ■에 알맞은 수를 각각 구해 보세요.

• ●+■=15
• ■−●=9

● ( ), ■ ( )

8 성연, 하준, 은규, 혜리가 한 줄로 서 있습니다. 설명을 읽고 성연이와 은규는 몇 걸음 떨어져 있는지 구해 보세요. (단, 걸음의 폭은 같습니다.)

- 성연이는 하준이보다 12걸음 앞에 서 있습니다.
- 하준이는 혜리보다 6걸음 뒤에 서 있습니다.
- 은규는 혜리보다 11걸음 뒤에 서 있습니다.

( )

9 4개의 수가 적힌 종이를 선을 따라 두 번 잘라 3개의 수를 만들려고 합니다. 만든 세 수의 합이 가장 작게 되도록 자르는 선을 표시하고, 가장 작은 세 수의 합을 구해 보세요.

3	1	4	2

( )

10 2부터 6까지의 수를 한 번씩만 사용하여 한 줄에 있는 세 수의 합이 각각 12가 되도록 빈칸에 알맞은 수를 써넣으세요.

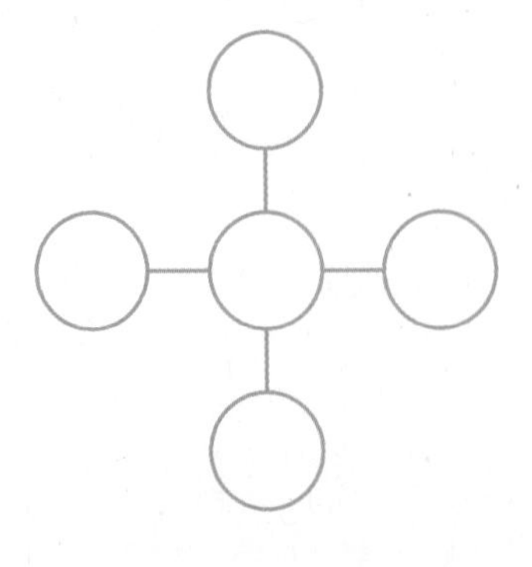

5

규칙 찾기

1 규칙 찾기(1)

• 모양 또는 수 등이 반복되는 것을 규칙이라고 합니다.

1-1 BASIC CONCEPT

규칙 찾기

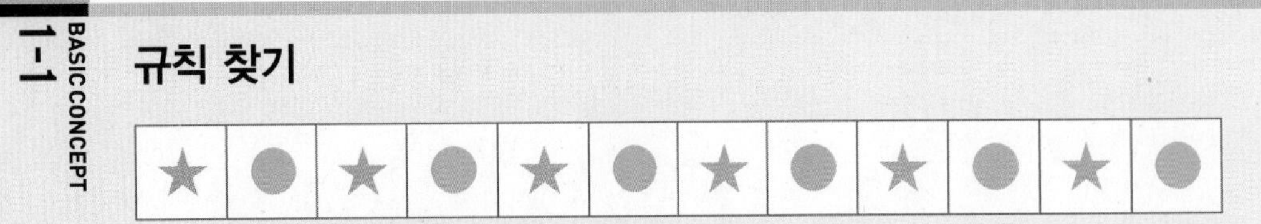

★, ●가 반복되는 규칙입니다.

규칙을 만들어 무늬 꾸미기

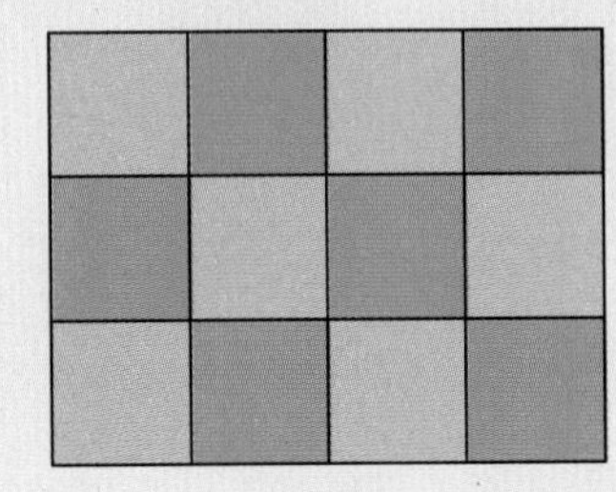

첫째 줄은 분홍색과 파란색,
둘째 줄은 파란색과 분홍색,
셋째 줄은 분홍색과 파란색이
반복되는 규칙을 만들어 무늬를 꾸몄습니다.

1 규칙에 따라 빈칸에 알맞은 모양을 그려 보세요.

(1)

▲	●	▲	●	▲		▲	●		●	▲	●

(2)

★	♥	♥	★		♥		♥	♥	★	♥	♥

2 바둑돌(● ○)로 규칙을 만들어 보세요.

3 규칙에 따라 빈칸에 알맞게 색칠해 보세요.

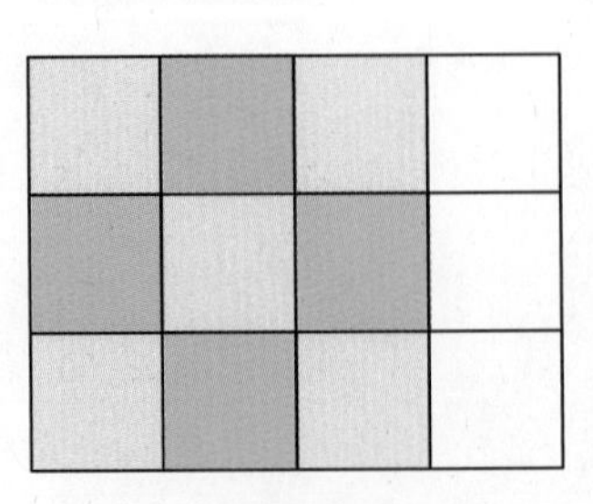

4 □, △ 모양으로 규칙을 만들어 구슬 팔찌를 꾸며 보세요.

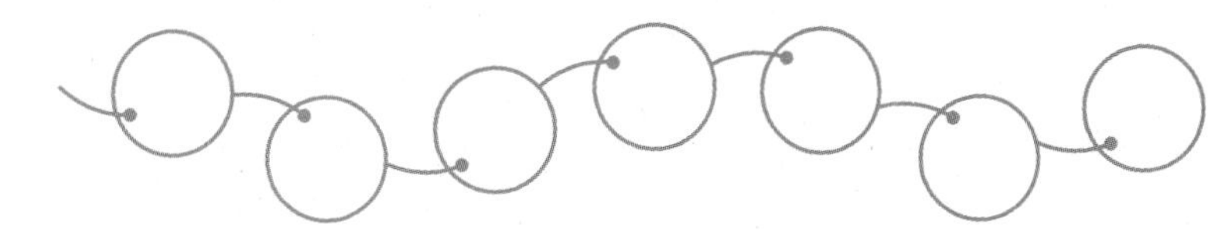

5 규칙을 바르게 말한 사람을 찾아 이름을 써 보세요.

민우: 색깔이 주황색, 파란색, 주황색으로 반복돼.
유나: 주사위의 눈의 수가 2, 1로 반복돼.

( )

BASIC CONCEPT 1-2

색칠된 무늬를 보고 규칙 찾기

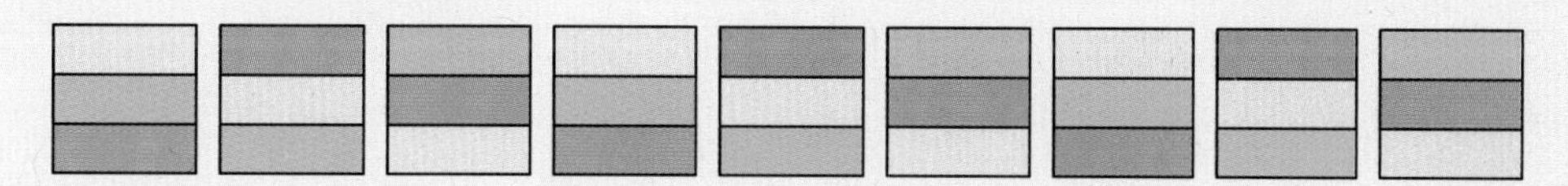

① 어떤 색깔이 있는지 확인합니다.
➡ 노란색, 초록색, 파란색
② 색깔이 반복되는 부분을 찾습니다.

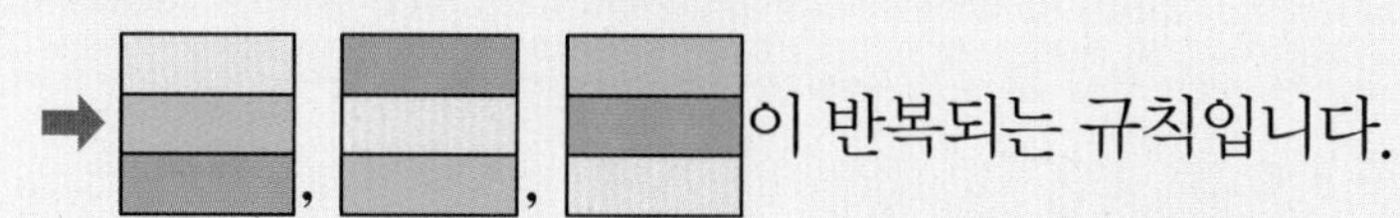

➡ , , 이 반복되는 규칙입니다.

6 규칙을 찾아 빈칸에 알맞게 색칠해 보세요.

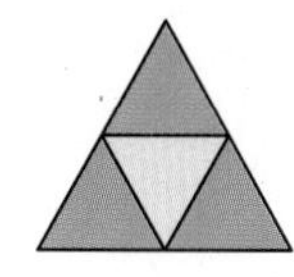
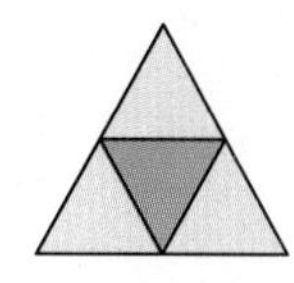
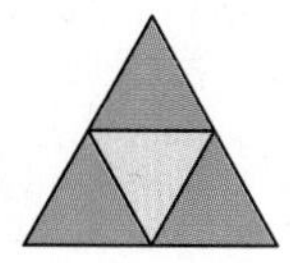
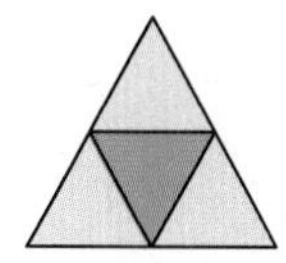
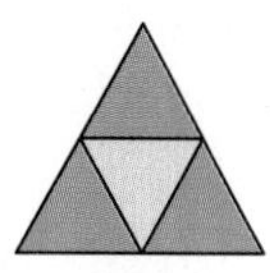
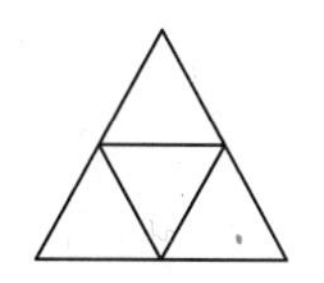

2 규칙 찾기(2)

• 수가 일정한 수만큼 커지거나 작아지는 것을 수 배열의 규칙이라고 합니다.

2-1 BASIC CONCEPT

수 배열에서 규칙 찾기

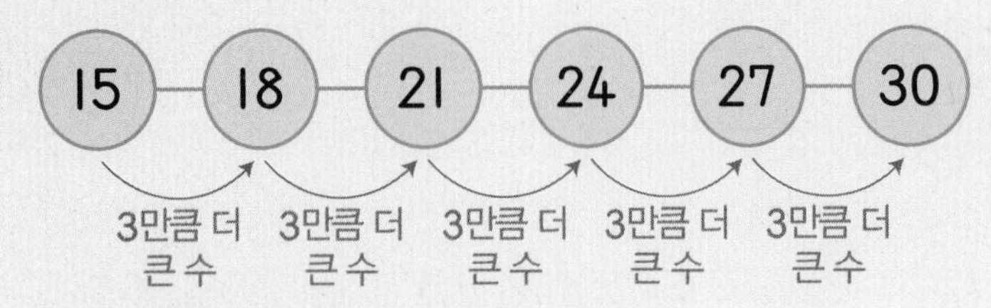

➡ 15부터 시작하여 3씩 커집니다.

수 배열표에서 규칙 찾기

51	52	53	54	55	56	57	58	59	60
61	62	63	64	65	66	67	68	69	70
71	72	73	74	75	76	77	78	79	80
81	82	83	84	85	86	87	88	89	90
91	92	93	94	95	96	97	98	99	100

• ━ 에 있는 수들은 61부터 시작하여 → 방향으로 1씩 커집니다.
 └ 61, 62, 63, ..., 68, 69, 70

• ━ 에 있는 수들은 58부터 시작하여 ↓ 방향으로 10씩 커집니다.
 └ 58, 68, 78, 88, 98

• ━ 에 있는 수들은 55부터 시작하여 ↙ 방향으로 9씩 커집니다.
 └ 55, 64, 73, 82, 91

1 75부터 시작하여 2씩 커지는 규칙으로 빈칸에 알맞은 수를 써넣으세요.

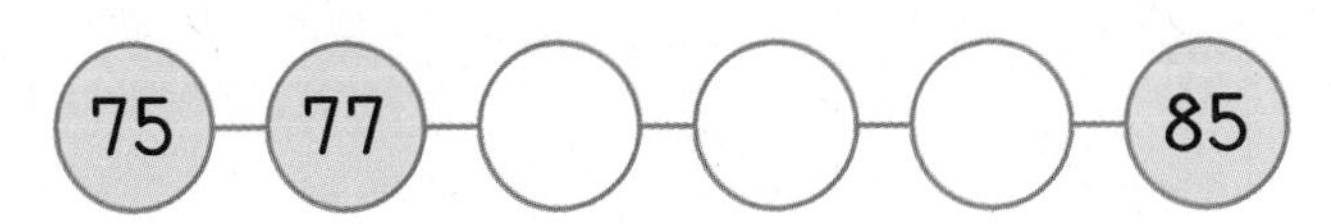

2 규칙에 따라 빈칸에 알맞은 수를 써넣으세요.

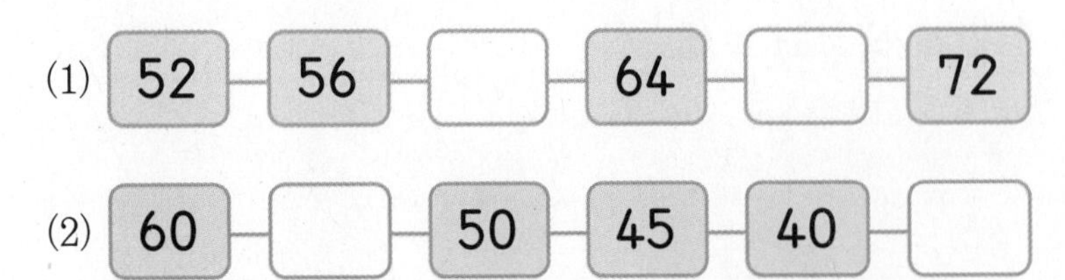

[3~4] 수 배열표를 보고 물음에 답하세요.

71	72	73	74	75	76	77	78	79	80
81	82	83	84	85	86	87	88	89	90
91	92	93	94	95	96	97	98	99	100

3 으로 색칠한 수에는 어떤 규칙이 있는지 쓰고, 규칙에 따라 남은 수에 색칠해 보세요.

규칙 ....

4 으로 색칠한 수들의 규칙에 따라 빈칸에 알맞은 수를 써넣으세요.

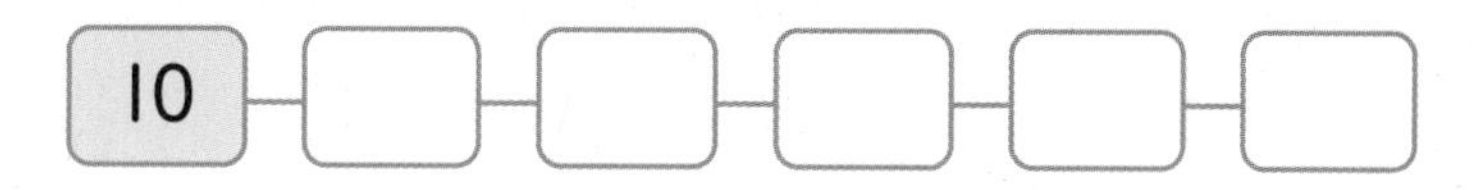

BASIC CONCEPT 2-2

규칙을 여러 가지 방법으로 나타내기

모양	○	◇	○	◇	○	◇	○	◇
수	0	4	0	4	0	4	0	4

- 모양으로 나타내기: 을 ○, 을 ◇로 나타내면 ○, ◇가 반복됩니다.
- 수로 나타내기: 을 0, 을 4로 나타내면 0, 4가 반복됩니다.

5 규칙을 찾아 빈칸을 완성해 보세요.

□	△	○	□	△				
0	2	5	0	2				

한 번에 몇씩 커지는 규칙인지 찾는다.

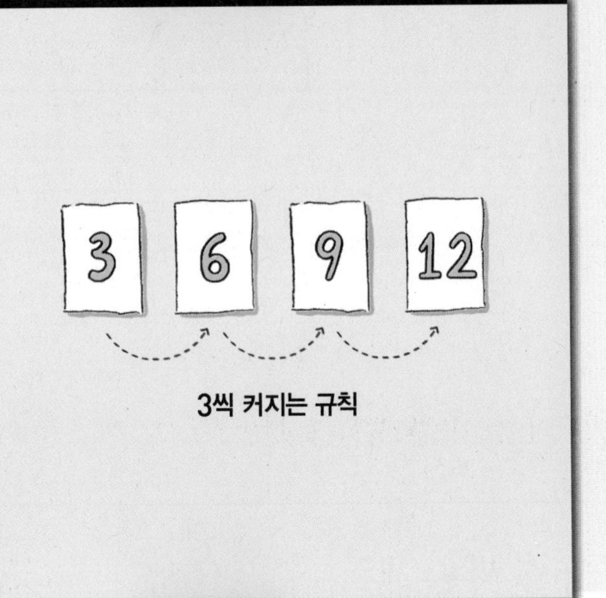

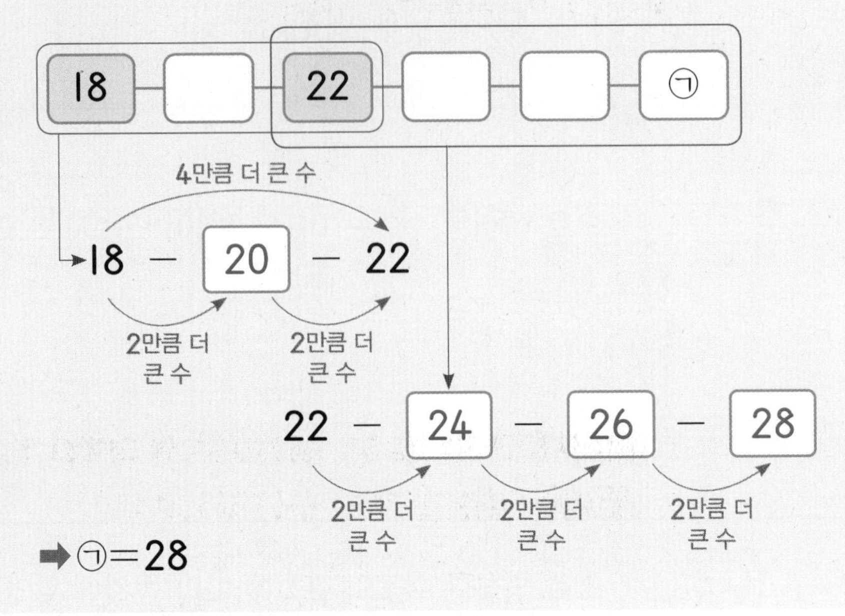

➡ ㉠=28

대표문제 1

규칙을 찾아 ㉠에 알맞은 수를 구해 보세요.

31에서 39로 오른쪽으로 2번 가서 □만큼 더 커졌습니다.

□을 똑같은 두 수의 합으로 나타내면 4+4이므로

오른쪽으로 갈수록 □씩 커집니다.

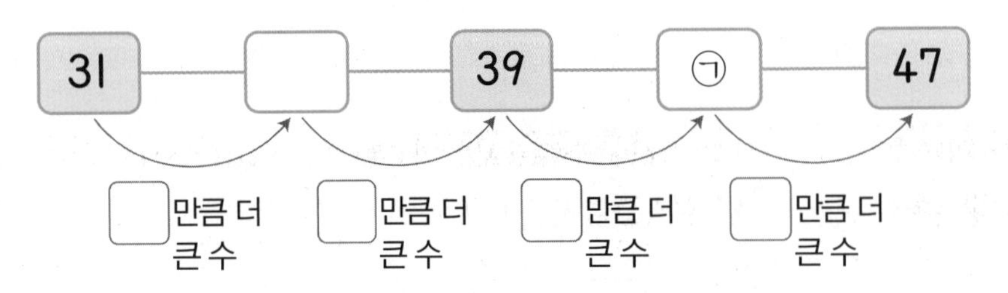

따라서 ㉠에 알맞은 수는 39보다 □만큼 더 큰 수인 □입니다.

서술형 **1-1** 규칙을 찾아 ㉠에 알맞은 수를 구하는 풀이 과정을 쓰고 답을 구해 보세요.

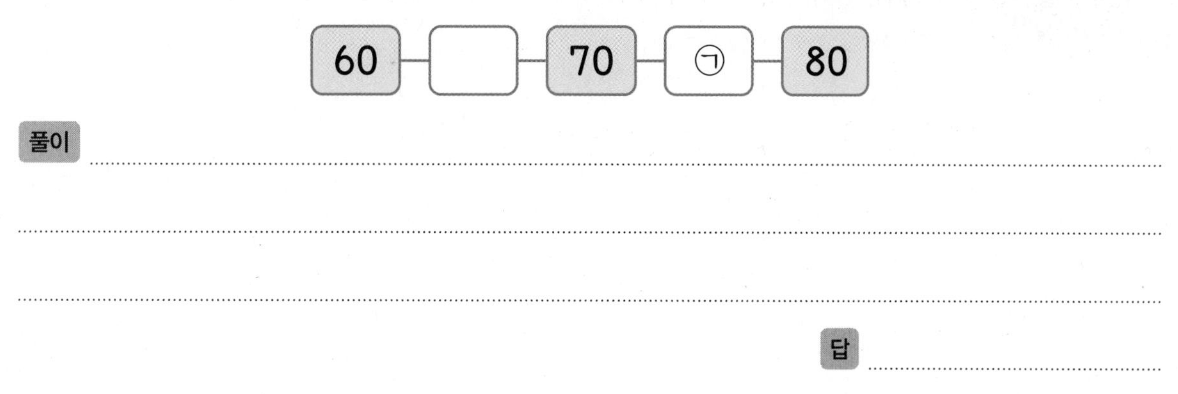

1-2 규칙을 찾아 ㉠에 알맞은 수를 구해 보세요.

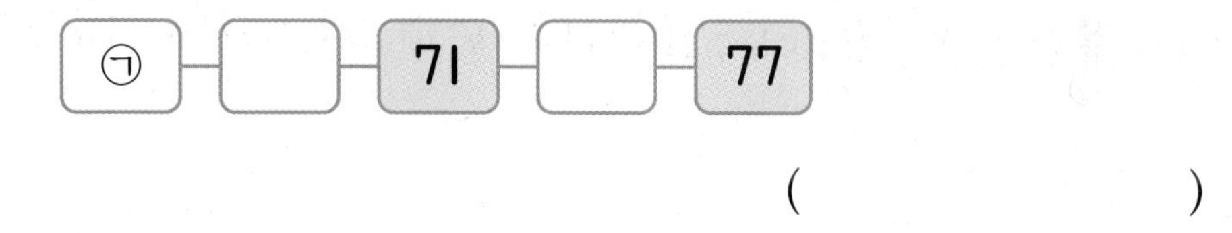

( )

1-3 규칙을 찾아 ㉠과 ㉡에 알맞은 수를 각각 구해 보세요.

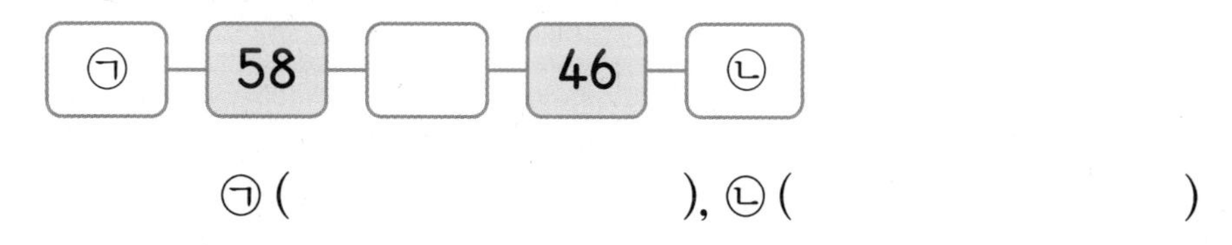

㉠ ( ), ㉡ ( )

1-4 화살표 방향의 규칙을 찾아 ㉠에 알맞은 수를 구해 보세요.

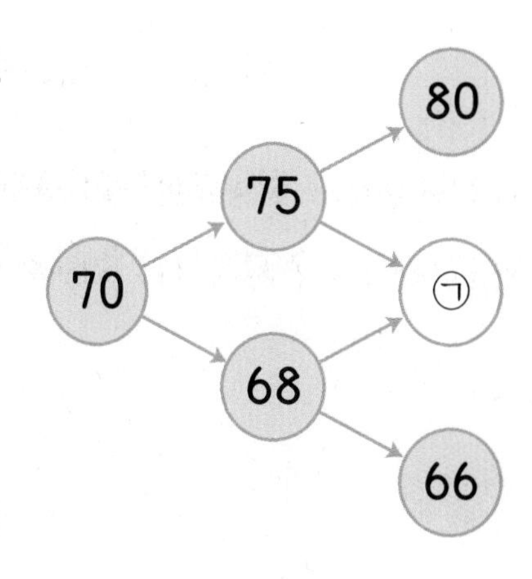

( )

가로줄과 세로줄에서 수의 규칙을 찾는다.

1	2	3	4	5	6	7	8	9	10
11	12	13	14	15	16	17	18	19	20
21	22	23	24	25	26	27	28	29	30

→ 방향으로 1씩 커집니다.
↓ 방향으로 10씩 커집니다.

수 배열표의 일부분입니다. ★에 알맞은 수를 구해 보세요.

33	34	35			
43	44				
53					
					★

33부터 시작하여 → 방향으로 ☐씩 커집니다.
→ 방향에 있는 수는 33－34－35

33부터 시작하여 ↓ 방향으로 ☐씩 커집니다.
↓ 방향에 있는 수는 33－43－53

33					
43					
53					

따라서 ★에 알맞은 수는 ☐입니다.

2-1 수 배열표의 일부분입니다. ▲에 알맞은 수를 구해 보세요.

22	23	24		
	30			
				▲

( )

2-2 수 배열표의 일부분입니다. ♥와 ■에 알맞은 수를 각각 구해 보세요.

10	11	12			
	19				♥
	27				
				■	

♥ ( ), ■ ( )

2-3 수 배열표의 일부분입니다. ●와 ★에 알맞은 수를 각각 구해 보세요.

	39	40	41	
		51		
		62		●
★				

● ( ), ★ ( )

최상위 S

색칠하는 칸과 색깔의 규칙을 찾는다.

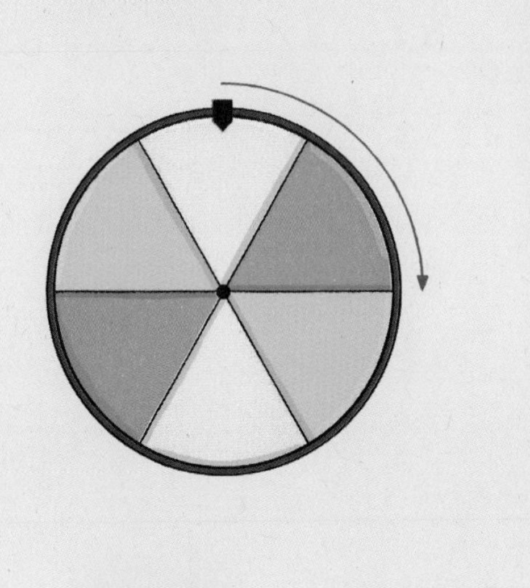

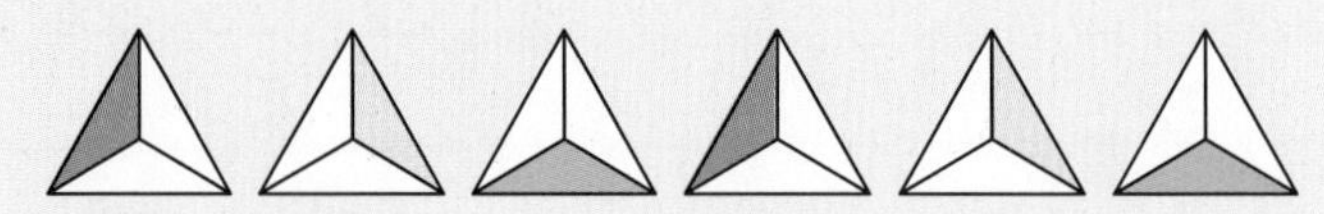

색칠하는 칸은 시계 방향으로 한 칸씩 돌아갑니다.
색깔은 빨간색, 노란색, 초록색이 반복됩니다.

대표문제 3

규칙을 찾아 알맞게 색칠해 보세요.

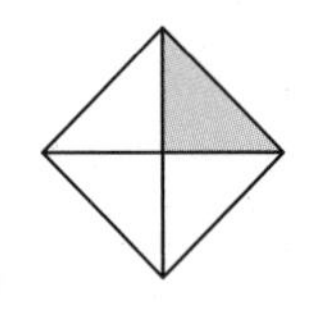 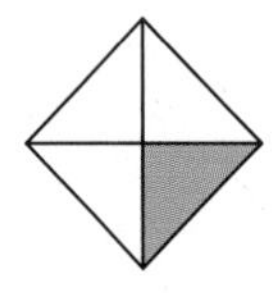 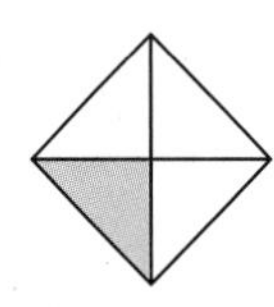 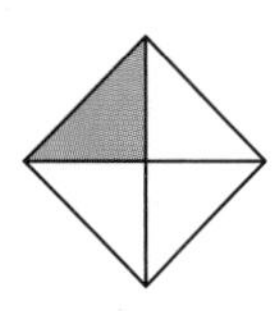 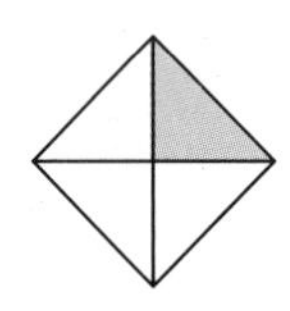 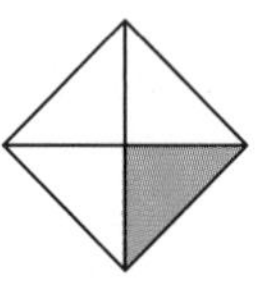 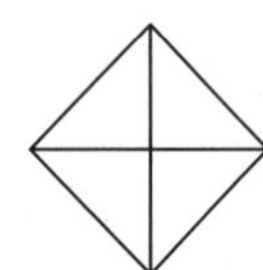

색칠하는 칸의 규칙을 찾아봅니다.
(시계 방향 , 시계 반대 방향)으로 한 칸씩 돌아가며 색칠하는 규칙이므로

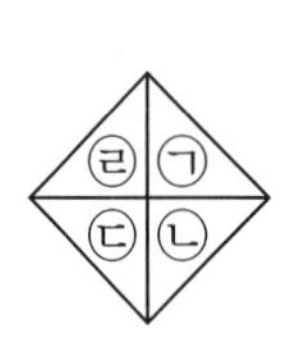

색칠해야 하는 칸은 [ ] 입니다.

색칠하는 색깔의 규칙을 찾아봅니다.
분홍색, 파란색이 반복되는 규칙이므로

색칠해야 하는 색깔은 [ ] 입니다.

따라서 규칙을 찾아 알맞게 색칠하면  입니다.

3-1 규칙을 찾아 알맞게 색칠해 보세요.

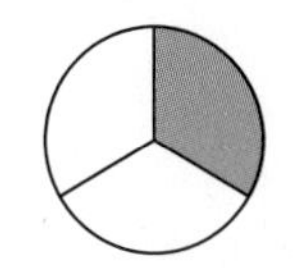 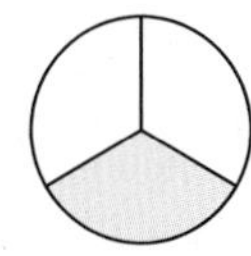 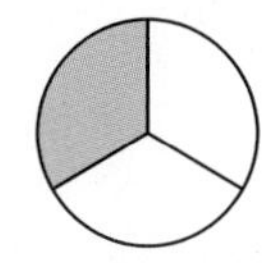 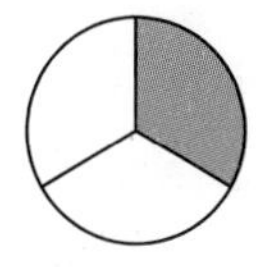 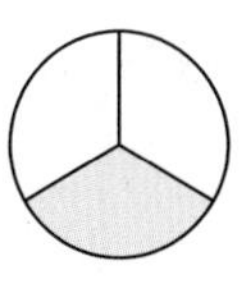 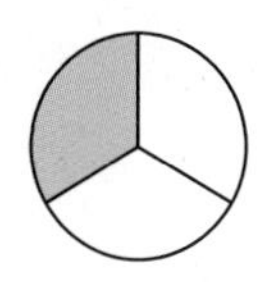 

3-2 규칙을 찾아 알맞게 색칠해 보세요.

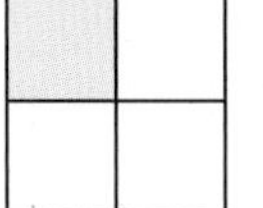 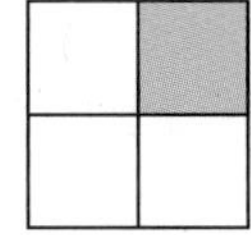 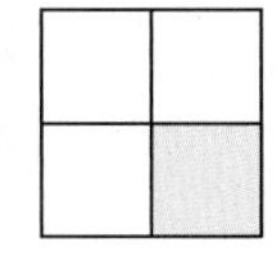 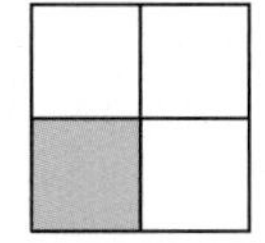 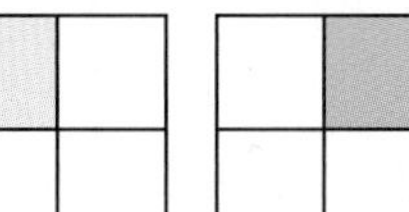 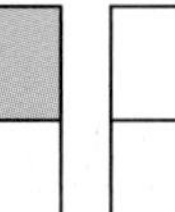 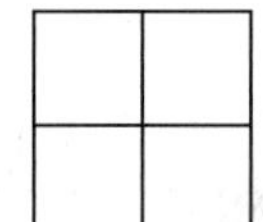

3-3 규칙을 찾아 알맞게 색칠해 보세요.

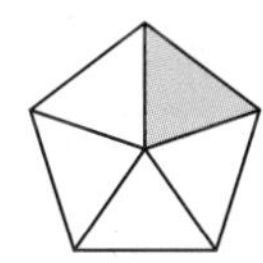 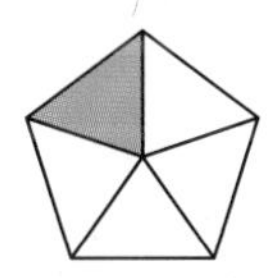 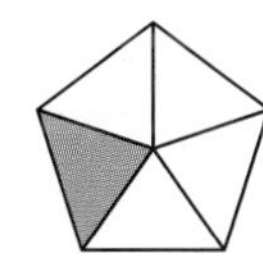 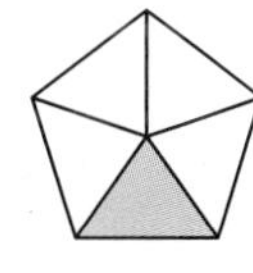 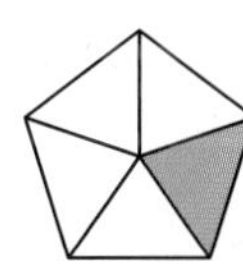 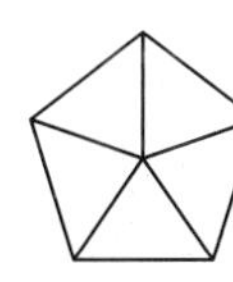 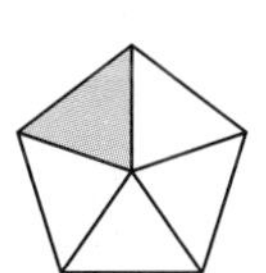

3-4 규칙을 찾아 알맞게 색칠해 보세요.

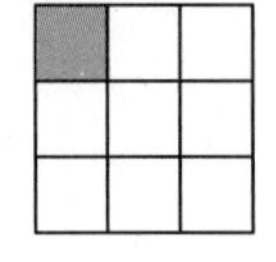 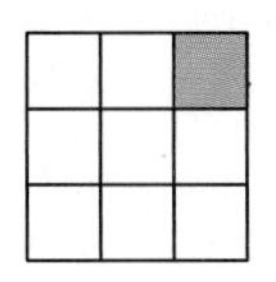 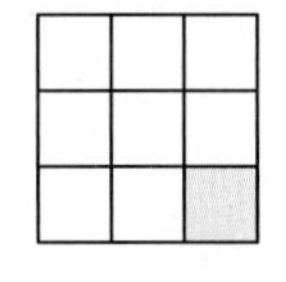 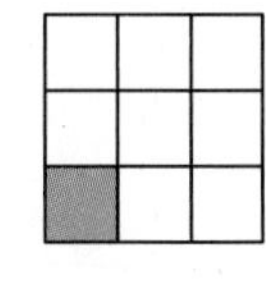 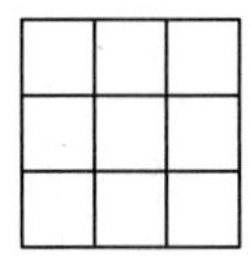 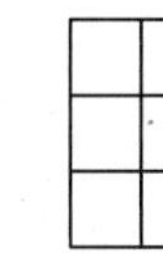 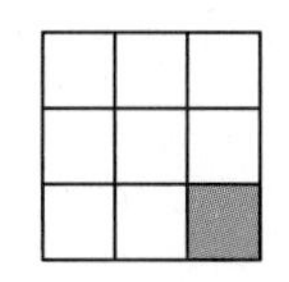

각각의 줄에서 색칠한 규칙을 찾는다.

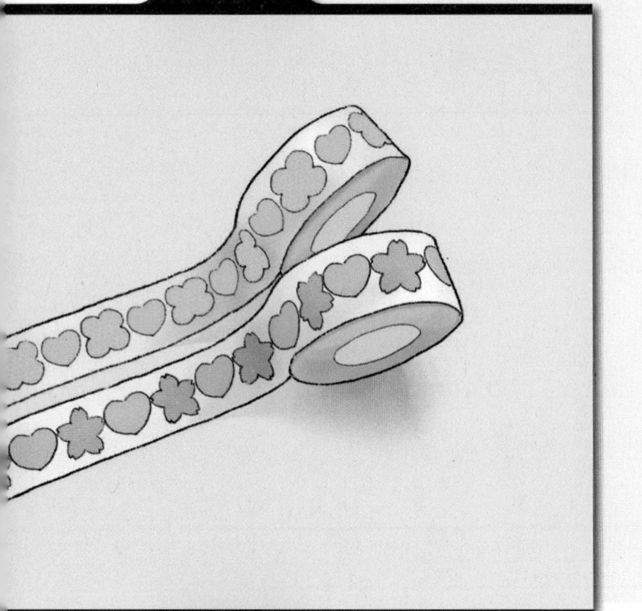

첫째 줄과 셋째 줄은 노란색과 파란색이 반복되고
둘째 줄과 넷째 줄은 파란색과 노란색이 반복됩니다.

규칙에 따라 분홍색과 보라색을 색칠했을 때 더 많이 색칠한 색깔은 무슨 색인지 써 보세요.

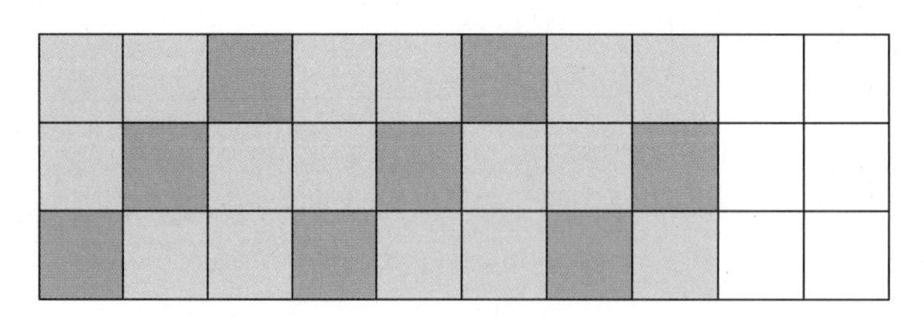

첫째 줄은 분홍색, 분홍색, 보라색이 반복됩니다.

둘째 줄은 분홍색, 보라색, ☐이 반복됩니다.

셋째 줄은 보라색, ☐, 분홍색이 반복됩니다.

규칙에 따라 색칠하면 분홍색이 ☐칸, 보라색이 ☐칸입니다.

따라서 더 많이 색칠한 색깔은 ☐입니다.

4-1 규칙에 따라 무늬를 완성했을 때 ★은 모두 몇 개인지 구해 보세요.

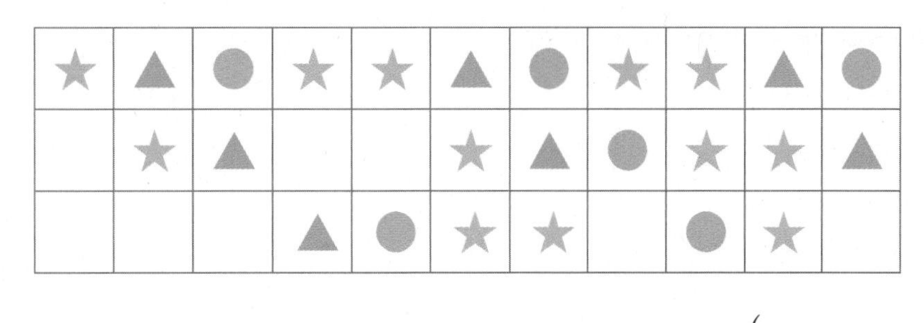

( )

4-2 규칙에 따라 노란색, 초록색, 파란색을 색칠했을 때 가장 적게 색칠한 색깔은 무슨 색인지 써 보세요.

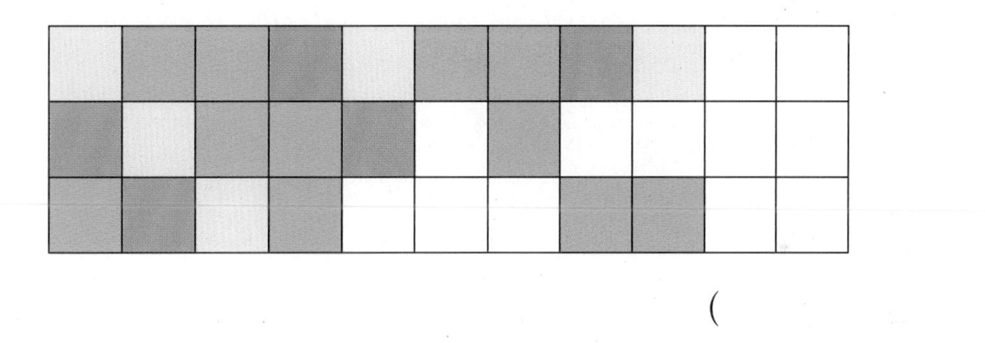

( )

4-3 규칙에 따라 무늬를 완성했을 때 ♥는 ■보다 몇 개 더 많은지 구해 보세요.

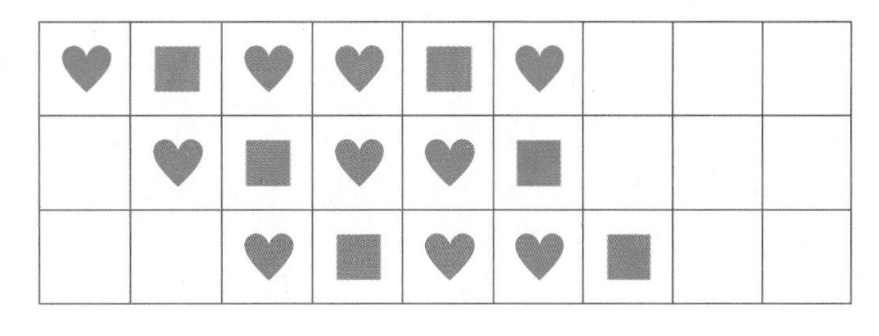

( )

최상위 S

반복되는 색깔과 모양을 찾는다.

색깔 :  …

모양 : ○□△…

색깔이 반복되는 부분

➡ 색깔은 노란색, 빨간색이 반복됩니다.

모양이 반복되는 부분

➡ 모양은 ☆, ♡, ♡가 반복됩니다.

대표문제 5

규칙에 따라 빈칸에 알맞은 그림을 그려 보세요.

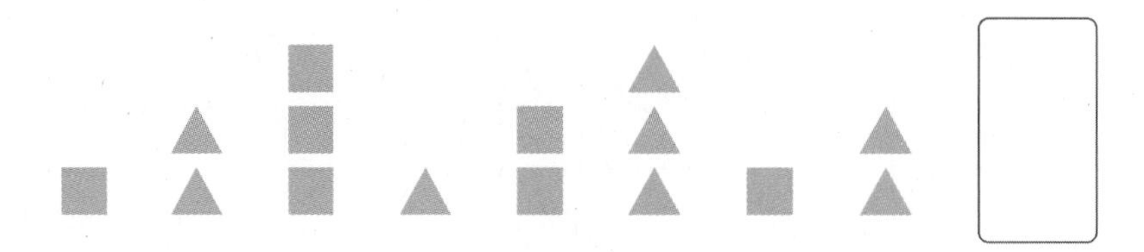

	■	▲▲	■■■	▲	■■	▲▲▲	■	▲▲
모양	■	▲	■	▲	■	▲		
개수(개)	1	2	3	1	2	3		

모양은 ■, ▲가 반복되므로 빈칸에 알맞은 모양은 ☐ 입니다.

개수는 1개, 2개, 3개가 반복되므로 빈칸에 알맞은 개수는 ☐ 개입니다.

따라서 빈칸에 알맞은 그림은 ☐ 입니다.

5-1 규칙에 따라 빈칸에 알맞은 그림을 그려 보세요.

5-2 규칙에 따라 빈칸에 알맞은 그림을 그려 보세요.

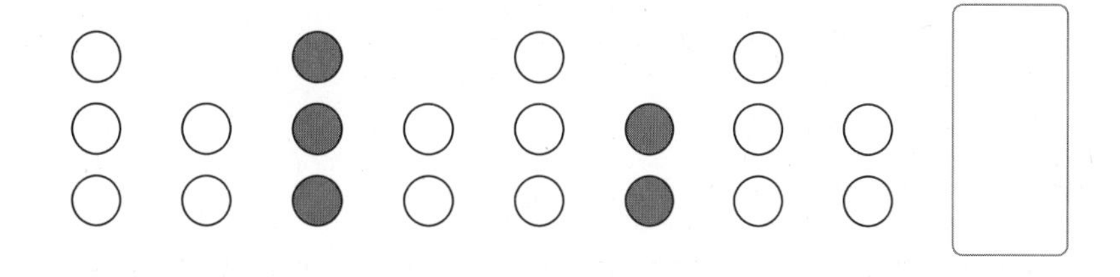

5-3 규칙에 따라 빈칸에 알맞은 그림을 그려 보세요.

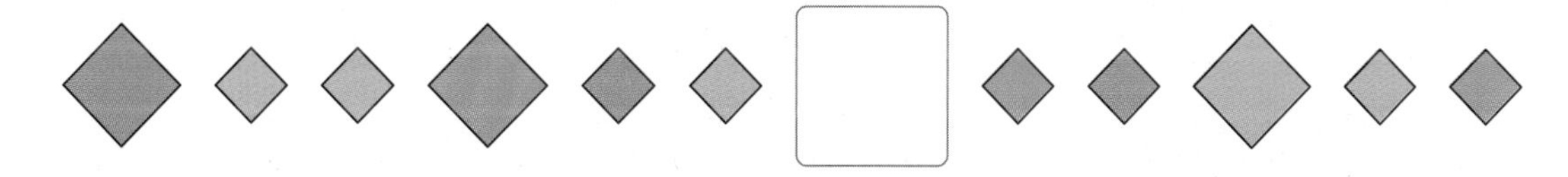

5-4 규칙에 따라 열째에 알맞은 그림을 그려 보세요.

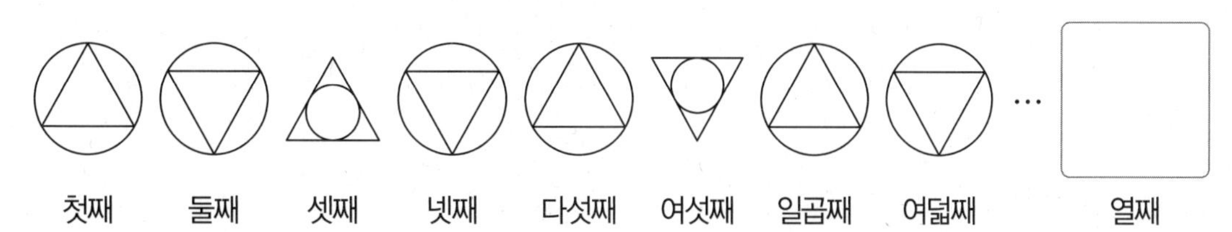

최상위

숨겨진 수의 규칙을 찾는다.

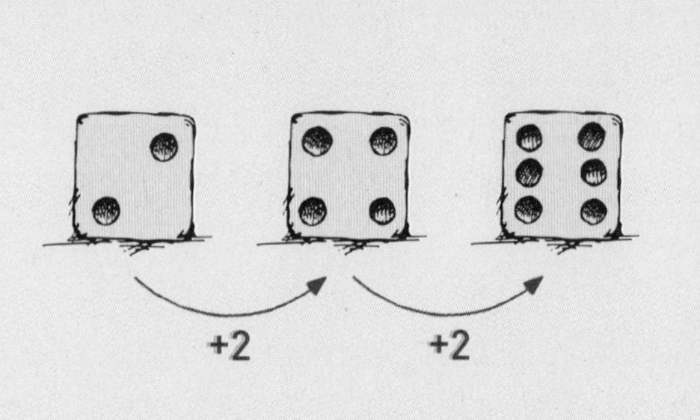

보기
10－12－14－16－18

20－□－□－□－□

보기 는 10부터 시작하여 2씩 커집니다.
보기 와 같은 규칙으로 수를 쓰면
20－22－24－26－28입니다.

대표문제 6

보기 와 같은 규칙으로 수를 배열할 때 ㉠에 알맞은 수를 구해 보세요.

보기
20－22－24－26－28

보기 는 20부터 시작하여 □씩 커집니다.

31부터 시작하여 2씩 커지는 수를 쓰면

따라서 ㉠에 알맞은 수는 □입니다.

6-1

보기 와 같은 규칙으로 수를 배열할 때 ㉠에 알맞은 수를 구해 보세요.

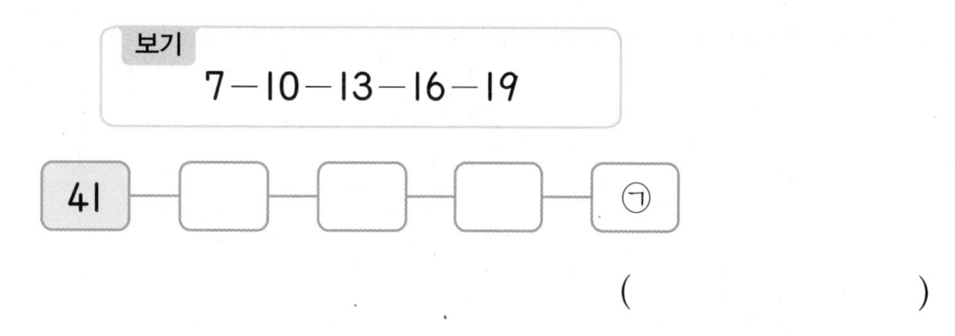

(　　　　　　　　)

6-2

수 배열표에서 색칠한 수들의 규칙으로 수를 배열할 때 ㉠에 알맞은 수를 구해 보세요. (단, 색칠한 수들의 ↓ 방향으로 규칙을 찾습니다.)

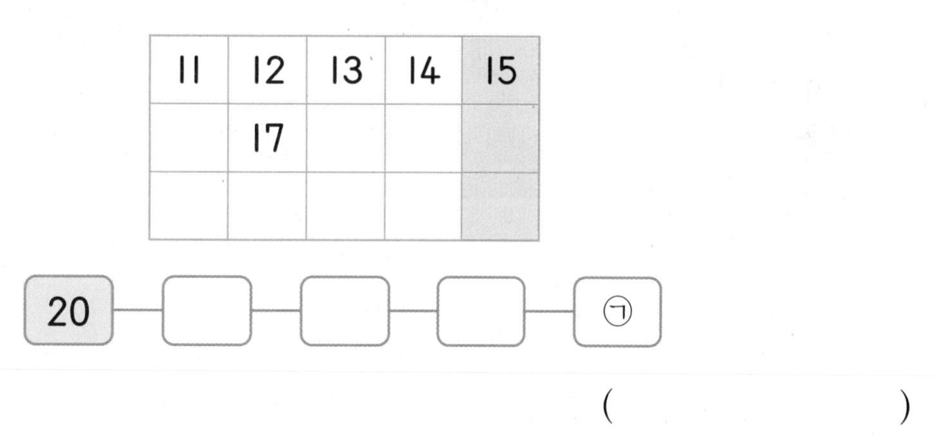

11	12	13	14	15
	17			

(　　　　　　　　)

6-3

수 배열표에서 색칠한 수들의 규칙으로 수를 배열할 때 ㉠에 알맞은 수를 구해 보세요. (단, 색칠한 수들의 ↘ 방향으로 규칙을 찾습니다.)

50				54	55	56
57						
64		66				

15 — □ — □ — □ — ㉠

(　　　　　　　　)

규칙적으로 수가 나열된 방향을 찾는다.

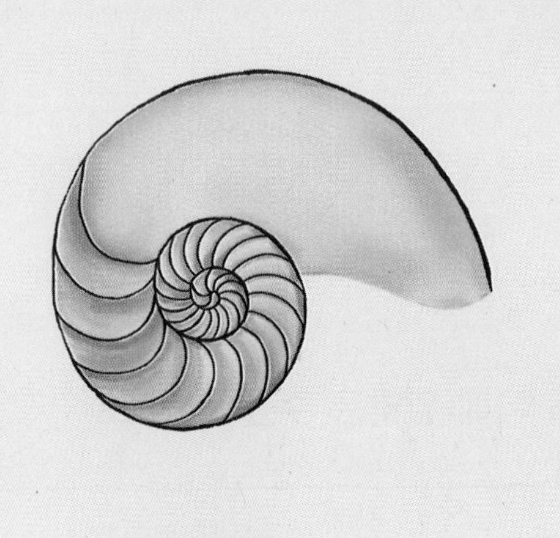

1	㉠	7
2	5	8
3	4	㉡

방향으로 수가 1씩 커지므로
㉠=6, ㉡=9입니다.

대표문제 7

규칙에 따라 수를 써넣었습니다. ㉠과 ㉡에 알맞은 수를 각각 구해 보세요.

3	6	9	12	15	18
	33	30	27	24	21
			48	51	54
㉠					57
			㉡		

방향으로 수가 ☐씩 커집니다.

규칙에 따라 수를 써넣으면

3	6	9	12	15	18
	33	30	27	24	21
			48	51	54
㉠					57
			㉡		

따라서 ㉠에 알맞은 수는 ☐, ㉡에 알맞은 수는 ☐입니다.

7-1 규칙에 따라 수를 써넣었습니다. 빈칸에 알맞은 수를 써넣으세요.

1	18		16	15	14
2		28			
3				25	
4					
5	6	7			

7-2 규칙에 따라 수를 써넣었습니다. ㉠과 ㉡에 알맞은 수를 각각 구해 보세요.

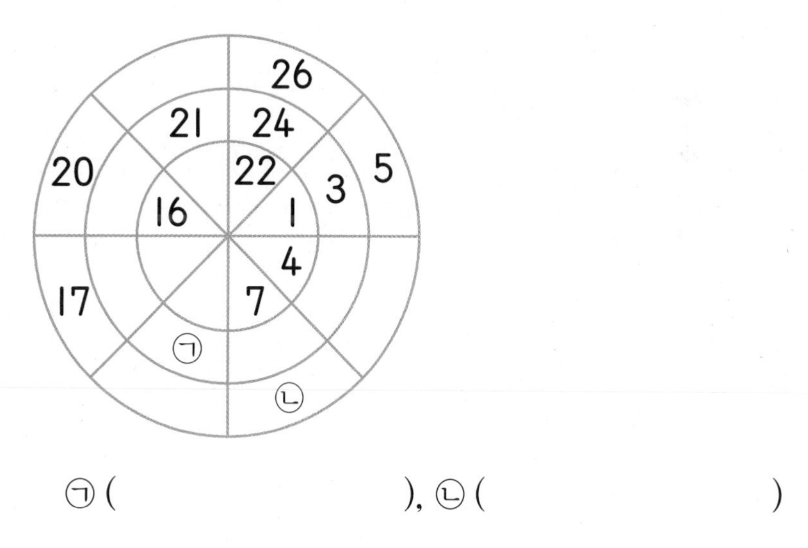

㉠ (　　　　　　　), ㉡ (　　　　　　　)

7-3 규칙에 따라 수를 써넣었습니다. ㉠에 알맞은 수를 구해 보세요.

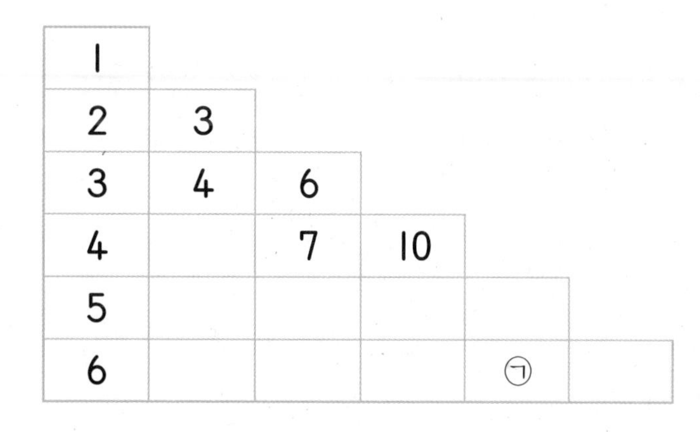

1					
2	3				
3	4	6			
4		7	10		
5					
6				㉠	

(　　　　　　　)

1 규칙에 따라 알맞게 색칠해 보세요.

2 다음과 같은 규칙으로 바둑돌 12개를 늘어놓았습니다. 검은색 바둑돌은 모두 몇 개일까요?

( )

3 보기 와 같은 규칙에 따라 수로 바르게 나타낸 것을 찾아 기호를 써 보세요.

보기

㉠ 2－3－3－2－3－3－2－3－3
㉡ 2－3－2－2－3－2－2－3－2

( )

서술형 **4** 규칙에 따라 수 카드를 늘어놓았습니다. 잘못 놓은 수 카드의 수를 찾는 풀이 과정을 쓰고 답을 구해 보세요.

51 57 63 69 75 81 86 93 99

풀이

답

5 거울에 비친 시계를 나타낸 것입니다. 여섯째 시계가 나타내는 시각을 구해 보세요.

먼저 생각해 봐요!

거울에 비친 시계의 시각은?

첫째

둘째

셋째

넷째

…

(　　　　　　　　)

6 수 배열표에서 색칠한 수들의 규칙으로 수를 배열할 때 ㉠과 ㉡에 알맞은 수를 각각 구해 보세요. (단, 색칠한 수들의 ↓ 방향으로 규칙을 찾습니다.)

51	53	55	57
		63	
	69		

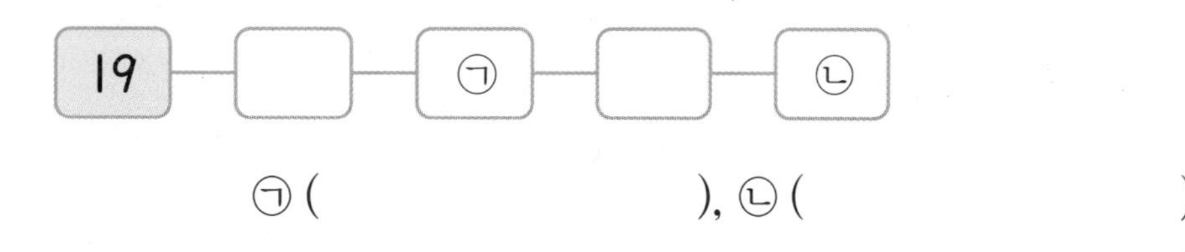

㉠ (　　　　　　　　), ㉡ (　　　　　　　　)

7 규칙에 따라 빈칸에 수를 썼을 때 ㉠과 ㉡에 알맞은 수의 합을 구해 보세요.

▲	■	●	▲	▲	■	●	▲			
3	4	0	3		㉠			㉡		

(　　　　　　　　)

8 규칙에 따라 수를 늘어놓았습니다. 규칙을 쓰고, 8 다음에 올 수를 구해 보세요.

1 2 3 5 8 …

규칙 ....

( )

9 규칙에 따라 수를 써넣었습니다. ㉠과 ㉡에 알맞은 수를 각각 구해 보세요.

			13	15		
		18	16	14		
		13	15	17	19	
		20			14	
	㉠			19		23
㉡			20			14

㉠ ( ), ㉡ ( )

10 아진이네 집에 있는 뻐꾸기시계는 1시에 1번, 2시에 2번, 3시에 3번, ... 웁니다. 3시부터 뻐꾸기시계가 매 시각마다 우는 횟수의 합이 15번일 때의 시각은 몇 시인지 구해 보세요.

( )

6

덧셈과 뺄셈 (3)

1 덧셈하기

• 받아올림이 없는 (몇십몇)+(몇), (몇십)+(몇십), (몇십몇)+(몇십몇)의 계산을 할 수 있습니다.

1-1 BASIC CONCEPT

받아올림이 없는 덧셈

10개씩 묶음은 10개씩 묶음끼리, 낱개는 낱개끼리 더합니다.

$$\begin{array}{r} 15 \\ +\ \ 3 \\ \hline 8 \end{array} \Rightarrow \begin{array}{r} 15 \\ +\ \ 3 \\ \hline 18 \end{array}$$

└ 5+3=8 └ 10

$15+3=18$ (5+3=8)

$$\begin{array}{r} 23 \\ +12 \\ \hline 5 \end{array} \Rightarrow \begin{array}{r} 23 \\ +12 \\ \hline 35 \end{array}$$

└ 3+2=5 └ 20+10=30

$23+12=35$ (20+10=30, 3+2=5)

1 21+4를 계산한 것입니다. 잘못된 부분을 찾아 바르게 계산해 보세요.

$$\begin{array}{r} 21 \\ +4\ \ \\ \hline 61 \end{array} \Rightarrow \square$$

2 □ 안에 알맞은 수를 써넣으세요.

(1) $3+1=\square$
$30+10=\square$
$33+11=\square$

(2) $5+2=\square$
$50+20=\square$
$55+22=\square$

3 빈칸에 알맞은 수를 써넣으세요.

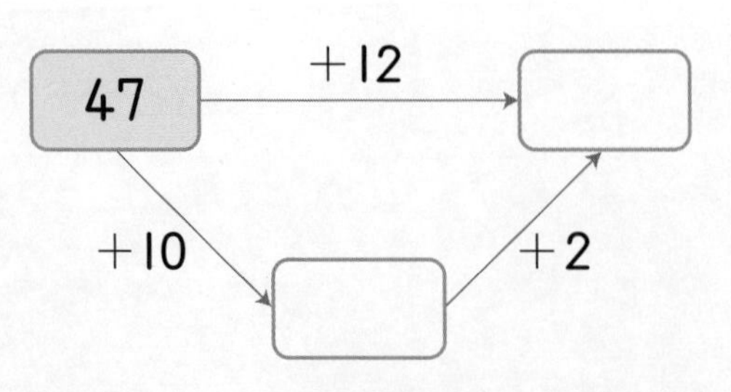

4

□ 안에 알맞은 수를 써넣으세요.

(1) $14+21=30+\square$　　　(2) $35+23=\square+8$

5

가장 큰 수와 가장 작은 수의 합을 구해 보세요.

35	46	62	55

(　　　　　　)

6

수 카드 2장을 골라 합이 79가 되도록 덧셈식을 써 보세요.

36	25	13	54

$\square+\square=79$

BASIC CONCEPT 1-2

두 수의 합이 가장 큰 덧셈식, 가장 작은 덧셈식 만들기

10	24	52

$52>24>10$이므로

- 합이 가장 큰 덧셈식 ➡ (가장 큰 수)+(둘째로 큰 수)$=52+24=76$
  또는 (둘째로 큰 수)+(가장 큰 수)$=24+52=76$
- 합이 가장 작은 덧셈식 ➡ (가장 작은 수)+(둘째로 작은 수)$=10+24=34$
  또는 (둘째로 작은 수)+(가장 작은 수)$=24+10=34$

7

두 수의 합이 가장 큰 덧셈식과 가장 작은 덧셈식을 각각 써 보세요.

13	47	31	26

합이 가장 큰 덧셈식 (　　　　　　)

합이 가장 작은 덧셈식 (　　　　　　)

2 뺄셈하기

• 받아내림이 없는 (몇십몇)−(몇), (몇십)−(몇십), (몇십몇)−(몇십몇)의 계산을 할 수 있습니다.

2-1 BASIC CONCEPT

받아내림이 없는 뺄셈

10개씩 묶음은 10개씩 묶음끼리, 낱개는 낱개끼리 뺍니다.

$$\begin{array}{r} 67 \\ -\ \ 5 \\ \hline 2 \end{array} \Rightarrow \begin{array}{r} 67 \\ -\ \ 5 \\ \hline 62 \end{array}$$

7−5=2, 60

67 − 5 = 62 (7−5=2)

$$\begin{array}{r} 45 \\ -13 \\ \hline 2 \end{array} \Rightarrow \begin{array}{r} 45 \\ -13 \\ \hline 32 \end{array}$$

5−3=2, 40−10=30

45 − 13 = 32 (40−10=30, 5−3=2)

1 78−3을 계산한 것입니다. 잘못된 부분을 찾아 바르게 계산해 보세요.

$$\begin{array}{r} 78 \\ -\ \ 3 \\ \hline 48 \end{array} \Rightarrow \square$$

2 □ 안에 알맞은 수를 써넣으세요.

(1) 6− 3=□
60−30=□
66−33=□

(2) 8− 4=□
80−40=□
88−44=□

3 계산 결과를 비교하여 ○ 안에 >, =, <를 알맞게 써넣으세요.

(1) 79−38 ○ 89−38

(2) 68−40 ○ 68−50

덧셈과 뺄셈의 관계

덧셈과 뺄셈을 전체와 부분으로 생각하면 4개의 식을 만들 수 있습니다.

덧셈식에서는 두 수를 바꾸어 더해도 결과는 같습니다.

덧셈식 ■+▲=● ▲+■=●
└ (부분)+(부분)=(전체)

뺄셈식 ●−▲=■ ●−■=▲
└ (전체)−(한 부분)=(다른 부분)

4 □ 안에 알맞은 수를 써넣고, 덧셈식과 뺄셈식을 각각 1개씩 만들어 보세요.

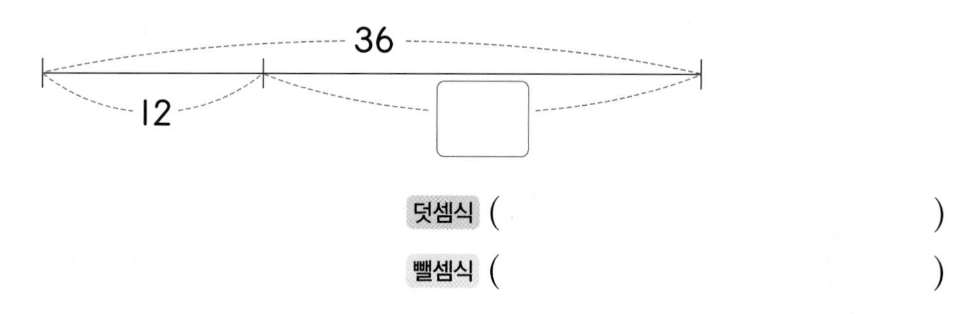

덧셈식 (   )

뺄셈식 (   )

5 □ 안에 알맞은 수를 써넣으세요.

(1) 36−□=0

36−□=10

36−□=20

(2) □−13=30

□−13=20

□−13=10

6 1보다 큰 수 중에서 □ 안에 알맞은 수를 써넣으세요.

(1) 18+□=39

(2) 18+□0<39

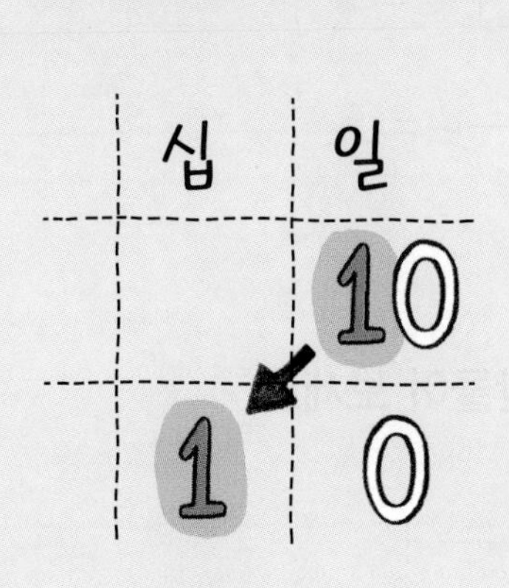

10개씩 묶음을 낱개로 나타낼 수 있다.

10개씩 묶음이 4개, 낱개가 17개인 수보다 5만큼 더 작은 수

10개씩 묶음이 4개 ➡ 40
낱개가 17개 ➡ 17

57보다 5만큼 더 작은 수

➡ $57-5=52$

대표문제 1

10개씩 묶음이 2개, 낱개가 13개인 수가 있습니다. 이 수보다 10만큼 더 큰 수를 구해 보세요.

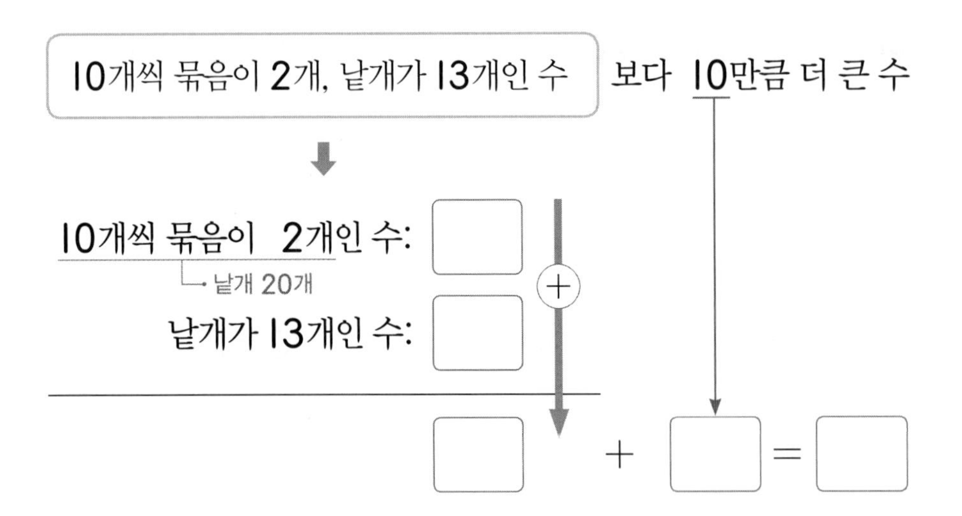

1-1 10개씩 묶음이 5개, 낱개가 32개인 수는 낱개가 몇 개인 수일까요?

(　　　　　　　)

1-2 10개씩 묶음이 1개, 낱개가 27개인 수가 있습니다. 이 수보다 14만큼 더 작은 수는 얼마일까요?

(　　　　　　　)

1-3 두 수의 차는 얼마일까요?

㉠ 10개씩 묶음이 2개, 낱개가 21개인 수
㉡ 10개씩 묶음이 3개, 낱개가 13개인 수

(　　　　　　　)

1-4 10개씩 묶음이 4개, 낱개가 37개인 수는 10개씩 묶음이 2개, 낱개가 몇 개인 수와 같을까요?

(　　　　　　　)

최상위

10개씩 묶음의 수를 이용해 식을 만든다.

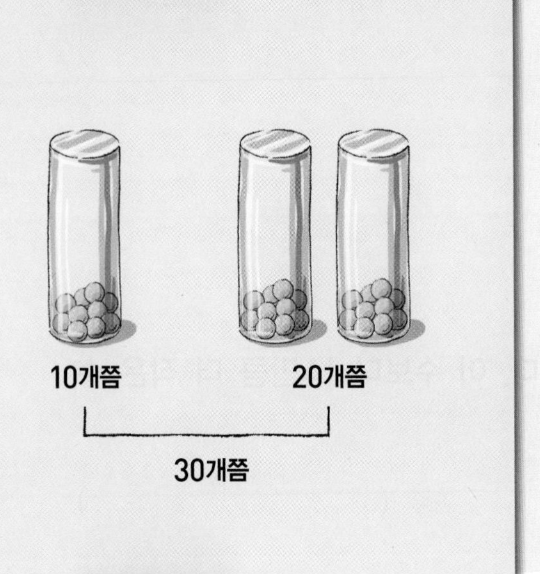

11 12 23

10개씩 묶음의 수: 1 1 2

1, 1, 2로 만들 수 있는 덧셈식은 $1+1=2$입니다.

➡ $11+12=23$ 또는 $12+11=23$

덧셈식을 만들 수 있는 3장의 수 카드를 찾아 써 보세요.

13 49 24 36

---

13 49 24 36

10개씩 묶음의 수: 1 4 2 3

10개씩 묶음의 수 중 덧셈식을 만들 수 있는 세 수를 찾아봅니다.

경우1 $1+2=3$

수 카드: ☐, ☐, ☐

➡ 만들 수 있는 덧셈식: 없음

└ $13+24=37$이므로 덧셈식을 만들 수 없습니다.

경우2 $1+3=4$

수 카드: ☐, ☐, ☐

➡ 만들 수 있는 덧셈식: $13+36=$ ☐

따라서 덧셈식을 만들 수 있는 3장의 수 카드는 13, ☐, 36입니다.

2-1 수 카드를 사용해 덧셈식과 뺄셈식을 각각 1개씩 만들어 보세요.

25 39 14

덧셈식 (   )

뺄셈식 (   )

2-2 뺄셈식을 만들 수 있는 3장의 수 카드를 찾아 써 보세요.

42 34 25 67

(   )

2-3 덧셈식 또는 뺄셈식을 만들 수 있는 3장의 수 카드를 찾아 써 보세요.

56 24 30 32

(   )

2-4 4장의 수 카드를 한 번씩 모두 사용하여 식을 완성해 보세요.

계산한 방법과 순서를 거꾸로 하면 처음 수가 된다.

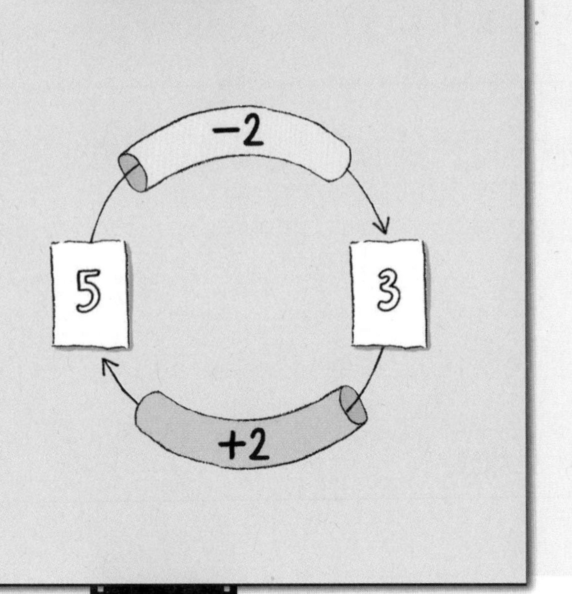

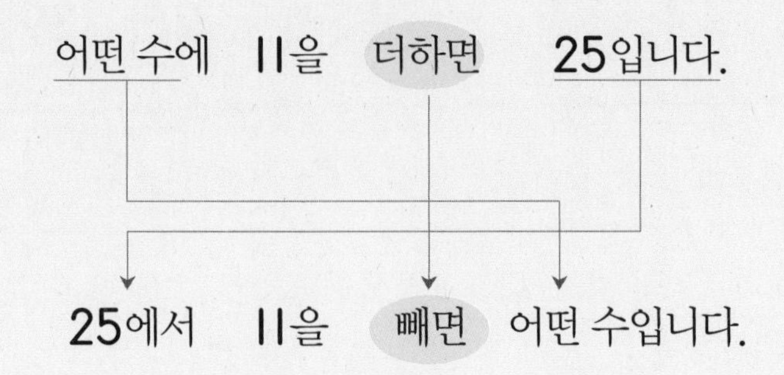

대표문제 3

윤하는 우표를 몇 장 가지고 있었는데 그중에서 12장을 사용했더니 34장이 남았습니다. 윤하가 처음에 가지고 있던 우표는 몇 장인지 구해 보세요.

윤하가 처음에 가지고 있던 우표의 수를 ■장이라 하면

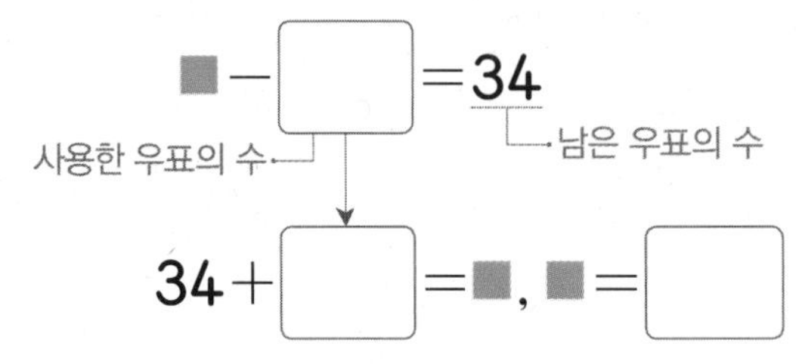

따라서 윤하가 처음에 가지고 있던 우표는 ☐장입니다.

3-1 희진이가 오전에 주운 밤과 오후에 주운 밤 45개를 합하면 모두 68개입니다. 희진이가 오전에 주운 밤은 몇 개인지 구해 보세요.

( )

서술형 **3-2** 아인이는 색종이를 몇 장 가지고 있는데 23장을 더 가지면 모두 38장이 됩니다. 아인이가 가지고 있는 색종이는 몇 장인지 풀이 과정을 쓰고 답을 구해 보세요.

풀이

답

3-3 준희와 초아는 같은 수만큼 땅콩을 가지고 있습니다. 준희가 가지고 있던 땅콩 중에서 12개를 먹었더니 23개가 남았습니다. 초아는 가지고 있던 땅콩 중에서 14개를 먹었다면 초아에게 남은 땅콩은 몇 개일까요?

( )

3-4 영재는 가지고 있던 연필 중에서 11자루를 사용하고 15자루를 친구에게 주었더니 13자루가 남았습니다. 영재가 처음에 가지고 있던 연필은 몇 자루일까요?

( )

최상위 S

면봉을 옮겨 다른 수로 만들 수 있다.

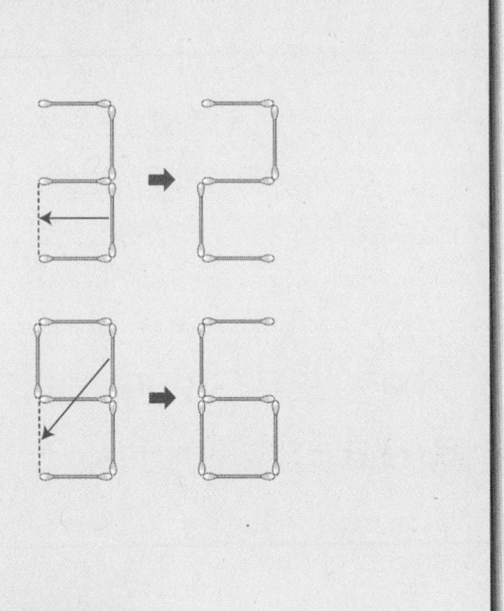

2에서 빨간색 선을 옮겨 3으로 만듭니다.

2 + 3 = 6 (×)

3 + 3 = 6 (○)

대표문제 4

면봉 1개를 하나의 수 안에서 옮겨 올바른 덧셈식을 만들어 보세요.

72 + 16 = 89

72＋16＝88이므로 89를 88로 만들거나 계산 결과가 89인 식을 만듭니다.
89에서 면봉 1개를 옮겨 88을 만들 수 없으므로 계산 결과가 89인 식을 만듭니다.
72와 16에서 각각 면봉 1개를 옮기면

2 ➡ 3 / 6 ➡ 0, 9 로 만들 수 있습니다.

이 중에서 낱개의 수가 1만큼 더 커지는 경우는 2를 [ ] 으로 만들 때입니다.

72 + 16 = 89 ➡ 7[ ] + 16 = 89

4-1

면봉 1개를 하나의 수 안에서 옮겨 올바른 덧셈식을 만들어 보세요.

$52+44=66$

(　　　　　　　　)

4-2

면봉 1개를 하나의 수 안에서 옮겨 올바른 뺄셈식을 만들어 보세요.

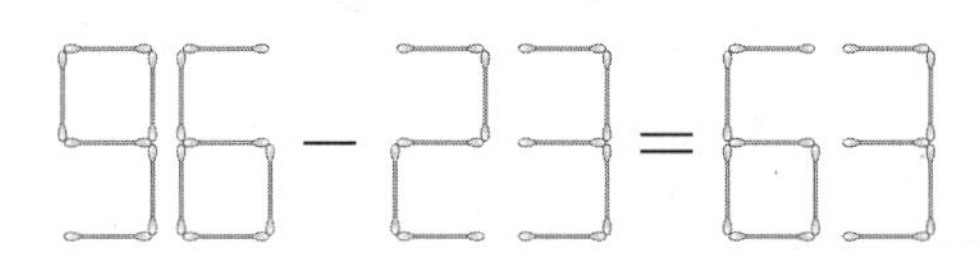

(　　　　　　　　)

4-3

면봉 1개를 하나의 수 안에서 옮겨 올바른 덧셈식을 만들어 보세요.

$37+21=78$

(　　　　　　　　)

4-4

면봉 1개를 옮겨 올바른 식을 만들어 보세요.

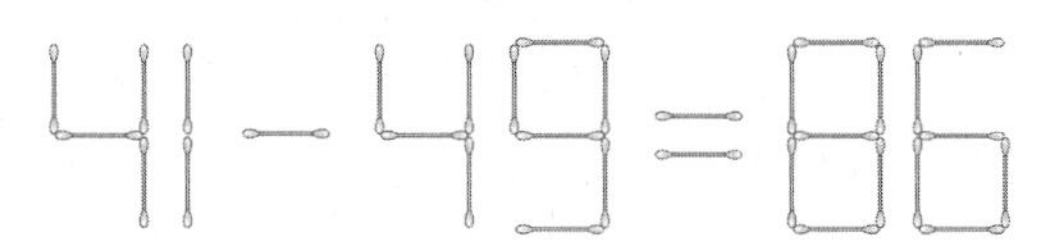

(　　　　　　　　)

부분을 더하면 전체가 된다.

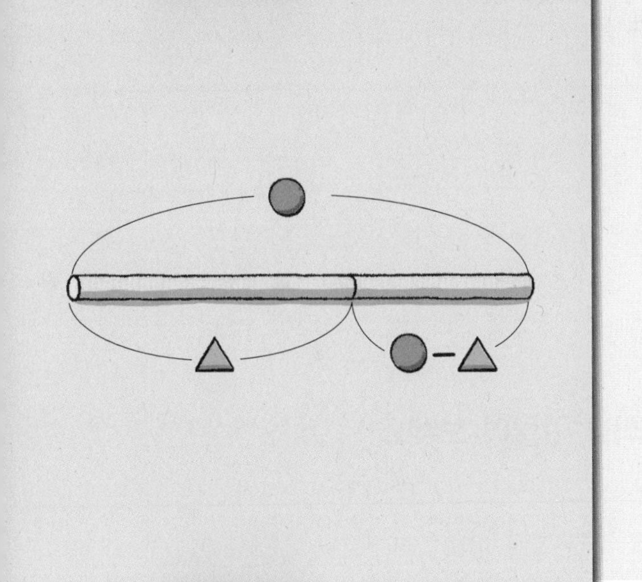

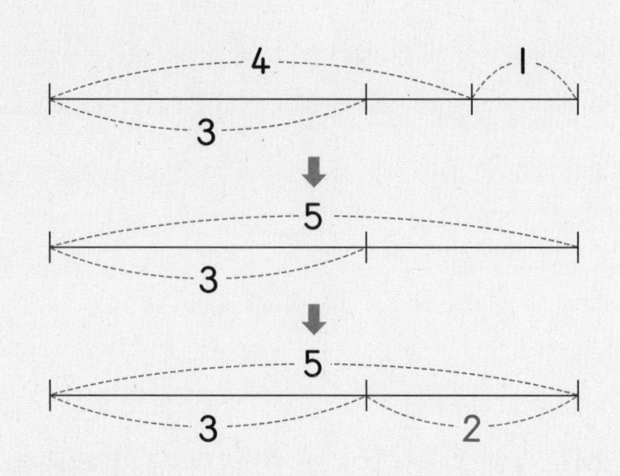

대표문제 5

길이가 서로 다른 색 막대를 겹치지 않게 이어 붙였습니다. 파란색 막대의 길이를 구해 보세요.

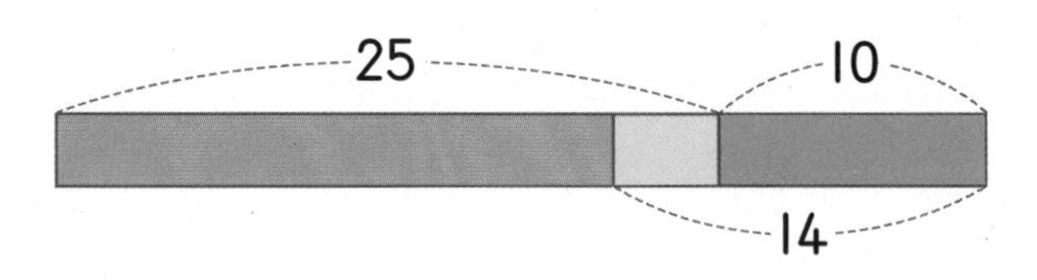

색 막대를 이어 붙인 전체 길이는 25+☐=☐입니다.

파란색 막대의 길이를 ■라 하면 ■+14=☐입니다.

☐−14=■, ■=☐

따라서 파란색 막대의 길이는 ☐입니다.

5-1 길이가 서로 다른 색 막대를 겹치지 않게 각각 이어 붙였습니다. 초록색 막대의 길이를 구해 보세요.

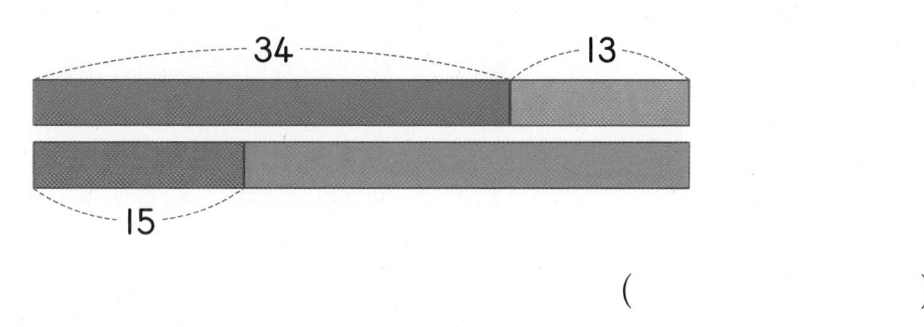

(　　　　　　　　)

서술형 **5-2** 길이가 서로 다른 색 막대를 겹치지 않게 이어 붙였습니다. 노란색 막대의 길이를 구하는 풀이 과정을 쓰고 답을 구해 보세요.

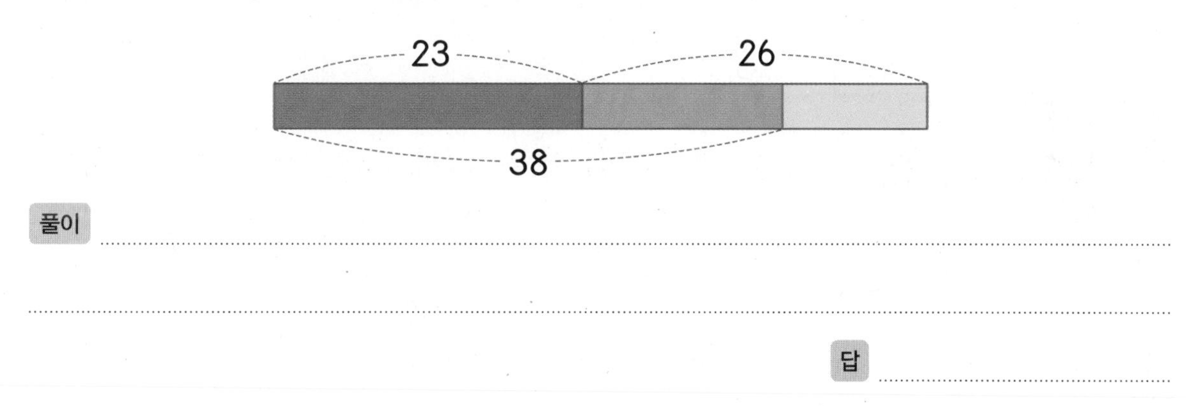

풀이 ....

....

답 ....

5-3 길이가 서로 다른 색 막대를 겹치지 않게 이어 붙였습니다. 빨간색 막대 한 개의 길이를 구해 보세요. (단, 같은 색 막대는 길이가 같습니다.)

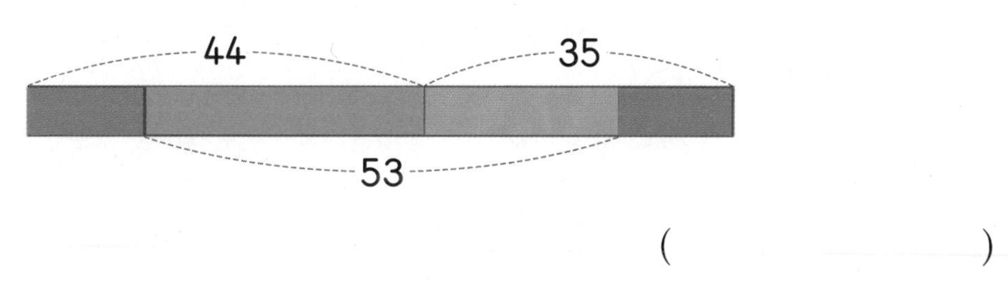

(　　　　　　　　)

5-4 길이가 서로 다른 색 막대를 겹치지 않게 이어 붙였습니다. 가장 긴 막대와 가장 짧은 막대의 길이의 차를 구해 보세요.

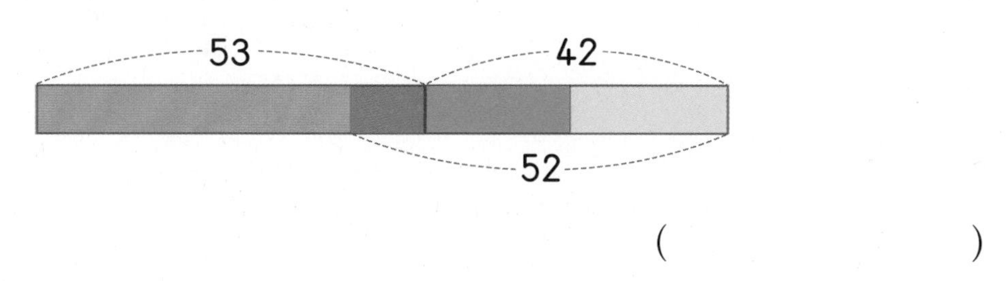

(　　　　　　　　)

높은 자리일수록 나타내는 수가 크다.

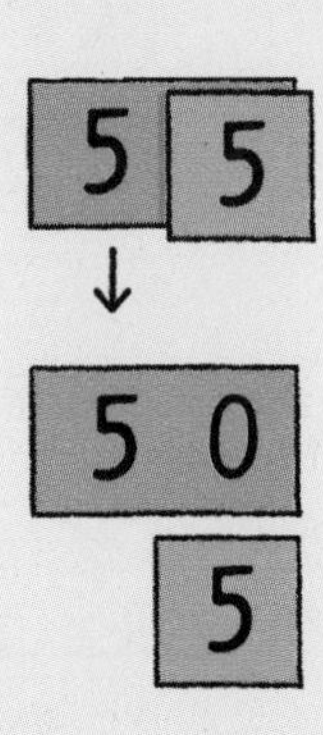

수 카드를 한 번씩만 사용하여 두 수의 합이 가장 작게 되는 덧셈식 만들기

1 2 5 4 ➡ ㉠ ㉡ + ㉢ ㉣

1<2<4<5이므로 ㉠과 ㉢에 가장 작은 수 1과 둘째로 작은 수 2를 써넣고 ㉡과 ㉣에 나머지 두 수를 써넣습니다.

➡ 14 + 25, 15 + 24 또는 25 + 14, 24 + 15

수 카드 1, 3, 5, 4, 9 중에서 4장을 골라 한 번씩만 사용하여 합이 가장 작은 (두 자리 수)+(두 자리 수)를 만들어 보세요.

수 카드의 수의 크기를 비교하면 1<3<4<5<9입니다.
합이 가장 작은 덧셈식을 만들려면

① 10개씩 묶음의 자리에 가장 작은 수와 둘째로 작은 수를 넣습니다.

1 ☐ + ☐ ☐

두 수의 순서는 바뀌어도 됩니다.

② 낱개의 자리에 나머지 수 중 가장 작은 수와 둘째로 작은 수를 넣습니다.

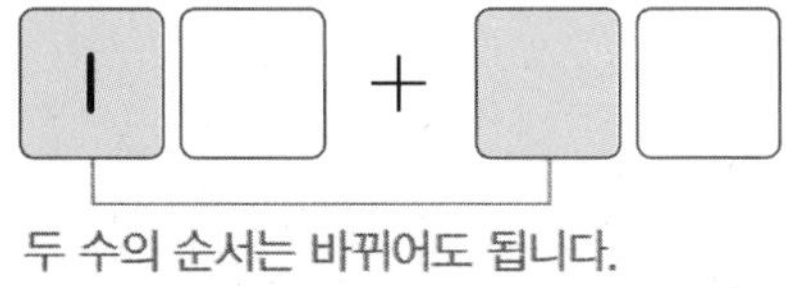

두 수의 순서는 바뀌어도 됩니다.

➡ 14+☐=☐

6-1 수 카드 [2], [3], [5], [9] 중에서 3장을 골라 한 번씩만 사용하여 차가 가장 작은 (두 자리 수)−(두 자리 수)를 만들려고 합니다. 식을 완성하고, 계산 결과를 구해 보세요.

□□ − □0

(　　　　　　)

6-2 수 카드 [1], [2], [3], [4], [5] 중에서 4장을 골라 한 번씩만 사용하여 합이 가장 큰 (두 자리 수)+(두 자리 수)를 만들려고 합니다. 식을 완성하고, 계산 결과를 구해 보세요.

□□ + □□

(　　　　　　)

6-3 수 카드 [0], [1], [4], [5], [7] 중에서 4장을 골라 한 번씩만 사용하여 오른쪽과 같은 뺄셈식을 만들려고 합니다. 계산 결과가 가장 클 때의 값을 구해 보세요.

　　□□
− □□

(　　　　　　)

6-4 수 카드 [0], [2], [3], [4], [5] 중에서 4장을 골라 한 번씩만 사용하여 두 자리 수 2개를 만들었습니다. 만든 두 자리 수의 합이 둘째로 작을 때의 값을 구해 보세요.

(　　　　　　)

연속하는 수는 1만큼씩 차이가 난다.

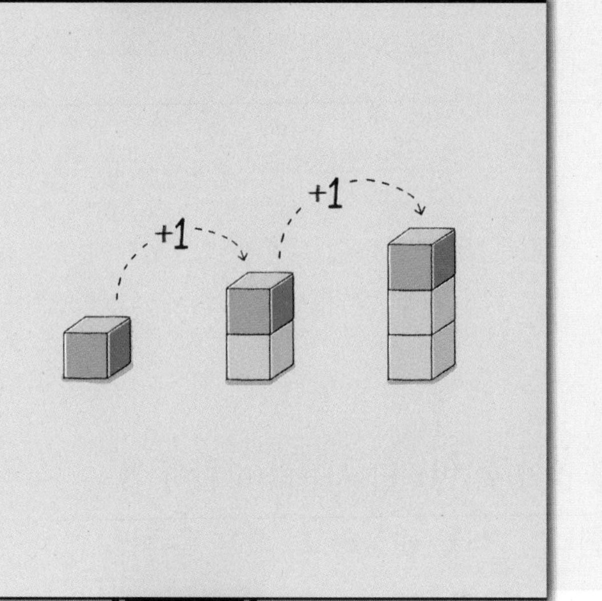

연속하는 수는 다음과 같이 나타낼 수 있습니다.

① □−2 , □−1 , □

② □−1 , □ , □+1

③ □ , □+1 , □+2

대표문제 7

36을 연속하는 수 3개의 합으로 나타내 보세요.

1, 2, 3, ...과 같이 연속된 수

36 = □□ + □□ + □□

연속하는 수 3개를 ■−1, ■, ■+1이라 하면

수를 순서대로 썼을 때 ■ 바로 앞의 수 ■ 바로 뒤의 수

(■−1)+■+(■+1)=■+■+■이므로

연속하는 수 3개는 같은 수 3개의 합으로 나타낼 수 있습니다.

30=10+10+10

⊕ 6= 2+ 2+ 2

36=12+12+12

36 = 12 + 12 + □□

−1 +1

36 = □□ + 12 + □□

7-1 39를 연속하는 수 3개의 합으로 나타내 보세요.

39 = □□ + □□ + □□

7-2 연속하는 수 3개의 합이 99일 때 더한 수 중에서 가장 큰 수를 구해 보세요.

(　　　　　　　)

7-3 다음 중 연속하는 수 3개의 합으로 나타낼 수 없는 수를 찾아 써 보세요.

93	64

(　　　　　　　)

7-4 연속하는 수 3개의 합이 각각 63과 69인 수들이 있습니다. 공통으로 더한 수를 구해 보세요.

(　　　　　　　)

MATH MASTER

1 10개씩 묶음이 5개, 낱개가 25개인 수보다 13만큼 더 작은 수는 얼마일까요?

(   )

서술형 **2** 초콜릿을 윤아는 34개, 진수는 15개 가지고 있습니다. 윤아가 진수에게 초콜릿을 11개 주었다면 누가 초콜릿을 몇 개 더 많이 가지고 있는지 풀이 과정을 쓰고 답을 구해 보세요.

풀이

답 ,

3 1부터 9까지의 수 중에서 □ 안에 들어갈 수 있는 수를 모두 찾아 써 보세요.

$45+31 < \square 9$

(   )

4 어떤 수에 12를 더해야 하는데 잘못하여 12를 뺐더니 43이 되었습니다. 바르게 계산한 값을 구해 보세요.

(   )

먼저 생각해 봐요!

어떤 수에 8을 더해야 하는데 잘못하여 8을 뺐더니 30이 되었을 때 어떤 수는?

서술형 **5**

같은 모양은 같은 수를 나타냅니다. ■는 얼마인지 풀이 과정을 쓰고 답을 구해 보세요.

• ● − 64 = 22
• ■ + 35 = ●

풀이 ....

....

....

답 ....

6

□ 안에 2, 3, 5, 8을 한 번씩만 써넣어 뺄셈식을 완성해 보세요.

□□ − □□ = 26

7

4장의 수 카드 중 2장을 골라 한 번씩만 사용하여 두 자리 수를 만들려고 합니다. 만들 수 있는 수 중에서 40보다 크고 45보다 작은 수들의 합을 구해 보세요.

(   )

먼저 생각해 봐요!

수 카드 3, 9, 2, 6 중에서 2장을 골라 한 번씩만 사용하여 만들 수 있는 가장 큰 두 자리 수는?

8 합이 76인 두 수와 차가 21인 두 수 중에서 공통인 수는 무엇일까요?

10	32	44	23	43

( )

9 46을 연속하는 수 4개의 합으로 나타내 보세요.

46 = □□ + □□ + □□ + □□

10 □ 안에는 1부터 9까지의 수 중에서 서로 다른 수가 들어갑니다. 만들 수 있는 식은 모두 몇 개일까요? (단, 13+42, 42+13과 같이 더하는 순서만 바꾼 것은 같은 식으로 생각합니다.)

□□ + □□ = 59

( )

디딤돌과 함께하는 4가지 방법

http://cafe.naver.com/didimdolmom

교재 선택부터 맞춤 학습 가이드,
이웃맘과 선배맘들의 경험담과 정보까지
가득한 디딤돌 학부모 대표 커뮤니티

디딤돌 홈페이지

www.didimdol.co.kr

교재 미리 보기와 정답지, 동영상 등
각종 자료들을 만날 수 있는
디딤돌 공식 홈페이지

@didimdol_mom

카드 뉴스로 만나는 디딤돌 소식과
손쉽게 참여 가능한 리그램 이벤트가
진행되는 디딤돌 인스타그램

YouTube

검색창에 디딤돌교육 검색

생생한 개념 설명 영상과
문제 풀이 영상으로 학습에 도움을 주는
디딤돌 유튜브 채널

계산이 아닌 개념을 깨우치는

수학을 품은 연산

디딤돌 연산은 수학이다.

1~6학년(학기용)

수학 공부의 새로운 패러다임

복습책

초등 1·2

상위권의 기준

최상위 수학 S

복습책

1 100까지의 수

본문 14~29쪽의 유사문제입니다. 한 번 더 풀어 보세요.

1 10개씩 묶음 4개와 낱개 21개인 수보다 5만큼 더 큰 수를 구해 보세요.

(　　　　　　　)

2 화살표의 [규칙]에 맞게 ㉠에 알맞은 수를 구해 보세요.

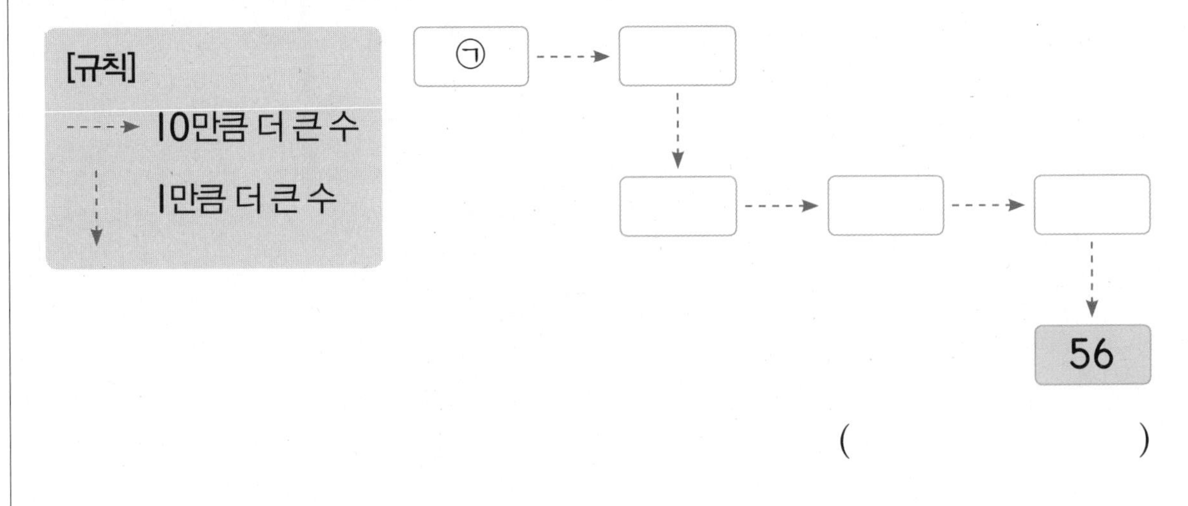

(　　　　　　　)

3 친구들의 줄넘기 횟수를 나타낸 것입니다. 줄넘기를 주아가 가장 많이 했고, 민영이는 규서보다 3번 더 적게 했다면 민영이가 한 줄넘기 횟수는 몇 번일까요?

이름	민영	주아	규서
횟수(번)		61	6●

(　　　　　　　)

4 조건을 만족하는 수는 모두 몇 개일까요?

- 75보다 크고 82보다 작습니다.
- 10개씩 묶음의 수가 낱개의 수보다 큽니다.

(　　　　　　　　)

5 서술형

5장의 수 카드 중에서 2장을 골라 한 번씩만 사용하여 두 자리 수를 만들려고 합니다. 만들 수 있는 수 중에서 55보다 크고 75보다 작은 수는 모두 몇 개인지 풀이 과정을 쓰고 답을 구해 보세요.

5　3　7　4

풀이

답

6 조건을 만족하는 두 자리 수 ■●는 모두 몇 개일까요?

- ■와 ●의 차는 6입니다.
- 홀수입니다.

(　　　　　　　　)

서술 7 다음 수 중에서 낱개의 수가 7인 두 자리 수는 모두 몇 개일까요?

63보다 크고 94보다 작은 수입니다.

( )

서술 8 설명하는 수를 구해 보세요.

- 10개씩 묶음의 수가 5보다 큰 두 자리 수입니다.
- 10개씩 묶음의 수와 낱개의 수의 합이 8보다 작습니다.
- 낱개의 수는 0보다 큽니다.

( )

1 100까지의 수

정답과 풀이 78쪽

본문 30~32쪽의 유사문제입니다. 한 번 더 풀어 보세요.

1 현수는 사탕을 일흔아홉 개 가지고 있습니다. 이 사탕을 한 사람에게 10개씩 나누어 준다면 모두 몇 명에게 나누어 줄 수 있을까요?

(   )

서술형 **2** 10개씩 묶음 7개와 낱개 16개인 수가 있습니다. 이 수보다 5만큼 더 작은 수는 얼마인지 풀이 과정을 쓰고 답을 구해 보세요.

풀이 ....

....

....

답 ....

3 똑같은 위인전을 미나는 64쪽부터 80쪽까지 읽었고, 준우는 76쪽부터 90쪽까지 읽었습니다. 두 사람 중에서 누가 위인전을 몇 쪽 더 많이 읽었을까요?

(   ), (   )

4 1부터 9까지의 수 중에서 □ 안에 공통으로 들어갈 수 있는 수를 모두 구해 보세요.

56 < 5□   □5 > 56

(   )

5 4장의 수 카드 중에서 2장을 골라 한 번씩만 사용하여 두 자리 수를 만들려고 합니다. 만들 수 있는 수 중에서 홀수는 모두 몇 개일까요?

1 3 4 6

( )

서술형 6 밭에서 참외를 진서는 87개 땄습니다. 아영이는 진서보다 7개 더 많이 땄고, 유주는 아영이보다 12개 더 적게 땄습니다. 유주가 딴 참외는 몇 개인지 풀이 과정을 쓰고 답을 구해 보세요.

풀이

답

7 10개씩 묶음의 수가 낱개의 수보다 4만큼 더 작은 두 자리 수 중 가장 큰 수를 구해 보세요.

( )

8 1부터 99까지의 수를 순서대로 쓸 때 숫자 9는 모두 몇 번 써야 할까요?

( )

9 1부터 9까지 서로 다른 수가 적힌 4장의 수 카드 중에서 2장을 골라 한 번씩만 사용하여 두 자리 수를 만들려고 합니다. 만들 수 있는 수 중에서 셋째로 작은 수가 14일 때 뒤집어진 수 카드에 적힌 수를 구해 보세요.

1 | (뒤집어진 카드) | 4 | 2

( )

10 조건을 만족하는 두 수 ㉠, ㉡이 있습니다. ㉠은 ㉡보다 얼마나 더 클까요?

- ㉠은 57보다 크고, ㉡은 74보다 작은 수입니다.
- 57과 ㉠ 사이의 수는 모두 8개입니다.
- ㉡과 74 사이의 수는 모두 8개입니다.

( )

2 덧셈과 뺄셈 (1)

본문 40~55쪽의 유사문제입니다. 한 번 더 풀어 보세요.

S 1

수 카드 중에서 4장을 골라 한 번씩만 사용하여 식을 완성해 보세요.

□ + □ = □ + □

S 2

빨간색 공과 파란색 공이 모두 7개 있습니다. 빨간색 공이 파란색 공보다 3개 더 많다면 빨간색 공은 몇 개 있을까요?

(　　　　　　)

S 3

올바른 식이 되도록 ○ 안에 ＋, － 기호를 알맞게 써넣으세요.

5 ○ 2 ○ 3 = 4

4 은수와 혜리는 수 카드 뽑기 놀이를 하였습니다. 은수는 4와 6이 적힌 수 카드를 뽑았고 혜리는 9와 몇이 적힌 수 카드를 뽑았습니다. 두 사람이 뽑은 수 카드에 적힌 수의 합이 같을 때 혜리가 뽑은 수 카드 중 모르는 수 카드에 적힌 수는 몇일까요?

( )

5 모노레일에 몇 명이 타고 있었습니다. 첫째 정류장에서 1명이 내리고 2명이 새로 탔습니다. 둘째 정류장에서는 새로 타는 사람 없이 7명만 내렸더니 모노레일에 타고 있는 사람이 3명이었습니다. 처음에 모노레일에 타고 있던 사람은 몇 명일까요?

(모노레일: 선로가 한 가닥인 철도)

( )

6 규칙을 찾아 빈칸에 알맞은 수를 써넣으세요.

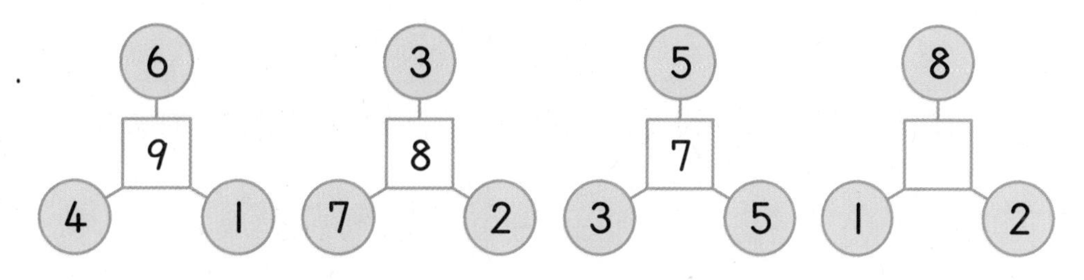

7 서술형

같은 모양은 같은 수를 나타냅니다. ♥에 알맞은 수를 구하는 풀이 과정을 쓰고 답을 구해 보세요.

- ★+5−3=4
- 1+8−★=♥

풀이

답

8

1, 2, 3, 4를 여러 번 사용하여 더했을 때 합이 5가 되는 경우는 모두 몇 가지일까요? (단, 더하는 순서만 다른 식은 같은 식으로 생각합니다.)

( )

2 덧셈과 뺄셈 (1)

정답과 풀이 82쪽

본문 56~58쪽의 유사문제입니다. 한 번 더 풀어 보세요.

1 성호와 준희는 초콜릿을 각각 10개씩 가지고 있었습니다. 이 중에서 초콜릿을 몇 개 먹었더니 성호는 4개, 준희는 6개가 남았습니다. 초콜릿을 더 많이 먹은 사람은 누구일까요?

(　　　　　　　　)

2 도미노를 이웃한 두 수끼리 모아 10이 되도록 빈칸에 알맞은 수를 써넣으세요.

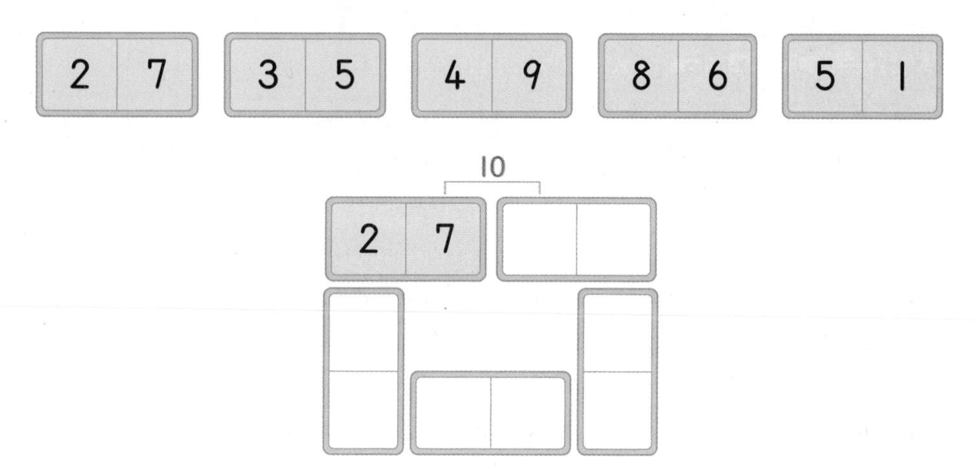

3 합이 18이 되는 서로 다른 세 수를 찾아 써 보세요. (단, 세 수 중 두 수의 합은 10입니다.)

3	4	7	8	5

(　　　　　　　　)

서술형 **4** 은혜는 동생보다 2살 더 많고, 은혜는 언니보다 3살 더 적습니다. 동생이 8살이라면 언니는 몇 살인지 풀이 과정을 쓰고 답을 구해 보세요.

풀이

답

5 1부터 9까지의 수 중에서 □ 안에 들어갈 수 있는 가장 작은 수를 구해 보세요.

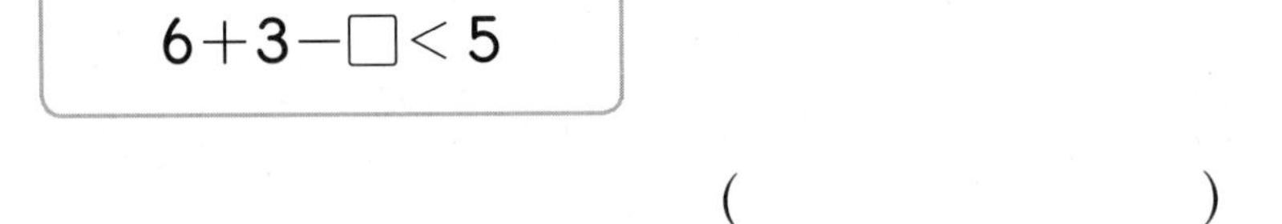

(　　　　　　　　)

6 같은 줄에 있는 세 수의 합은 9입니다. 빈칸에 알맞은 수를 써넣으세요.

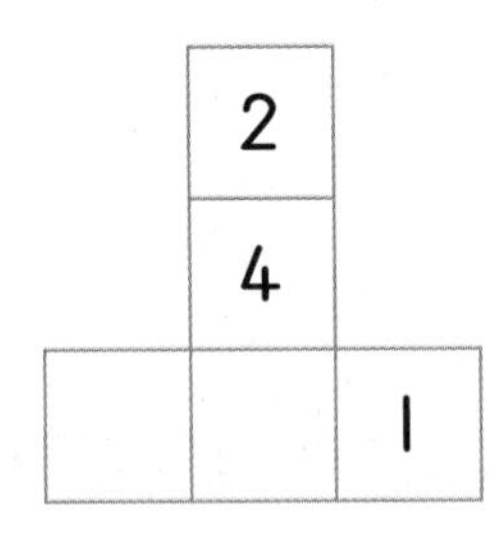

7 서로 다른 두 수가 있습니다. 두 수를 더하면 10이고, 큰 수에서 작은 수를 빼면 2입니다. 두 수를 구해 보세요.

(　　　　　　　　)

8

수 카드를 2장씩 짝 지어 수 카드에 적힌 두 수의 차를 구했을 때 차가 같은 경우는 몇 가지일까요?

(　　　　　　　　)

9

보기 와 같이 □ 안에 ＋, －, ＝를 써넣어 식을 완성해 보세요.

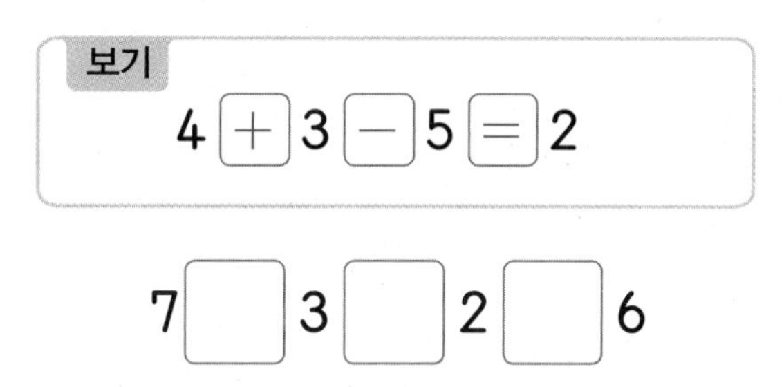

7 □ 3 □ 2 □ 6

10

같은 모양은 같은 수를 나타냅니다. 표의 오른쪽에 있는 수는 가로줄(→)에 놓인 모양들의 합이고, 아래쪽에 있는 수는 세로줄(↓)에 놓인 모양들의 합입니다. ㉠에 알맞은 수를 구해 보세요.

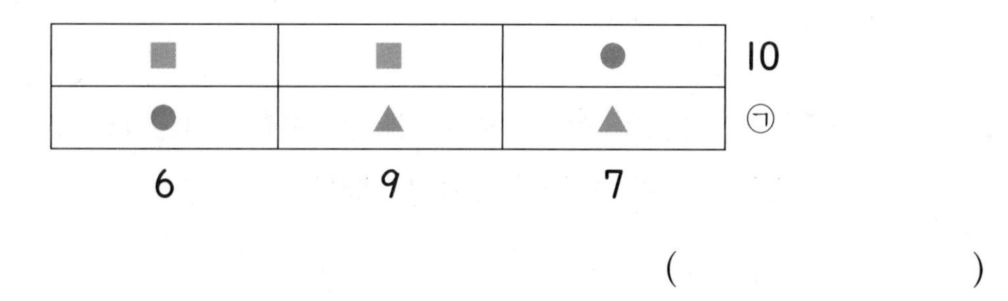

(　　　　　　　　)

3 모양과 시각

본문 66~81쪽의 유사문제입니다. 한 번 더 풀어 보세요.

S 1 색종이를 잘라 ■, ▲ 모양을 만들었습니다. 만든 모양들을 겹쳐서 만들 수 있는 모양을 모두 찾아 기호를 써 보세요.

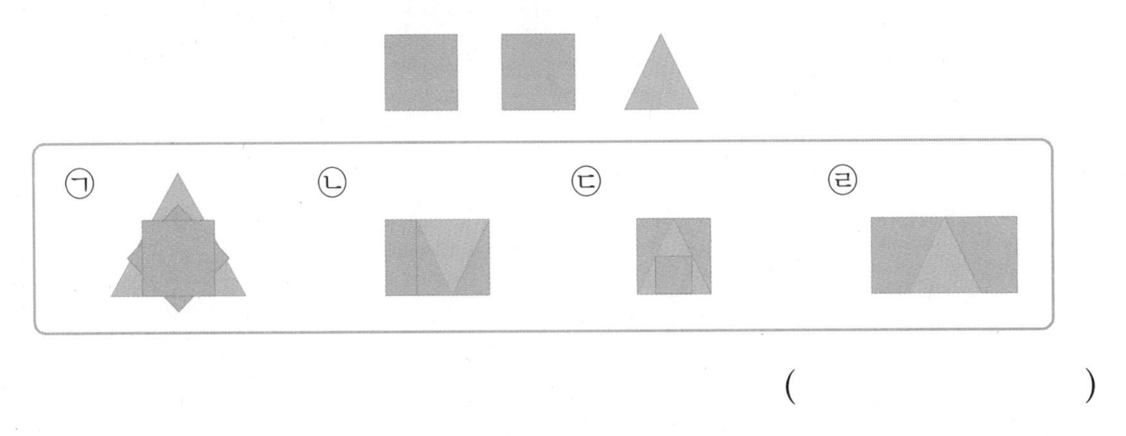

( )

S 2 ■, ▲, ● 모양이 그려진 퍼즐의 빈칸에 알맞은 조각을 찾아 기호를 써 보세요.

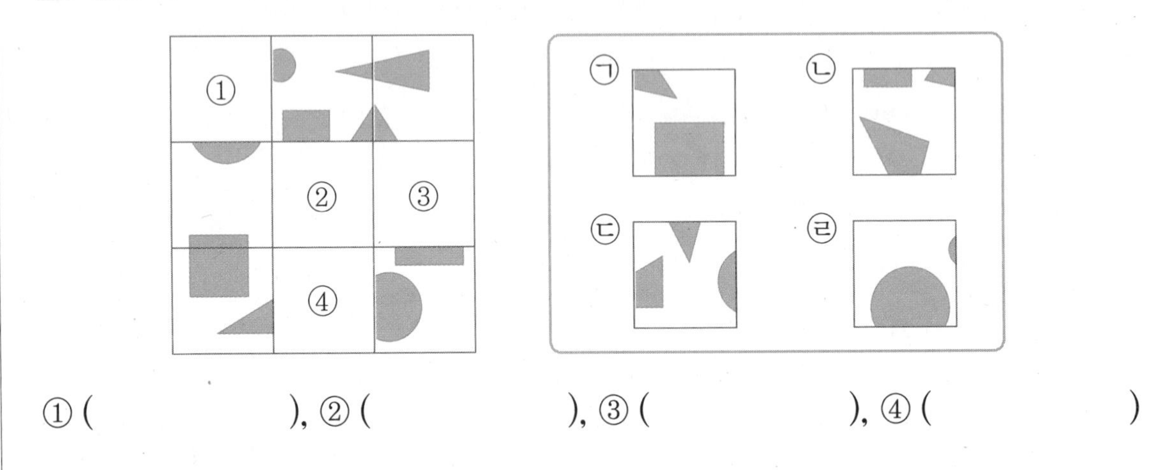

① ( ), ② ( ), ③ ( ), ④ ( )

S 3 오른쪽 그림은 ■ 모양 1개와 크기가 같은 ▲ 모양 4개를 겹치지 않게 이어 붙인 것입니다. 어떻게 이어 붙인 것인지 선을 그어 보세요.

4 색종이에 ■ 모양 1개, ▲ 모양 4개가 되도록 선을 3개 그어 보세요.

5 그림과 같이 색종이를 접은 후 선을 따라 자르면 ■ 모양, ▲ 모양이 각각 몇 개 만들어질까요?

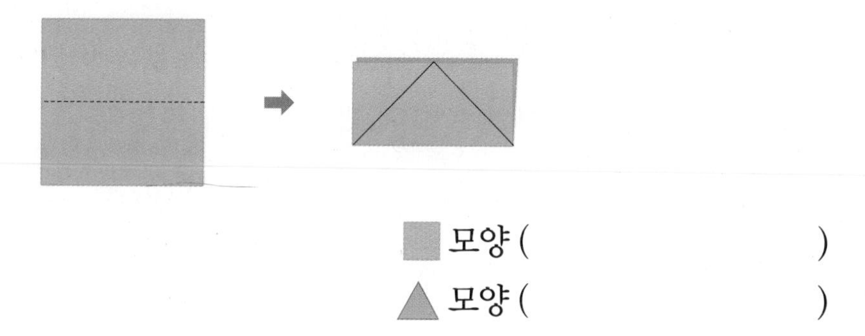

■ 모양 (　　　　　　)

▲ 모양 (　　　　　　)

6 시계의 긴바늘은 6을 가리키고 짧은바늘은 합이 5인 두 숫자 사이에 있습니다. 이 시계가 나타내는 시각을 써 보세요.

(　　　　　　)

7 서술형

시계의 짧은바늘은 5와 6 사이, 긴바늘은 6을 가리키고 있습니다. 이 시각에서 시계의 긴바늘을 시계 반대 방향으로 반 바퀴 돌렸을 때 시계가 나타내는 시각을 구하려고 합니다. 풀이 과정을 쓰고 답을 구해 보세요.

풀이

답

8

다음 설명에 알맞은 시각을 구해 보세요.

- 시계 방향으로 3시와 7시 사이의 시각입니다.
- 시계의 긴바늘이 6을 가리킵니다.
- 시계의 긴바늘이 12를 가리키고 짧은바늘과 긴바늘이 서로 반대 방향을 가리키고 있는 시각보다 늦은 시각입니다.

(　　　　　　　　)

3 모양과 시각

정답과 풀이 85쪽

본문 82~84쪽의 유사문제입니다. 한 번 더 풀어 보세요.

1 오른쪽 그림과 같이 ■, ▲, ● 모양을 겹쳐 놓았습니다. 밑에 있는 모양부터 차례로 써 보세요.

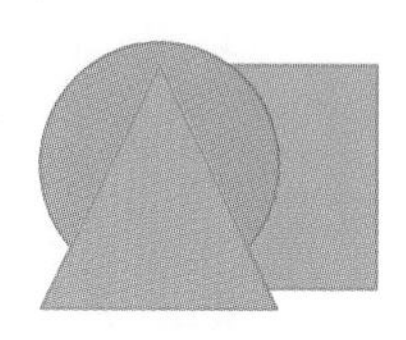

( ), ( ), ( )

2 주어진 모양을 모두 이용하여 만들 수 있는 것을 찾아 기호를 써 보세요.

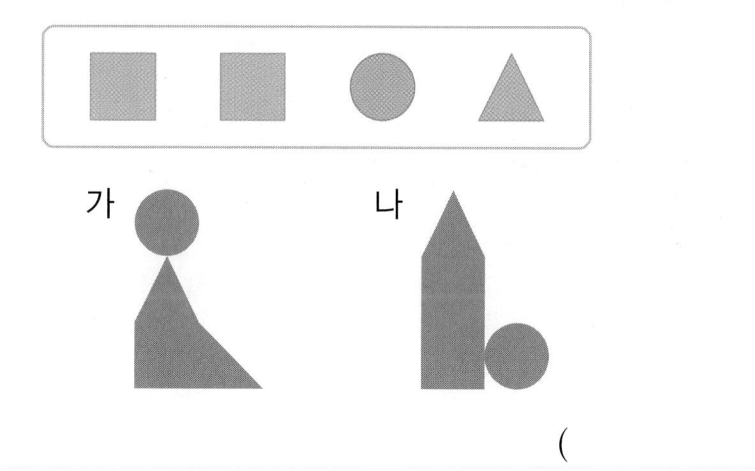

( )

서술형 **3** 친구들이 공원에서 만나기로 약속했습니다. 친구들이 도착한 시각을 보고 약속한 시각보다 일찍 온 사람은 누구인지 풀이 과정을 쓰고 답을 구해 보세요.

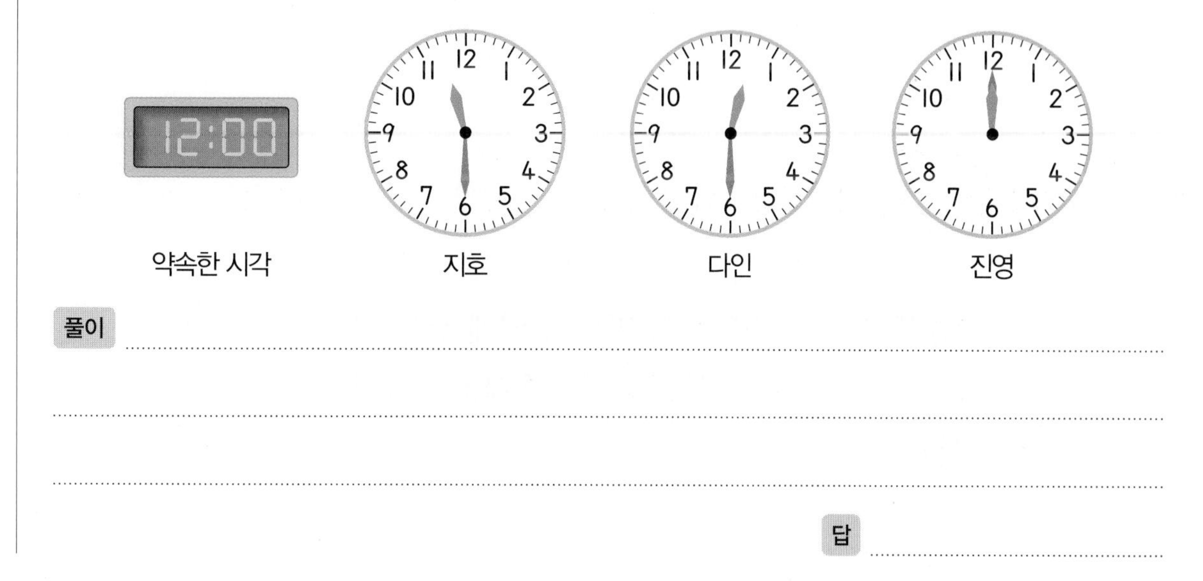

풀이

답

4

오른쪽 모양에 같은 크기의 ▲ 모양이 4개가 되도록 선을 3개 그어 보세요.

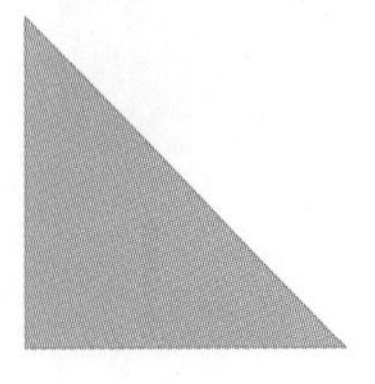

5

곧은 선이 있는 모양과 둥근 부분이 있는 모양의 수의 차가 더 큰 것을 찾아 기호를 써 보세요.

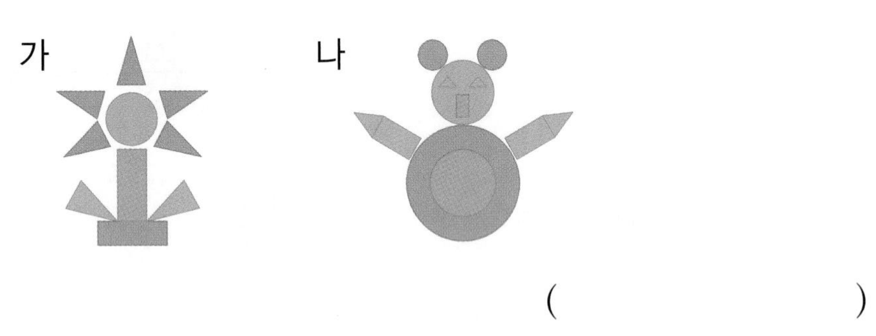

(　　　　　　　　)

6

시계가 1시를 나타내고 있습니다. 이 시각에서 시계의 짧은바늘이 한 바퀴 반 돌았을 때 시계가 나타내는 시각은 몇 시일까요?

(　　　　　　　　)

7

오른쪽과 같이 면봉으로 만든 모양에 면봉 3개를 더 그려 크고 작은 ■ 모양 6개를 만들어 보세요.

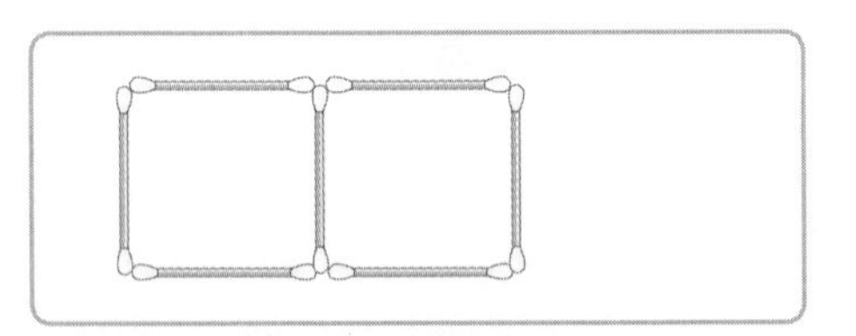

8 주혜는 가족과 함께 공연장에 갔습니다. 공연은 공연장에 도착하고 시계의 긴바늘이 반 바퀴 돈 후에 시작하였고 공연은 시계의 긴바늘이 2바퀴 도는 동안 했습니다. 공연이 끝났을 때의 시각이 5시 30분이라면 주혜네 가족이 공연장에 도착한 시각을 구해 보세요.

(　　　　　　　　)

9 오른쪽 색종이를 여러 번 접었다 펼친 후 접힌 부분을 잘라서 8개의 똑같은 ■ 모양을 만들려고 합니다. 적어도 몇 번을 접어야 할까요?

(　　　　　　　　)

10 같은 길이의 막대를 이용하여 다음과 같은 방법으로 ▲ 모양을 만들고 있습니다. 막대 11개를 늘어놓으면 막대 3개로 이루어진 ▲ 모양은 모두 몇 개 생길까요?

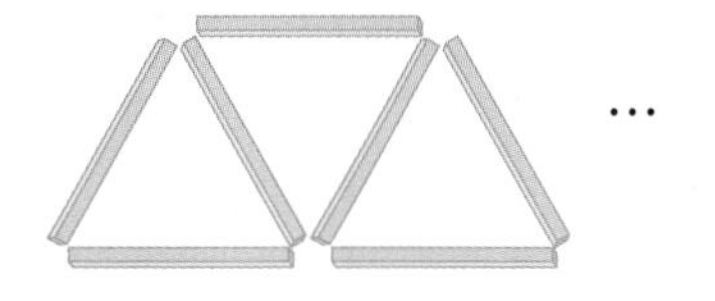

(　　　　　　　　)

4 덧셈과 뺄셈 (2)

본문 90~103쪽의 유사문제입니다. 한 번 더 풀어 보세요.

1 책꽂이에 동화책은 9권 꽂혀 있고, 과학책은 동화책보다 5권 더 많이 꽂혀 있습니다. 위인전은 과학책보다 7권 더 적게 꽂혀 있다면 동화책과 위인전 중 어떤 책이 몇 권 더 많이 꽂혀 있을까요?

( ), ( )

2 계산 결과가 모두 같아지도록 ○ 안에 +, −를 알맞게 써넣고, 계산 결과를 구해 보세요.

12 ○ 4	=	9 ○ 7	=	11 ○ 5

( )

3 양쪽의 ○ 안의 두 수의 차가 가운데 □ 안의 수가 되도록 빈칸에 알맞은 수를 써넣으세요.

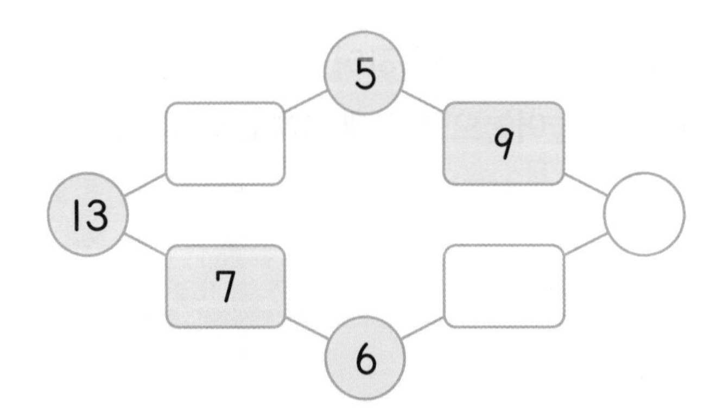

4

다음은 어떤 수를 더하거나 빼는 것을 모양으로 나타낸 것입니다. 각 모양의 규칙을 찾아 □ 안에 알맞은 수를 구해 보세요.

15■=6　　7▲=12

8▲■=□

(　　　　　　)

5
서술형

윤아는 가지고 있던 붙임딱지의 반을 친구에게 주고 남은 붙임딱지의 반을 동생에게 주었더니 4개가 남았습니다. 윤아가 처음에 가지고 있던 붙임딱지는 몇 개인지 풀이 과정을 쓰고 답을 구해 보세요.

풀이

답

6 가로, 세로에 놓인 세 수의 합이 모두 같도록 빈칸에 알맞은 수를 써넣으세요.

	2	9
	6	4
	10	

7 위의 수를 두 수로 가르기하여 바로 아래 칸에 써넣는 것을 반복하였더니 가장 아래 칸의 수가 1, 2, 5가 되었습니다. 가장 위쪽의 수가 될 수 있는 가장 큰 수와 가장 작은 수의 차를 구해 보세요.

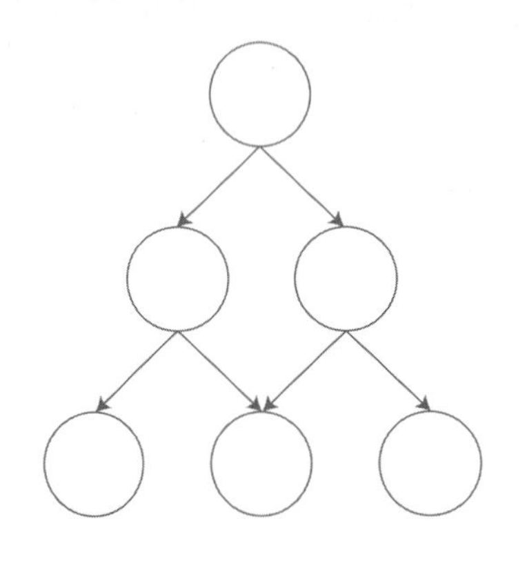

(　　　　　　　　)

4 덧셈과 뺄셈 (2)

정답과 풀이 88쪽

본문 104~106쪽의 유사문제입니다. 한 번 더 풀어 보세요.

1 운동장에 여학생 6명과 남학생 8명이 있습니다. 그중에서 9명의 학생이 교실로 들어갔다면 운동장에 남아 있는 학생은 몇 명일까요?

( )

2 4장의 수 카드 중에서 3장을 골라 뺄셈식을 만들어 보세요.

8 13 12 5

( )

서술형 **3** 민호와 수아가 가지고 있는 구슬의 수는 같습니다. 민호는 파란색 구슬 9개와 노란색 구슬 3개를 가지고 있고 수아는 파란색 구슬 6개와 노란색 구슬을 가지고 있습니다. 수아가 가지고 있는 노란색 구슬은 몇 개인지 풀이 과정을 쓰고 답을 구해 보세요.

풀이

답

4 1부터 9까지의 수 중에서 □ 안에 들어갈 수 있는 수의 합을 구해 보세요.

$9+\square<8+7$

( )

5 초콜릿을 정아는 12개 가지고 있고, 효주는 8개 가지고 있습니다. 정아가 효주에게 초콜릿 몇 개를 주었더니 효주의 초콜릿이 15개가 되었습니다. 정아에게 남은 초콜릿은 몇 개일까요?

(　　　　　　　)

서술형 6 1부터 7까지의 수가 적힌 과녁이 있습니다. 화살을 2번 쏘아 맞힌 수의 합이 11이 되는 경우는 모두 몇 가지인지 풀이 과정을 쓰고 답을 구해 보세요. (단, 1과 3을 맞힌 경우와 3과 1을 맞힌 경우는 한 가지로 생각합니다.)

풀이

답

7 같은 모양은 같은 수를 나타냅니다. ♥와 ★에 알맞은 수를 각각 구해 보세요.

♥+★=13
♥−★=5

♥ (　　　　　　　), ★ (　　　　　　　)

8 인수, 진미, 주희, 홍규가 한 줄로 서 있습니다. 설명을 읽고 진미와 주희는 몇 걸음 떨어져 있는지 구해 보세요. (단, 걸음의 폭은 같습니다.)

- 인수는 주희보다 13걸음 앞에 서 있습니다.
- 홍규는 진미보다 11걸음 뒤에 서 있습니다.
- 인수는 홍규보다 5걸음 앞에 서 있습니다.

(　　　　　　　　)

9 4개의 수가 적힌 종이를 선을 따라 두 번 잘라 3개의 수를 만들려고 합니다. 만든 세 수의 합이 가장 작게 되도록 자르는 선을 표시하고, 가장 작은 세 수의 합을 구해 보세요.

2	4	1	3

(　　　　　　　　)

10 3부터 7까지의 수를 한 번씩만 사용하여 한 줄에 있는 세 수의 합이 각각 15가 되도록 빈칸에 알맞은 수를 써넣으세요.

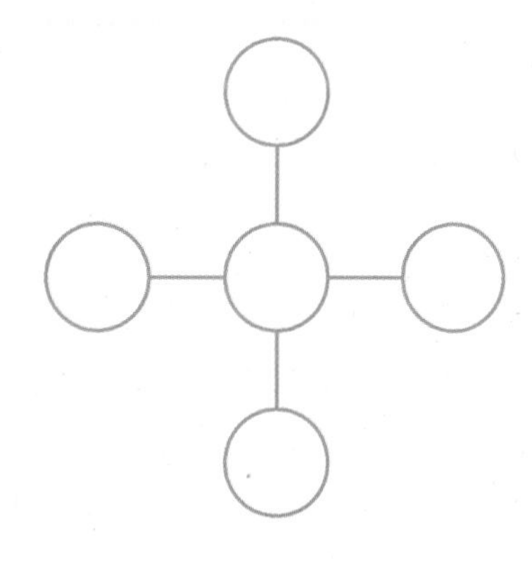

본문 112~125쪽의 유사문제입니다. 한 번 더 풀어 보세요.

S 1 서술형

규칙을 찾아 ㉠에 알맞은 수를 구하는 풀이 과정을 쓰고 답을 구해 보세요.

30 - [ ] - 38 - ㉠ - 46

풀이

답

S 2

수 배열표의 일부분입니다. ▲와 ■에 알맞은 수를 각각 구해 보세요.

20	21	22			
	30				▲
	39				
		■			

▲ (   )

■ (   )

3 규칙을 찾아 알맞게 색칠해 보세요.

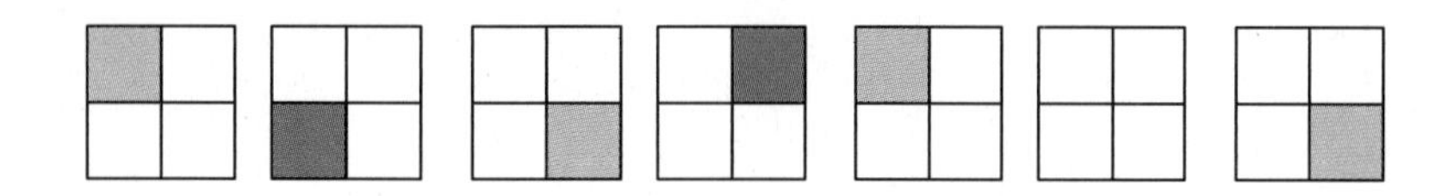

4 규칙에 따라 무늬를 완성했을 때 ●는 모두 몇 개인지 구해 보세요.

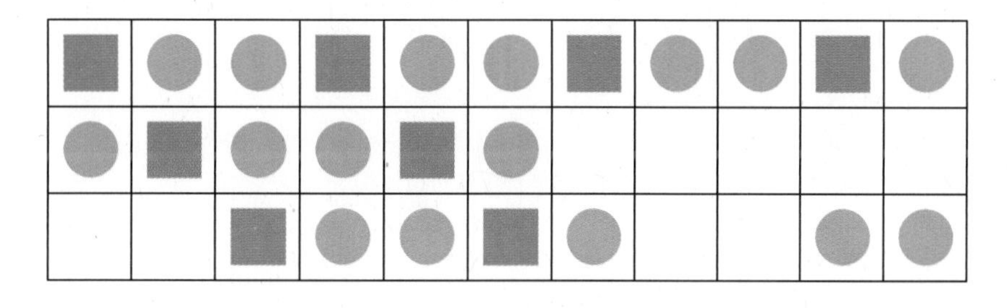

(   )

5 규칙에 따라 열째에 알맞은 그림을 그려 보세요.

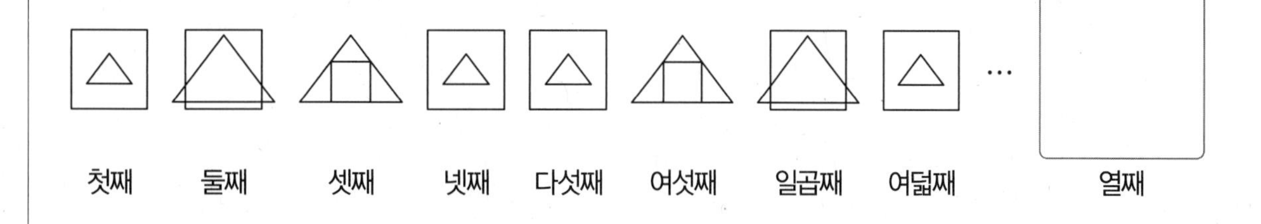

6 수 배열표에서 색칠한 수들의 규칙으로 수를 배열할 때 ㉠에 알맞은 수를 구해 보세요. (단, 색칠한 수들의 수의 순서대로 규칙을 찾습니다.)

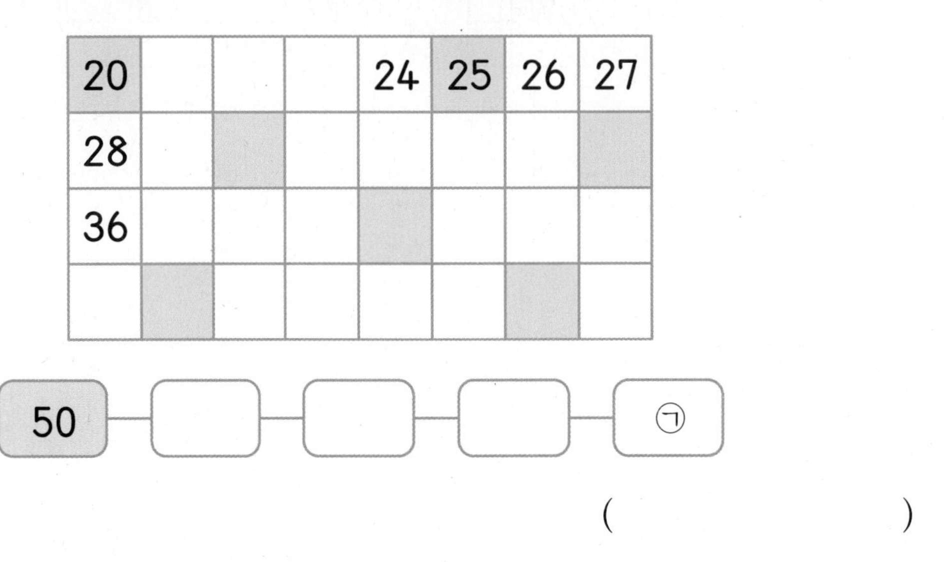

20				24	25	26	27
28							
36							

( )

7 규칙에 따라 수를 써넣었습니다. ㉠과 ㉡에 알맞은 수를 각각 구해 보세요.

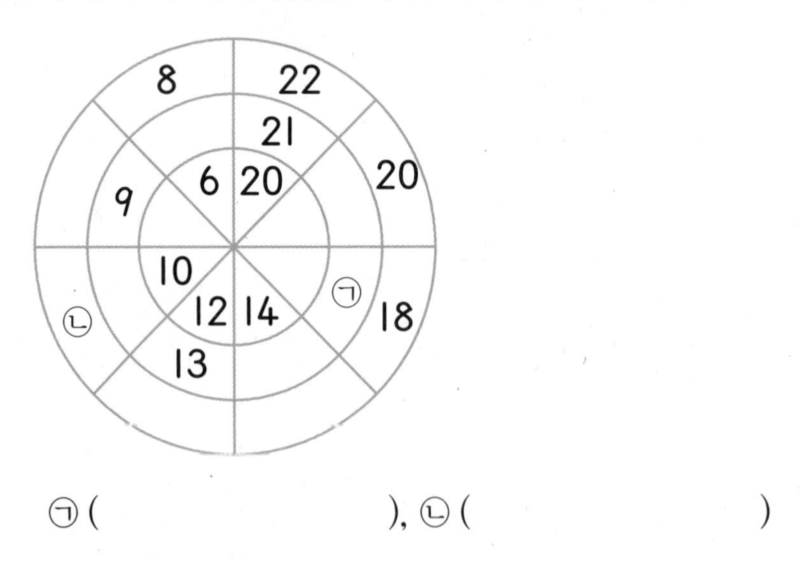

㉠ ( ), ㉡ ( )

5 규칙 찾기

정답과 풀이 91쪽

본문 126~128쪽의 유사문제입니다. 한 번 더 풀어 보세요.

1 규칙에 따라 알맞게 색칠해 보세요.

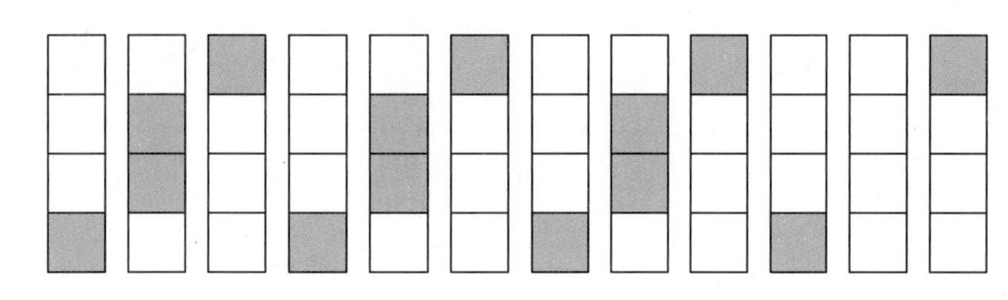

2 다음과 같은 규칙으로 바둑돌 15개를 늘어놓았습니다. 흰색 바둑돌은 모두 몇 개일까요?

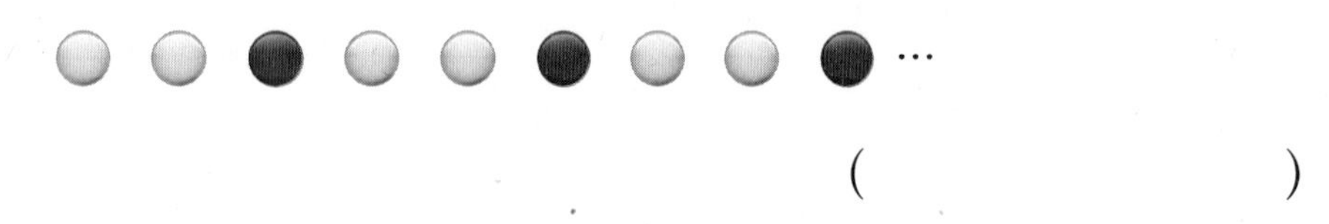

(　　　　　　　　)

3 보기 와 같은 규칙에 따라 수로 바르게 나타낸 것을 찾아 기호를 써 보세요.

㉠ 4－2－2－4－2－2－4－2－2
㉡ 4－2－4－4－2－4－4－2－4

(　　　　　　　　)

서술형 **4** 규칙에 따라 수 카드를 늘어놓았습니다. 잘못 놓은 수 카드의 수를 찾는 풀이 과정을 쓰고 답을 구해 보세요.

21 26 31 36 41 45 51 56 61

풀이 ....

....

....

답 ....

5 규칙을 찾아 ㉮ 시계가 나타내는 시각을 구해 보세요.

(   )

6 수 배열표에서 색칠한 수들의 규칙으로 수를 배열할 때 ㉠과 ㉡에 알맞은 수를 각각 구해 보세요. (단, 색칠한 수들의 수의 순서대로 규칙을 찾습니다.)

20	21	22	23	24	25
26	27				

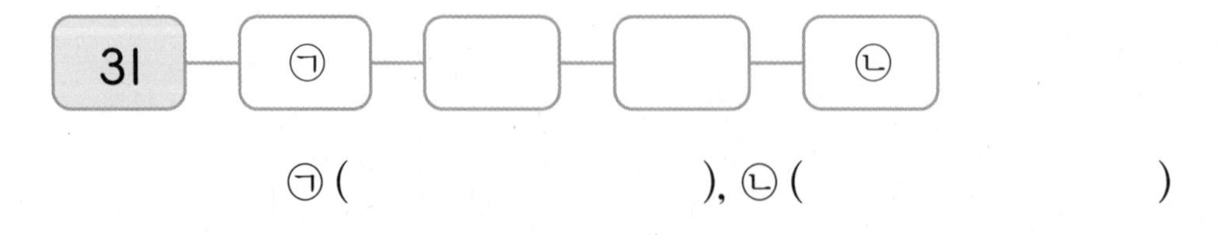

㉠ (   ), ㉡ (   )

7

규칙에 따라 빈칸에 수를 썼을 때 ㉠과 ㉡에 알맞은 수의 합을 구해 보세요.

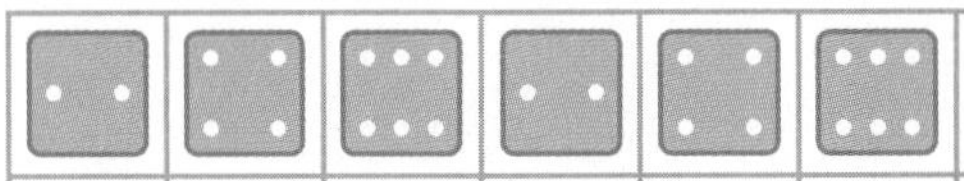

2	4	6	2		㉠				㉡	

( )

8

규칙에 따라 수를 늘어놓았습니다. 규칙을 쓰고, 11 다음에 올 수를 구해 보세요.

1 2 4 7 11 …

규칙 ....

( )

9

규칙에 따라 수를 써넣었습니다. ㉠에 알맞은 수를 구해 보세요.

			16			
	13	15	17			
12	14					
					㉠	
			20			

( )

10

홍규네 집에 있는 시계는 1시에 1번, 2시에 2번, 3시에 3번, ... 종을 친다고 합니다. 이 시계가 4시 30분부터 종을 치는 횟수의 합이 20번일 때의 시각은 몇 시인지 구해 보세요.

( )

6 덧셈과 뺄셈(3)

본문 134~147쪽의 유사문제입니다. 한 번 더 풀어 보세요.

1 두 수의 차는 얼마일까요?

㉠ 10개씩 묶음이 3개, 낱개가 15개인 수
㉡ 10개씩 묶음이 5개, 낱개가 27개인 수

( )

2 덧셈식 또는 뺄셈식을 만들 수 있는 3장의 수 카드를 찾아 써 보세요.

65 23 45 42

( )

3 서술형

경미는 가지고 있던 색종이 중에서 14장으로 종이학을 접었더니 24장이 남았습니다. 경미가 처음에 가지고 있던 색종이는 몇 장인지 풀이 과정을 쓰고 답을 구해 보세요.

풀이

답

4

면봉 1개를 하나의 수 안에서 옮겨 올바른 뺄셈식을 만들어 보세요.

49-13=34

(　　　　　　　　　　)

5

길이가 서로 다른 색 막대를 겹치지 않게 이어 붙였습니다. 가장 긴 막대와 가장 짧은 막대의 길이의 차를 구해 보세요.

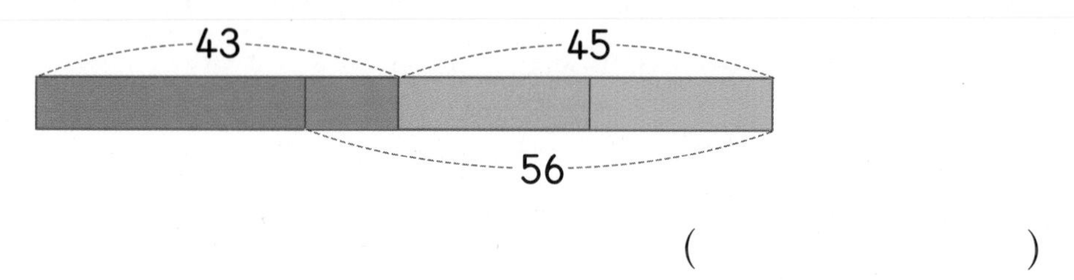

(　　　　　　　　　　)

6 수 카드 0, 3, 5, 6, 8 중에서 4장을 골라 한 번씩만 사용하여 오른쪽과 같은 뺄셈식을 만들려고 합니다. 계산 결과가 가장 클 때의 값을 구해 보세요.

(　　　　　　　)

$$\begin{array}{r} \square\square \\ - \square\square \\ \hline \end{array}$$

7 연속하는 수 3개의 합이 각각 36과 39인 수들이 있습니다. 공통으로 더한 수를 모두 구해 보세요.

(　　　　　　　)

6 덧셈과 뺄셈(3)

정답과 풀이 95쪽

본문 148~150쪽의 유사문제입니다. 한 번 더 풀어 보세요.

1 10개씩 묶음이 6개, 낱개가 38개인 수보다 25만큼 더 작은 수는 얼마일까요?

( )

서술형 **2** 구슬을 은수는 55개, 리아는 36개 가지고 있습니다. 은수가 리아에게 구슬을 13개 주었다면 누가 구슬을 몇 개 더 많이 가지고 있는지 풀이 과정을 쓰고 답을 구해 보세요.

풀이

답 ,

3 1부터 9까지의 수 중에서 □ 안에 들어갈 수 있는 수를 모두 찾아 써 보세요.

$23+45>\square3$

( )

4 어떤 수에서 13을 빼야 하는데 잘못하여 13을 더했더니 39가 되었습니다. 바르게 계산한 값을 구해 보세요.

( )

서술형 **5** 같은 모양은 같은 수를 나타냅니다. ♥는 얼마인지 풀이 과정을 쓰고 답을 구해 보세요.

- 32＋★＝58
- ♥－12＝★

풀이 ....

....

....

답 ....

6 □ 안에 1, 3, 6, 9를 한 번씩만 써넣어 뺄셈식을 완성해 보세요.

□□ － □□ ＝ 38

7 4장의 수 카드 중 2장을 골라 한 번씩만 사용하여 두 자리 수를 만들려고 합니다. 만들 수 있는 수 중에서 30보다 크고 35보다 작은 수들의 합을 구해 보세요.

8   

(　　　　　　　)

8 합이 68인 두 수와 차가 15인 두 수 중에서 공통인 수는 무엇일까요?

21　32　13　47　26

(　　　　　)

9 86을 연속하는 수 4개의 합으로 나타내 보세요.

86 = □□ + □□ + □□ + □□

10 □ 안에는 1부터 9까지의 수 중에서 서로 다른 수가 들어갑니다. 만들 수 있는 식은 모두 몇 개일까요? (단, 12+34, 34+12와 같이 더하는 순서만 바꾼 것은 같은 식으로 생각합니다.)

□□+□□=78

(　　　　　)

상위권의 기준

최상위 사고력

상위권을 위한
사고력
생각하는 방법도
최상위!

수능까지 연결되는 독해 로드맵

디딤돌 독해력은 수능까지 연결되는 체계적인 라인업을 통하여
수능에서 요구하는 핵심 독해 원리에 대한 이해는 물론,
단계 별로 심화되며 연결되는 학습의 과정을 통해
깊이 있고 종합적인 독해 사고의 능력까지 기를 수 있도록 도와줍니다.

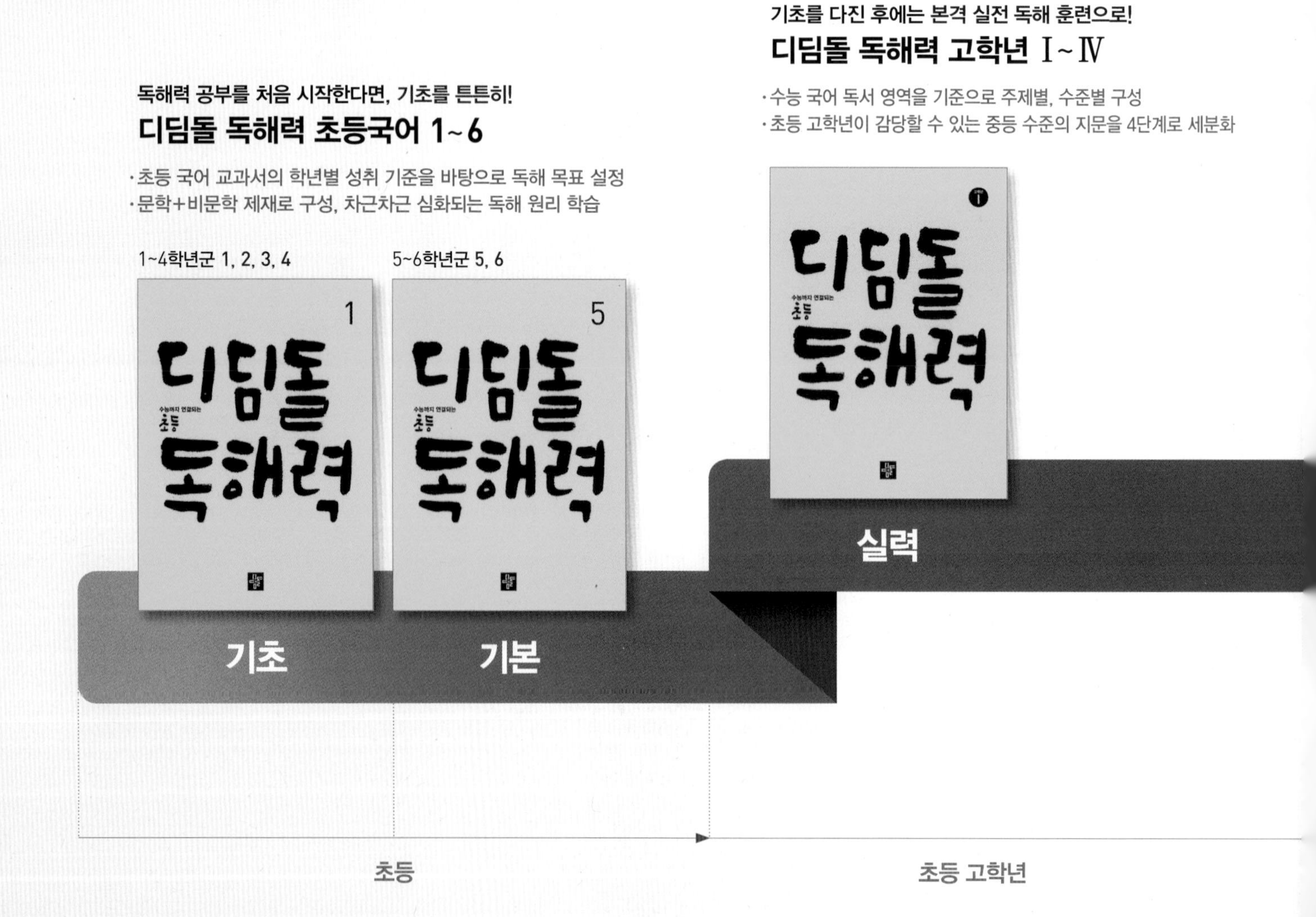

상위권의 기준

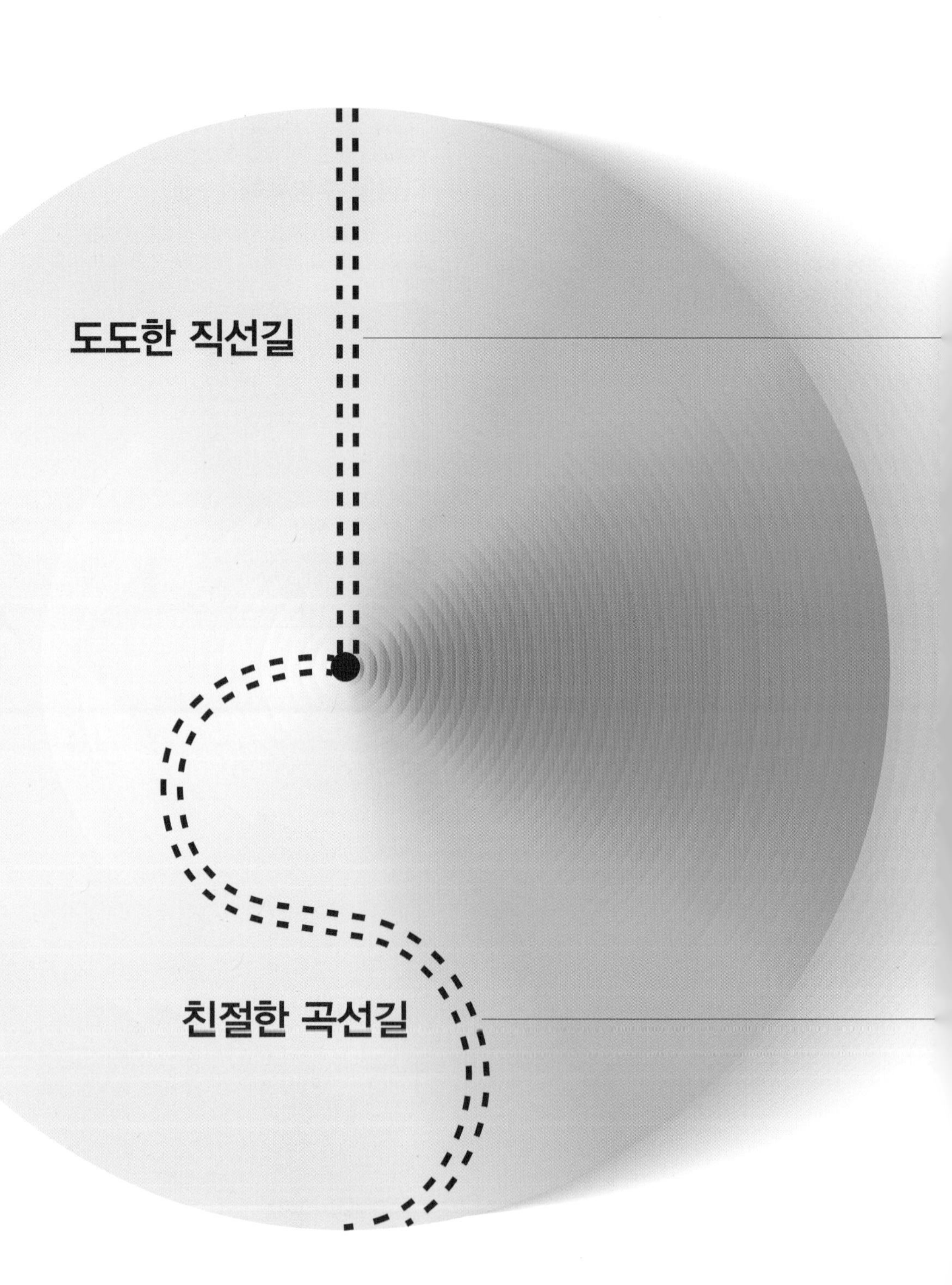

초등 1·2

상위권의 기준

최상위 수학 S

정답과 풀이

SPEED 정답 체크

1 100까지의 수

BASIC CONCEPT 8~13쪽

1 99까지의 수

1 여든셋　2 8명　3 36개
4 (위에서부터) 7, 17, 7　5 (1) 70 (2) 7

2 수의 순서

1 (1) 67, 68, 69 (2) 96, 98, 100 (3) 93, 92, 89
2 72에 ○표, 74에 △표　3 ㉡
4 70　5 61개　6 88, 89, 90

3 두 수의 크기 비교, 짝수와 홀수

1 ㉠, ㉣　2 미나　3 61, 58, 54
4 =, 1　5 5개　6 43, 85, 51
7 3개

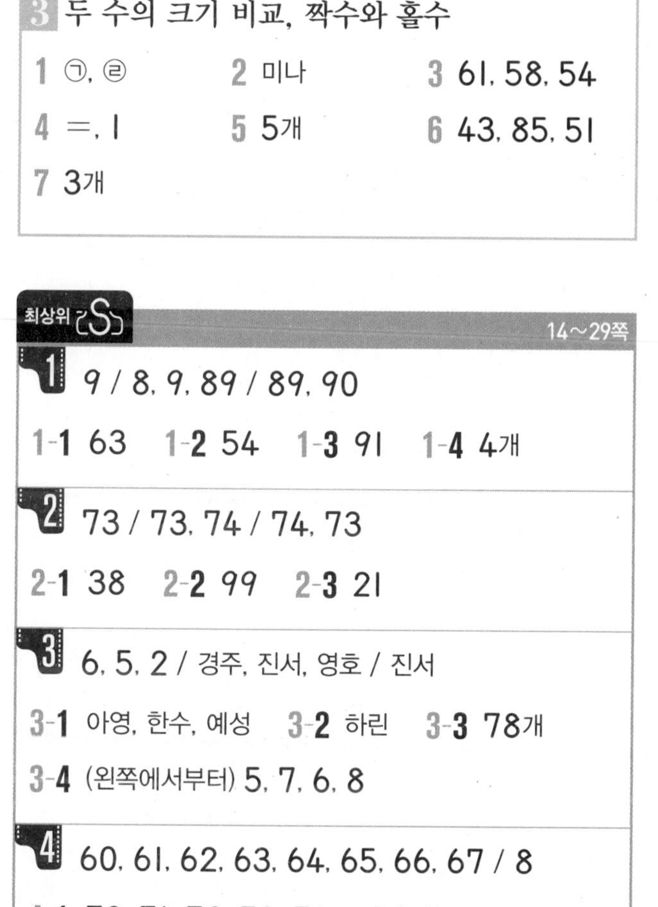

최상위 S 14~29쪽

1 9 / 8, 9, 89 / 89, 90
1-1 63　1-2 54　1-3 91　1-4 4개

2 73 / 73, 74 / 74, 73
2-1 38　2-2 99　2-3 21

3 6, 5, 2 / 경주, 진서, 영호 / 진서
3-1 아영, 한수, 예성　3-2 하린　3-3 78개
3-4 (왼쪽에서부터) 5, 7, 6, 8

4 60, 61, 62, 63, 64, 65, 66, 67 / 8
4-1 70, 71, 72, 73, 74　4-2 5권
4-3 81　4-4 5개

5 97 / 75, 74 / 75, 79, 94 / 3
5-1 10, 15, 50, 51　5-2 3개　5-3 2개
5-4 94, 14

6 4, 6, 8 / 5, 2, 1, 0 / 7, 1 / 71
6-1 5개　6-2 54　6-3 5개　6-4 73, 91

7 6 / 7 / 9 / 69, 2
7-1 3개　7-2 79, 89, 99　7-3 2개
7-4 12개

8 75, 76, 77, 78 / 78 / 78
8-1 76, 78　8-2 88　8-3 2개　8-4 72

MATH MASTER 30~32쪽

1 8명　2 89　3 현수, 2쪽　4 8, 9
5 5개　6 62번　7 69　8 20번
9 8　10 1

2 덧셈과 뺄셈 (1)

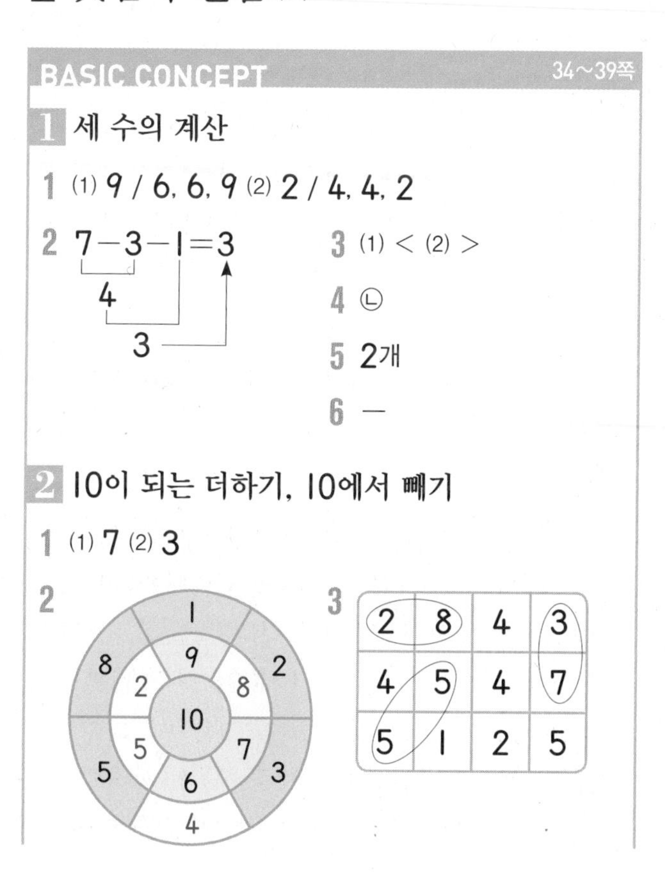

BASIC CONCEPT 34~39쪽

1 세 수의 계산

1 (1) 9 / 6, 6, 9 (2) 2 / 4, 4, 2
2 7−3−1=3 (4, 3)　3 (1) < (2) >
4 ㉡
5 2개
6 −

2 10이 되는 더하기, 10에서 빼기

1 (1) 7 (2) 3
2

3

2	8	4	3
4	5	4	7
5	1	2	5

4 (1) 9, 8, 7, 6 (2) 2, 3, 4, 5

5 (1) 4 (2) 5 (3) 6 (4) 9

6 4개 7 ㉠

3 10을 만들어 더하기

1 (1) 10 (2) 10

2 (1) 3, 15 (2) 4, 17 (3) 8, 19

3 (1) > (2) < 4 7+4+6=17, 17개

5 8 6 9, 1(또는 1, 9)

7 예 1+6+9=16, 3+6+7=16

최상위 S 40~55쪽

1 3, 3 / 2, 4 / 1, 1 / 5, 6, 3

1-1 예 2, 5, 3, 4 1-2 예 2, 7, 3, 6

1-3 예 1, 2, 6, 3

2 8, 9 / 4, 3 / 7, 7 / 7, 3

2-1 9 2-2 6살 2-3 2장 2-4 3개

3 +, 12 / +, −, −, 8 / −, +, +, 6 / +, −

3-1 +, + 3-2 −, − 3-3 +, −

3-4 −, +

4 3, 7 / 7 / 7, 3 / 3

4-1 5개 4-2 4권 4-3 2점 4-4 5개

5 (왼쪽에서부터) 9, 3, +, 3, 6, 4, +, 4 / 9

5-1 8개 5-2 5자루 5-3 위인전 5-4 9명

6 5 / 6, 10, 4, 6 / 6

6-1 18 6-2 2 6-3 2 6-4 7

7 2 / 2, 2, 5 / 5

7-1 9 7-2 9 7-3 1

8 3 / 1, 2 / 4 / 1, 3 / 2

8-1 4가지 8-2 3가지 8-3 4가지

8-4 3가지

MATH MASTER 56~58쪽

1 재원

2 (위에서부터) 5, 7 / 6, 3 / 8, 2, 9, 1

3 6, 9, 1 4 5살 5 3

6 3, 1 7 3, 7 8 2가지

9 예 +, −, = 10 6

3 모양과 시각

BASIC CONCEPT 60~65쪽

1 여러 가지 모양

1 3개 2 ● 모양 3 나

4 ● 모양 5 사각형

2 여러 가지 모양 꾸미기

1 3, 5, 4 2 ■에 ○표, ●에 △표

3 7개 4 ㉠ 5 은서

6 16개 7 13개

3 몇 시, 몇 시 30분

1 ㉢ 2 (1)

(2)

3 12시 4 8시, 9시

최상위 S 66~81쪽

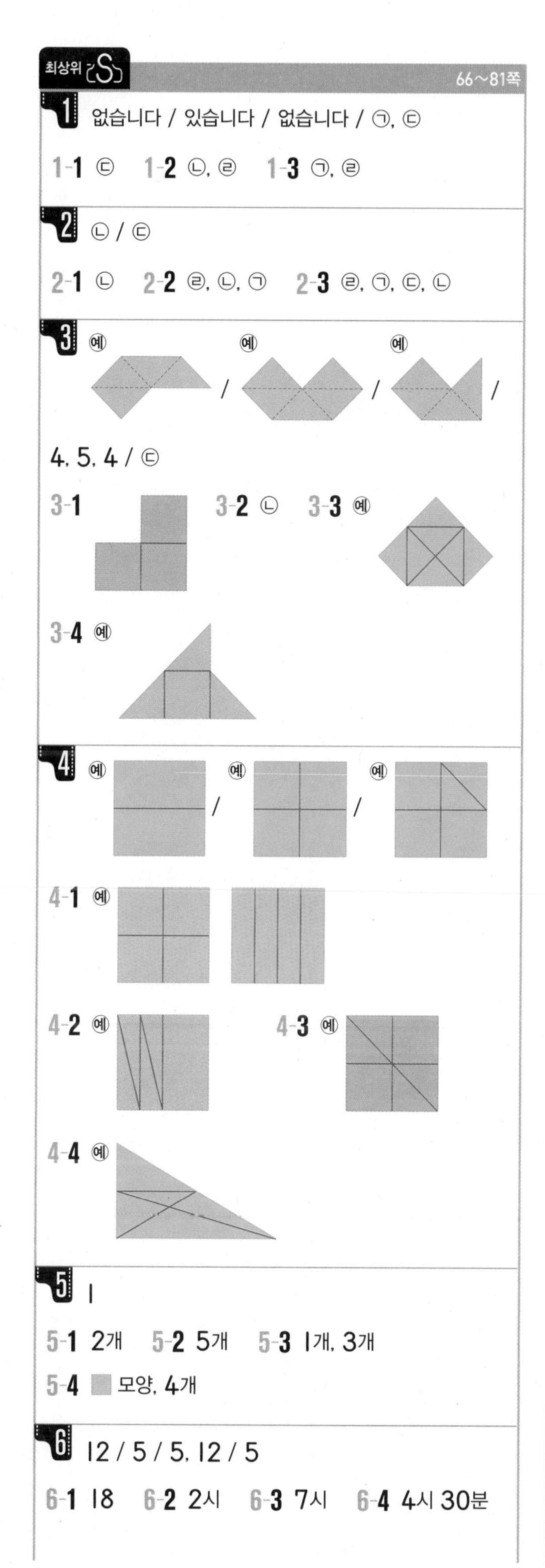

1 없습니다 / 있습니다 / 없습니다 / ㉠, ㉢

1-1 ㉢ **1-2** ㉡, ㉣ **1-3** ㉠, ㉣

2 ㉡ / ㉢

2-1 ㉡ **2-2** ㉣, ㉡, ㉠ **2-3** ㉣, ㉠, ㉢, ㉡

3 예 / 예 / 예 /

4, 5, 4 / ㉢

3-1 **3-2** ㉡ **3-3** 예

3-4 예

4 예 / 예 / 예

4-1 예

4-2 예 **4-3** 예

4-4 예

5 1

5-1 2개 **5-2** 5개 **5-3** 1개, 3개

5-4 ■ 모양, 4개

6 12 / 5 / 5, 12 / 5

6-1 18 **6-2** 2시 **6-3** 7시 **6-4** 4시 30분

7 4 / 5 / 5 / 12

7-1 6 **7-2** 10시 **7-3** 5시 **7-4** 12번

8 5, 30 / 6, 30 / 6, 30

8-1 6시 **8-2** 4시 30분 **8-3** 12시 30분

8-4 12시

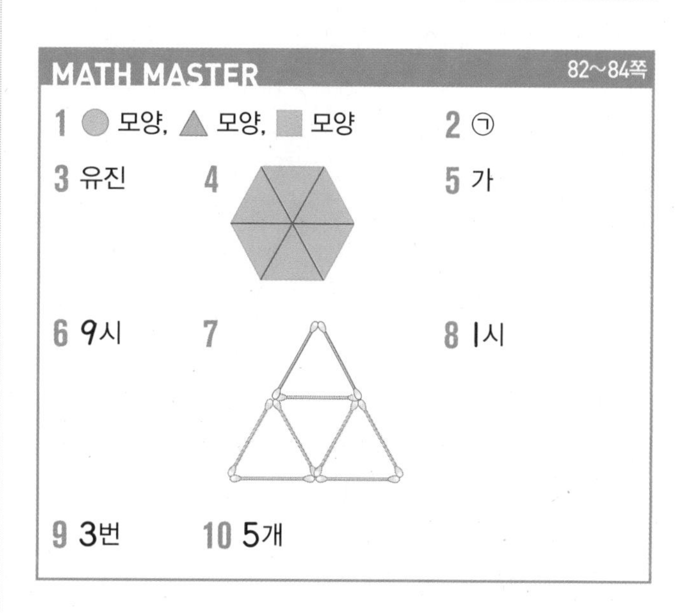

MATH MASTER 82~84쪽

1 ● 모양, ▲ 모양, ■ 모양 **2** ㉠

3 유진 **4** **5** 가

6 9시 **7** **8** 1시

9 3번 **10** 5개

4 덧셈과 뺄셈 (2)

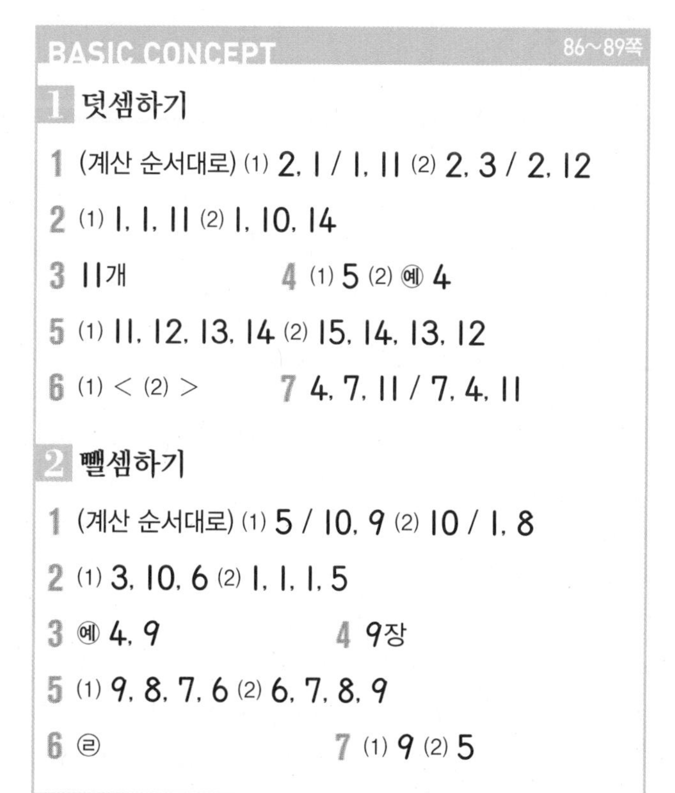

BASIC CONCEPT 86~89쪽

1 덧셈하기

1 (계산 순서대로) (1) 2, 1 / 1, 11 (2) 2, 3 / 2, 12

2 (1) 1, 1, 11 (2) 1, 10, 14

3 11개 **4** (1) 5 (2) 예 4

5 (1) 11, 12, 13, 14 (2) 15, 14, 13, 12

6 (1) < (2) > **7** 4, 7, 11 / 7, 4, 11

2 뺄셈하기

1 (계산 순서대로) (1) 5 / 10, 9 (2) 10 / 1, 8

2 (1) 3, 10, 6 (2) 1, 1, 1, 5

3 예 4, 9 **4** 9장

5 (1) 9, 8, 7, 6 (2) 6, 7, 8, 9

6 ㉣ **7** (1) 9 (2) 5

최상위 S 90~103쪽

1 −, 9 / −, 8 / 9, >, 8 / 사탕, 8, 1

1-1 공책 **1-2** 초록색 색종이, 2장

1-3 준영, 3개 **1-4** 건희, 4개

2 12 / 4 / 18 / 12 / +, −

2-1 +, − **2-2** +, + / 13

2-3 +, +, − / 12 **2-4** 2, 8

3 13 / 6 / 6, 11 /

5
13 11
8 14 6

3-1 (위에서부터) 7, 13, 15

3-2 (위에서부터) 2, 7, 6

3-3 (위에서부터) 9, 12, 5

3-4 (위에서부터) 9, 7, 11, 4

4 8 / 8 / 5 / 5 / 7

4-1 19 **4-2** 9 **4-3** 6 **4-4** 8

5 3 / 3, 6 / 6, 3, 12

5-1 18자루 **5-2** 16개 **5-3** 16개

5-4 6걸음

6 5 / 5 / 3 / 3, 8 /

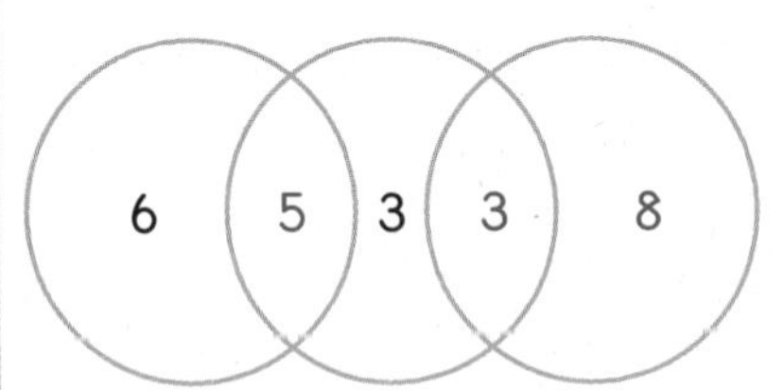

6-1 (왼쪽에서부터) 1, 6

6-2 (왼쪽에서부터) 9, 5, 10

6-3 (왼쪽에서부터) 예 8, 4, 3, 5, 7

6-4 (위에서부터) 7, 6, 9, 5

7

15
7 8
2 5 3

/

12
5 7
3 2 5

/ 15, 12

7-1 (위에서부터) 예 1, 5, 3 / 6, 8

7-2 17, 15 **7-3** 3

MATH MASTER 104~106쪽

1 8명 **2** 11, 4, 7(또는 11, 7, 4)

3 7개 **4** 15 **5** 8장

6 2가지 **7** 3, 12 **8** 17걸음

9 | 3 | 1 | 4 | 2 | / 19

10 (위에서부터) 예 3, 2, 4, 6, 5

5 규칙 찾기

BASIC CONCEPT 108~111쪽

1 규칙 찾기(1)

1 (왼쪽에서부터) (1) ●, ▲ (2) ♥, ★

2 풀이 참조 **3** 풀이 참조 **4** 풀이 참조

5 민우 **6**

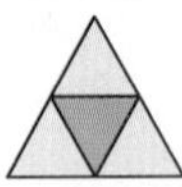

2 규칙 찾기(2)

1 79, 81, 83

2 (1) 60, 68 (2) 55, 35

3 예 76부터 시작하여 6씩 커집니다. /
94, 100에 색칠합니다.

4 21, 32, 43, 54, 65

5 풀이 참조

최상위 S 112~125쪽

1 8 / 8 / 4 / 35 / 4, 4, 4, 4 / 4, 43

1-1 75 **1-2** 65 **1-3** 64, 40 **1-4** 73

2 1 / 10 / 63, 64, 65, 66, 67, 68 / 68

2-1 40 **2-2** 23, 38 **2-3** 64, 71

3 시계 방향 / ㉢ / 분홍색 /

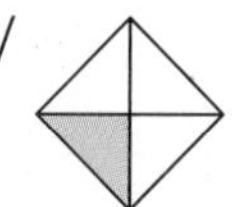

3-1 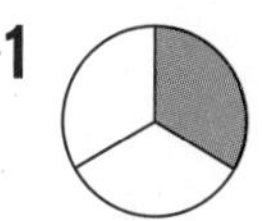 3-2 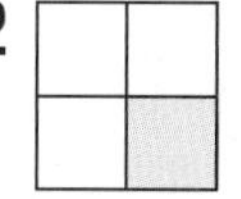 3-3 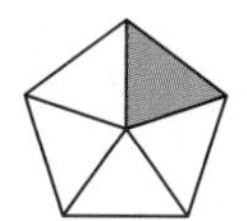

3-4 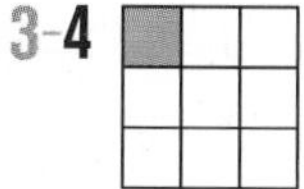

4 분홍색 / 분홍색 / 20, 10 / 분홍색

4-1 17개 4-2 파란색 4-3 9개

5 ■, ▲ / 1, 2 / ■ / 3 / ■■■

5-1  5-2  5-3 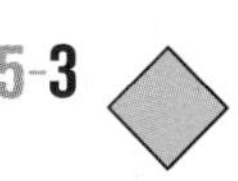 5-4

6 2 / 33, 35, 37, 39 / 39

6-1 53 6-2 40 6-3 51

7 3 /

3	6	9	12	15	18
36	33	30	27	24	21
39	42	45	48	51	54
72	69	66	63	60	57
75	78	81	84	87	90

/ 72, 84

7-1

1	18	17	16	15	14
2	19	28	27	26	13
3	20	29	30	25	12
4	21	22	23	24	11
5	6	7	8	9	10

7-2 12, 11 7-3 16

MATH MASTER 126~128쪽

1 2 8개 3 ㉡

4 86 5 11시 6 35, 51

7 7

8 예 앞의 두 수를 더한 수가 바로 다음에 오는 수입니다. / 13

9 13, 26 10 6시

6 덧셈과 뺄셈 (3)

BASIC CONCEPT 130~133쪽

1 덧셈하기

1 $\begin{array}{r} 21 \\ +\ \ 4 \\ \hline 25 \end{array}$ 2 (위에서부터) (1) 4, 40, 44 (2) 7, 70, 77

3 (위에서부터) 59, 57 4 (1) 5 (2) 50

5 97 6 25, 54(또는 54, 25)

7 47+31=78(또는 31+47=78) / 13+26=39(또는 26+13=39)

2 뺄셈하기

1 $\begin{array}{r} 78 \\ -\ \ 3 \\ \hline 75 \end{array}$ 2 (위에서부터) (1) 3, 30, 33 (2) 4, 40, 44

3 (1) < (2) >

4 24 / 12+24=36(또는 24+12=36) / 36−12=24(또는 36−24=12)

5 (위에서부터) (1) 36, 26, 16 (2) 43, 33, 23

6 (1) 21 (2) 2

최상위 S 134~147쪽

1 20 / 13 / 33, 10, 43

1-1 82개 1-2 23 1-3 2 1-4 57개

2 13, 24, 36 / 13, 36, 49 / 49 / 49

2-1 25+14=39(또는 14+25=39) /
39−25=14 (또는 39−14=25)

2-2 42, 25, 67　2-3 56, 24, 32

2-4 예 53, 10, 64, 21

3 12 / 12, 46 / 46

3-1 23개　3-2 15장　3-3 21개

3-4 39자루

4 3 /

4-1 52+44=96　4-2 96−33=63

4-3 57+21=78　4-4 41+45=86

5 10, 35 / 35 / 35, 21 / 21

5-1 32　5-2 11　5-3 13　5-4 33

6 3 / 3, 5 / 35, 49

6-1 3, 5, 2 / 15　6-2 예 5, 3, 4, 2 / 95

6-3 65　6-4 55

7 12 / 11, 13

7-1 12, 13, 14　7-2 34　7-3 64

7-4 22

MATH MASTER　148~150쪽

1 62	2 진수, 3개	3 7, 8, 9
4 67	5 51	6 5, 8, 3, 2
7 84	8 44	9 10, 11, 12, 13
10 8개		

복습책

1 100까지의 수

다시푸는 최상위 S　2~4쪽

1 66	2 24	3 57번	4 3개
5 3개	6 4개	7 3개	8 61

다시푸는 MATH MASTER　5~7쪽

1 7명	2 81	3 미나, 2쪽
4 7, 8, 9	5 6개	6 82개
7 59	8 20번	9 3
10 1		

2 덧셈과 뺄셈(1)

다시푸는 최상위 S　8~10쪽

1 예 2, 5, 3, 4	2 5개	3 +, −
4 1	5 9명	6 9
7 7	8 6가지	

다시푸는 MATH MASTER　11~13쪽

1 성호　2 (위에서부터) 3, 5 / 8, 5 / 6, 4, 9, 1

3 3, 7, 8　4 13살　5 5

6 5, 3　7 4, 6　8 2가지

9 예 −, +, =　10 12

3 모양과 시각

다시푸는 최상위 S 14~16쪽

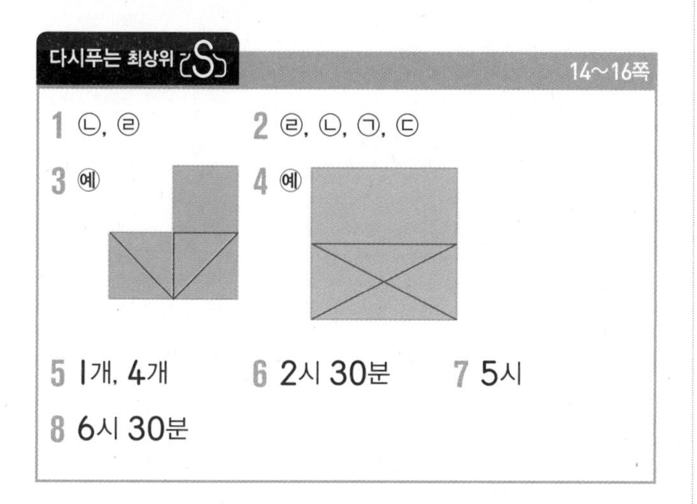

1 ㉡, ㉣ 2 ㉣, ㉡, ㉠, ㉢

3 예 4 예

5 1개, 4개 6 2시 30분 7 5시

8 6시 30분

다시푸는 MATH MASTER 17~19쪽

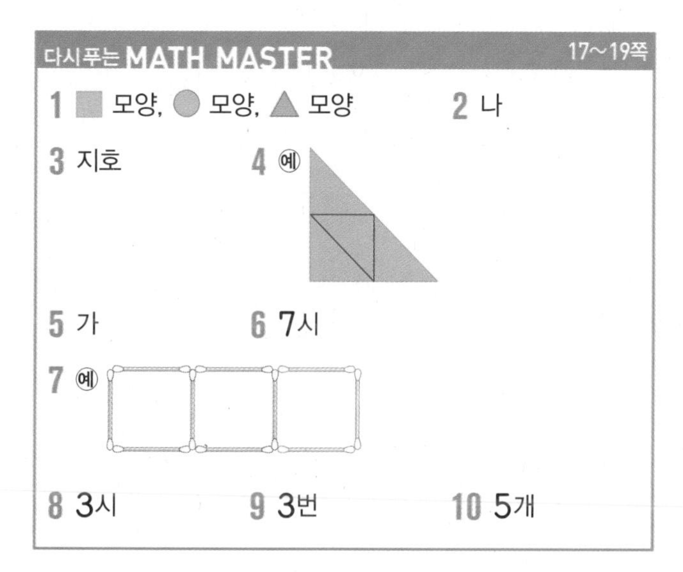

1 ■ 모양, ● 모양, ▲ 모양 2 나

3 지호 4 예

5 가 6 7시

7 예

8 3시 9 3번 10 5개

4 덧셈과 뺄셈(2)

다시푸는 최상위 S 20~22쪽

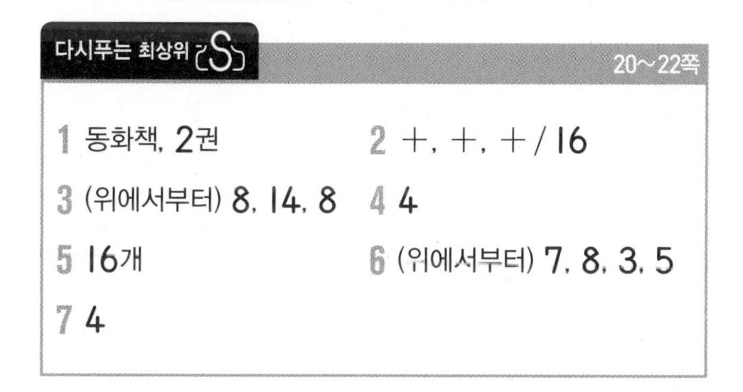

1 동화책, 2권 2 +, +, + / 16

3 (위에서부터) 8, 14, 8 4 4

5 16개 6 (위에서부터) 7, 8, 3, 5

7 4

다시푸는 MATH MASTER 23~25쪽

1 5명 2 13－8＝5(또는 13－5＝8)

3 6개 4 15 5 5개

6 2가지 7 9, 4 8 19걸음

9

2	4	1	3

/ 19

10 예

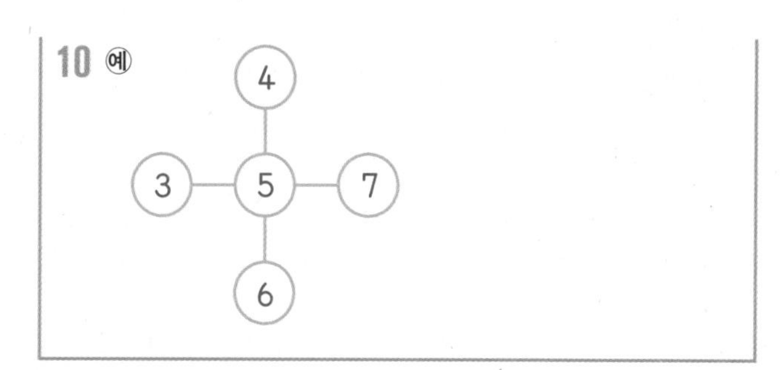

5 규칙 찾기

다시푸는 최상위 S 26~28쪽

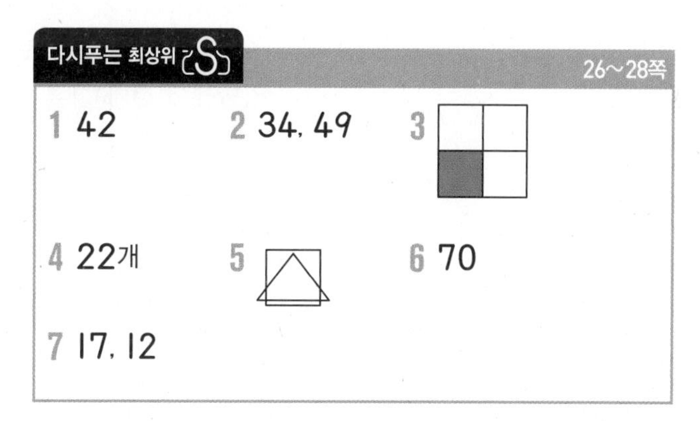

1 42 2 34, 49 3

4 22개 5 6 70

7 17, 12

다시푸는 MATH MASTER 29~31쪽

1 2 10개 3 ㉠

4 45 5 4시 30분

6 34, 43 7 8

8 예 앞의 수에 더하는 수가 1부터 시작하여 1씩 커집니다. / 16

9 23 10 8시

6 덧셈과 뺄셈(3)

다시푸는 최상위 S 32~34쪽

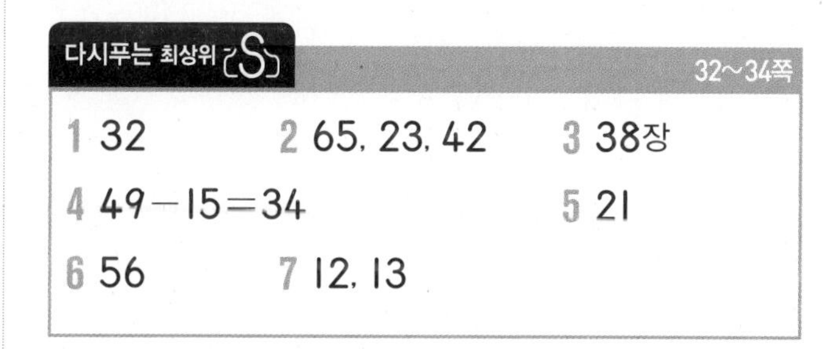

1 32 2 65, 23, 42 3 38장

4 49－15＝34 5 21

6 56 7 12, 13

다시푸는 MATH MASTER 35~37쪽

1 73 2 리아, 7개

3 1, 2, 3, 4, 5, 6 4 13 5 38

6 69, 31 7 66 8 47

9 20, 21, 22, 23 10 8개

본책 정답과 풀이

1 100까지의 수

1 99까지의 수

8~9쪽

1 여든셋

오십팔: 58, 여든셋: 83, 일흔여덟: 78
오십팔, 68, 일흔여덟은 낱개의 수가 8이고, 여든셋은 낱개의 수가 3입니다.
따라서 낱개의 수가 다른 하나는 여든셋입니다.

2 8명

구슬 80개는 10개씩 묶음 8개입니다.
따라서 구슬 80개를 한 사람에게 10개씩 모두 나누어 주면 8명에게 나누어 줄 수 있습니다.

3 36개

76개는 10개씩 묶음 7개와 낱개 6개입니다.
남은 수수깡은 10개씩 묶음 $7-4=3$(개)와 낱개 6개입니다.
따라서 남은 수수깡은 36개입니다.

4 (위에서부터) 7, 17, 7

낱개 10개는 10개씩 묶음 1개와 같습니다.
- 97은 10개씩 묶음 9개와 낱개 7개입니다.
- 10개씩 묶음 8개는 80이므로 97이 되려면 낱개 17개가 더 있어야 합니다.
- 낱개 27개는 10개씩 묶음 2개와 낱개 7개이므로 97이 되려면 10개씩 묶음이 7개 더 있어야 합니다.

5 (1) 70 (2) 7

(1) 76은 10개씩 묶음 7개와 낱개 6개입니다.
따라서 밑줄 친 숫자 7은 10개씩 묶음의 수이므로 70을 나타냅니다.
(2) 87은 10개씩 묶음 8개와 낱개 7개입니다.
따라서 밑줄 친 숫자 7은 낱개의 수이므로 7을 나타냅니다.

2 수의 순서

10~11쪽

1 (1) 67, 68, 69
(2) 96, 98, 100
(3) 93, 92, 89

수를 순서대로 쓰면 1씩 커지고, 수의 순서를 거꾸로 하여 쓰면 1씩 작아지므로 수가 1씩 커지는지, 1씩 작아지는지 알아봅니다.
(1) 65−66−67−68−69−70
(2) 95−96−97−98−99−100
(3) 94−93−92−91−90−89

2 72에 ○표, 74에 △표

• 73보다 1만큼 더 작은 수는 수를 순서대로 썼을 때 73 바로 앞의 수인 72입니다.
• 73보다 1만큼 더 큰 수는 수를 순서대로 썼을 때 73 바로 뒤의 수인 74입니다.

3 ㉡

㉠ 수를 순서대로 썼을 때 99 바로 뒤의 수는 100입니다.
㉡ 99보다 1만큼 더 작은 수는 98입니다.
㉢ 구십은 90이므로 90보다 10만큼 더 큰 수는 100입니다.
㉣ 아흔다섯은 95이므로 95보다 5만큼 더 큰 수는 100입니다.
따라서 나타내는 수가 다른 하나는 ㉡입니다.

4 70

69 ← 1만큼 더 작은 수 / → 1만큼 더 큰 수 어떤 수

따라서 어떤 수는 69보다 1만큼 더 큰 수인 70입니다.

5 61개

10개씩 묶음 6개와 낱개 8개인 초콜릿 중에서 낱개 7개를 먹었으므로 남은 초콜릿은 10개씩 묶음 6개와 낱개 1개입니다.
따라서 남은 초콜릿은 61개입니다.

6 88, 89, 90

87－88－89－90－91 ➡ 88, 89, 90
(88－89－90: 87과 91 사이에 있는 수)

3 두 수의 크기 비교, 짝수와 홀수

12~13쪽

1 ㉠, ㉣

㉠ 10개씩 묶음의 수가 클수록 큰 수입니다. ➡ 72＜91 (7＜9)

㉣ 10개씩 묶음의 수가 같으면 낱개의 수가 클수록 큰 수입니다. ➡ 68＞63 (8＞3)

해결 전략
10개씩 묶음의 수를 먼저 비교한 다음 낱개의 수를 비교합니다.

2 미나

73과 69의 10개씩 묶음의 수가 다르므로 10개씩 묶음의 수를 비교합니다.
73＞69이므로 미나가 색종이를 더 많이 가지고 있습니다. (7＞6)

3 61, 58, 54

58, 61, 54의 10개씩 묶음의 수를 비교하면 61이 가장 큽니다.
10개씩 묶음의 수가 같은 58, 54의 낱개의 수를 비교하면 58＞54입니다.
따라서 큰 수부터 차례대로 쓰면 61, 58, 54입니다.

4 =, 1

62는 60과 2이므로 60+2와 같습니다. ➡ 62=60+2
62=60+2가 60+□보다 크므로 □ 안에는 1부터 9까지의 수 중에서 1이 들어갈 수 있습니다.

5 5개

7□<75에서 10개씩 묶음의 수가 같으므로 낱개의 수를 비교하면 □<5입니다.
따라서 □ 안에 들어갈 수 있는 수는 0, 1, 2, 3, 4로 모두 5개입니다.

다른 풀이
10개씩 묶음의 수가 7인 수 70, 71, 72, 73, 74, 75, 76, 77, 78, 79 중에서 75보다 작은 수는 70, 71, 72, 73, 74입니다.
따라서 □ 안에 들어갈 수 있는 수는 0, 1, 2, 3, 4로 모두 5개입니다.

6 43, 85, 51

홀수는 둘씩 짝을 지을 때 하나가 남는 수이므로 43, 85, 51입니다.

보충 개념
홀수는 낱개의 수가 1, 3, 5, 7, 9인 수입니다.

7 3개

65보다 크고 72보다 작은 수는 66, 67, 68, 69, 70, 71이고 이 중에서 짝수는 66, 68, 70이므로 모두 3개입니다.

주의
65보다 크고 72보다 작은 수에 65와 72는 들어가지 않습니다.

10개씩 묶음 6개와 　낱개 29개인 수
　　10개씩 묶음 2개 　낱개 9개
10개씩 묶음 8개와 　　낱개 9개인 수 ➡ 89

따라서 89보다 1만큼 더 큰 수는 90입니다.
└ 수를 순서대로 썼을 때 바로 뒤의 수

1-1 63

낱개 12개는 10개씩 묶음 1개와 낱개 2개와 같습니다.
10개씩 묶음 5개와 낱개 12개인 수는 10개씩 묶음 5+1=6(개)와 낱개 2개인 수와 같으므로 62입니다.
따라서 62보다 1만큼 더 큰 수는 63입니다.

해결 전략
10개씩 묶음 ■개와 낱개 ●▲개인 수 ➡ 10개씩 묶음 (■+●)개와 낱개 ▲개인 수

1-2 54

낱개 25개는 10개씩 묶음 2개와 낱개 5개와 같습니다.
10개씩 묶음 3개와 낱개 25개인 수는 10개씩 묶음 3+2=5(개)와 낱개 5개인 수와 같으므로 55입니다.
따라서 55보다 1만큼 더 작은 수는 54입니다.

1-3 91

낱개 34개는 10개씩 묶음 3개와 낱개 4개와 같습니다.
10개씩 묶음 6개와 낱개 34개인 수는 10개씩 묶음 6+3=9(개)와 낱개 4개인 수와 같으므로 94입니다.
따라서 94보다 3만큼 더 작은 수는 94−93−92−91이므로 91입니다.

1-4 4개

낱개 26개는 10개씩 묶음 2개와 낱개 6개와 같습니다.
미소가 모은 딱지는 10개씩 묶음 7+2=9(개)와 낱개 6개인 96개입니다.
96−97−98−99−100이므로 100은 96보다 4만큼 더 큰 수입니다.
따라서 딱지를 4개 더 모아야 100개가 됩니다.

16~17쪽

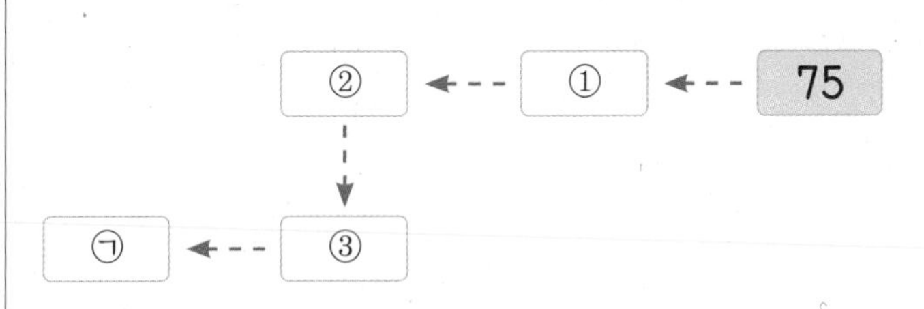

① 75보다 1만큼 더 작은 수: 74
② 74보다 1만큼 더 작은 수: 73
③ 73보다 1만큼 더 큰 수: 74
➡ ㉠ 74보다 1만큼 더 작은 수: 73

2-1 38

처음 수를 구해야 하므로 화살표의 방향을 거꾸로 생각하여 ㉠에 알맞은 수를 구합니다.
--→ 방향으로 1씩 커지므로 ←-- 방향으로 1씩 작아지고,
↓ 방향으로 10씩 커지므로 ↑ 방향으로 10씩 작아집니다.

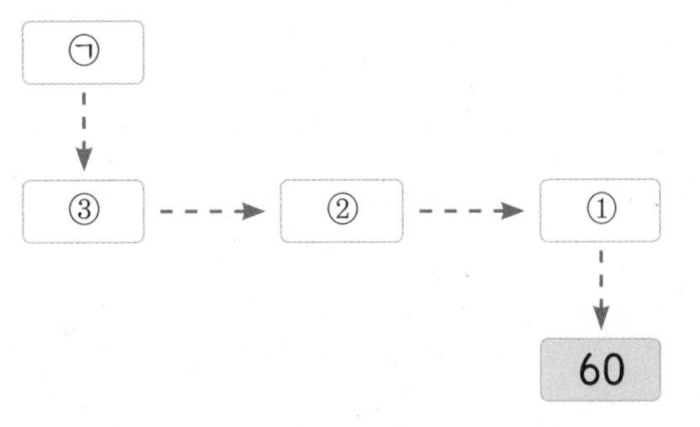

① 60보다 10만큼 더 작은 수: 50
② 50보다 1만큼 더 작은 수: 49
③ 49보다 1만큼 더 작은 수: 48
➡ ㉠ 48보다 10만큼 더 작은 수: 38

2-2 99

⇡ 방향으로 10씩 작아지므로 ⇣ 방향으로 10씩 커지고,
⇢ 방향으로 1씩 커지므로 ⇠ 방향으로 1씩 작아집니다.

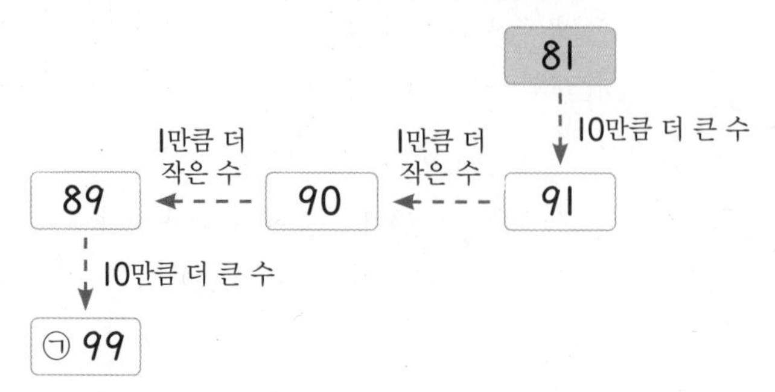

따라서 ㉠에 알맞은 수는 99입니다.

2-3 21

⇢ 방향으로 10씩 커지므로 ⇠ 방향으로 10씩 작아지고,
⇣ 방향으로 1씩 커지므로 ⇡ 방향으로 1씩 작아집니다.

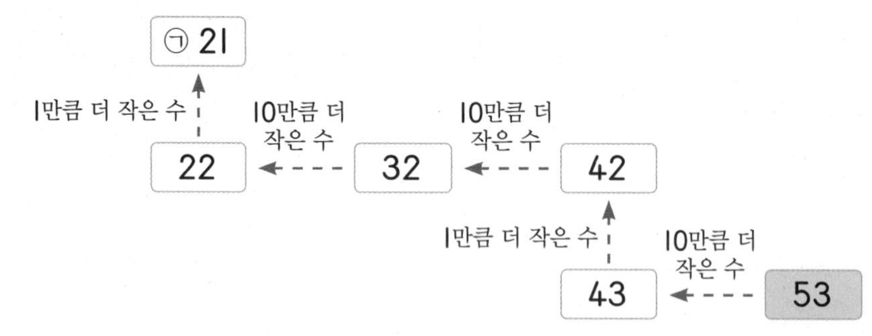

따라서 ㉠에 알맞은 수는 21입니다.

대표문제 3

두 자리 수는 10개씩 묶음의 수가 클수록 큰 수이므로 10개씩 묶음의 수를 비교합니다.
➡ $8>6>5>2$
10개씩 묶음의 수가 큰 수를 만든 학생부터 차례로 이름을 쓰면
미나, 경주, 진서, 영호입니다.
첫째 둘째 셋째 넷째
따라서 셋째로 큰 수를 만든 학생은 진서입니다.

3-1 아영, 한수, 예성

두 자리 수는 10개씩 묶음의 수가 클수록 큰 수이므로 10개씩 묶음의 수를 비교합니다.
➡ $9>7>6$
10개씩 묶음의 수가 큰 수부터 차례로 쓰면 91, 7□, 68입니다.
따라서 큰 수를 만든 학생부터 차례로 이름을 쓰면 아영, 한수, 예성입니다.

3-2 하린

두 자리 수는 10개씩 묶음의 수가 작을수록 작은 수이므로 10개씩 묶음의 수를 비교합니다. ➡ $3<5<7<8$
10개씩 묶음의 수가 작은 수부터 차례로 쓰면 3□, 5□, 7□, 8□입니다.
따라서 둘째로 작은 수를 만든 학생은 하린입니다.

3-3 78개

감의 수 81이 가장 큰 수이므로 사과의 수는 감의 수 81보다 낱개의 수가 더 작은 80입니다.
배의 수는 사과의 수 80보다 2만큼 더 작은 수이므로 80−79−78에서 78입니다.
따라서 배는 78개입니다.

3-4 (왼쪽에서부터) 5, 7, 6, 8

두 자리 수는 10개씩 묶음의 수가 클수록 큰 수입니다.
가운데 수와 오른쪽 수의 10개씩 묶음의 수는 7과 같거나 7보다 커야 하고, 오른쪽 수가 가장 크므로 10개씩 묶음의 수 자리에 왼쪽부터 차례로 7과 8을 써넣습니다.
➡ 7☐ < 7☐ < 80
10개씩 묶음의 수가 같을 때에는 낱개의 수가 클수록 큰 수입니다.
낱개의 수 자리에 남은 수 5, 6을 왼쪽부터 차례로 써넣습니다. ➡ 75 < 76 < 80

59번 선수와 68번 선수 사이에 서 있는 선수들의 번호는 두 번호 사이에 있는 수와 같습니다.
59와 68 사이에 있는 수
➡ 60, 61, 62, 63, 64, 65, 66, 67
59와 68 사이에 있는 수에 59와 68은 들어가지 않습니다.
따라서 59번 선수와 68번 선수 사이에 서 있는 선수는 모두 8명입니다.

4-1 70, 71, 72, 73, 74

69보다 큰 수: 70, 71, 72, 73, 74, 75, 76, ...
75보다 작은 수: 74, 73, 72, 71, 70, 69, 68, ...
따라서 69보다 크고 75보다 작은 수는 70, 71, 72, 73, 74입니다.

주의
●보다 크고 ▲보다 작은 수는 ●와 ▲ 사이의 수입니다.

4-2 5권

87번과 93번 사이에 있는 책의 번호는 두 수 사이에 있는 수와 같습니다.
87과 93 사이에 있는 수는 88, 89, 90, 91, 92로 5개입니다.
따라서 현서가 빌린 책은 모두 5권입니다.

4-3 81

73부터 수를 순서대로 쓰면
73−74−75−76−77−78−79−80−81이므로 어떤 수는 81입니다.
(74부터 80까지: 7개)

4-4 5개

60보다 크고 80보다 작은 수는 10개씩 묶음의 수가 6 또는 7입니다.
10개씩 묶음의 수가 6인 수 중에서 10개씩 묶음의 수보다 낱개의 수가 더 큰 수는 67, 68, 69입니다.

10개씩 묶음의 수가 7인 수 중에서 10개씩 묶음의 수보다 낱개의 수가 더 큰 수는 78, 79입니다.
따라서 조건을 만족하는 수는 67, 68, 69, 78, 79로 모두 5개입니다.

9, 5, 4, 7로 두 자리 수를 만들 때 74보다 커야 하므로 10개씩 묶음의 수에는 9와 7을 쓸 수 있습니다.
• 10개씩 묶음의 수가 9일 때 만들 수 있는 두 자리 수: 95, 94, 97
• 10개씩 묶음의 수가 7일 때 만들 수 있는 두 자리 수: 79, 75, 74
따라서 만들 수 있는 두 자리 수 중에서 74보다 크고 95보다 작은 수는 75, 79, 94로 모두 3개입니다.
└ 74와 95는 들어가지 않습니다.

5-1 10, 15, 50, 51

10개씩 묶음의 수에는 5와 1을 쓸 수 있습니다.
• 10개씩 묶음의 수가 5일 때 만들 수 있는 두 자리 수: 50, 51
• 10개씩 묶음의 수가 1일 때 만들 수 있는 두 자리 수: 10, 15
따라서 만들 수 있는 두 자리 수는 10, 15, 50, 51입니다.

주의
두 자리 수를 만들 때 10개씩 묶음의 수에는 0을 쓸 수 없습니다.

서술형 **5-2** 3개

예 3, 6, 8, 2로 두 자리 수를 만들 때 65보다 커야 하므로 10개씩 묶음의 수에는 6과 8을 쓸 수 있습니다.
• 10개씩 묶음의 수가 6일 때 만들 수 있는 두 자리 수: 63, 68, 62
• 10개씩 묶음의 수가 8일 때 만들 수 있는 두 자리 수: 83, 86, 82
따라서 만들 수 있는 수 중에서 65보다 크고 85보다 작은 수는 68, 82, 83으로 모두 3개입니다.

채점 기준	배점
10개씩 묶음의 수가 6일 때 만들 수 있는 두 자리 수를 구했나요?	2점
10개씩 묶음의 수가 8일 때 만들 수 있는 두 자리 수를 구했나요?	2점
만들 수 있는 수 중에서 65보다 크고 85보다 작은 수는 모두 몇 개인지 구했나요?	1점

5-3 2개

2, 5, 6, 7로 만들 수 있는 두 자리 수 중에서 63보다 크고 75보다 작은 수는 65, 67, 72입니다.
두 자리 수가 홀수이려면 낱개의 수가 홀수이어야 하므로 낱개의 수는 5와 7입니다.
따라서 만들 수 있는 수 중에서 63보다 크고 75보다 작은 홀수는 65, 67로 모두 2개입니다.

5-4 94, 14

수 카드의 수의 크기를 비교하면 9 > 5 > 4 > 3 > 1입니다.
가장 큰 두 자리 수는 10개씩 묶음의 수에 가장 큰 수 9를, 낱개의 수에 둘째로 큰 수 5를 쓴 95이고 둘째로 큰 수는 94입니다.

가장 작은 두 자리 수는 10개씩 묶음의 수에 가장 작은 수 1을, 낱개의 수에 둘째로 작은 수 3을 쓴 13이고 둘째로 작은 수는 14입니다.

■▲에서 ■는 10개씩 묶음의 수를, ▲는 낱개의 수를 나타냅니다.
(■는 0이 아닙니다.)
■와 ▲의 합이 8인 경우는 다음과 같습니다.

■	1	2	3	4	5	6	7	8
▲	7	6	5	4	3	2	1	0

이 중에서 ■가 ▲보다 6만큼 더 큰 수는 ■=7, ▲=1입니다.
따라서 조건을 만족하는 두 자리 수 ■▲는 71입니다.

6-1 5개

두 자리 수의 10개씩 묶음의 수를 ■, 낱개의 수를 ▲라 하면 ■와 ▲의 합이 6인 경우는 다음과 같습니다.

■	1	2	3	4	5
▲	5	4	3	2	1

따라서 만들 수 있는 두 자리 수는 15, 24, 33, 42, 51로 모두 5개입니다.

6-2 54

두 자리 수 ●◆에서 ●와 ◆의 합이 9인 경우는 다음과 같습니다.

●	1	2	3	4	5	6	7	8	9
◆	8	7	6	5	4	3	2	1	0

이 중에서 ●가 ◆보다 1만큼 더 큰 수는 ●=5, ◆=4입니다.
따라서 조건을 만족하는 두 자리 수 ●◆는 54입니다.

6-3 5개

두 자리 수 ★♣에서 ★과 ♣의 차가 5인 경우는 다음과 같습니다.

★	1	2	3	4	5	6	7	8	9
♣	6	7	8	9	0	1	2	3	4

이 중에서 짝수는 16, 38, 50, 72, 94이므로 조건을 만족하는 두 자리 수 ★♣는 모두 5개입니다.

보충 개념
짝수는 낱개의 수가 2, 4, 6, 8, 0인 수입니다.

6-4 73, 91

두 자리 수의 10개씩 묶음의 수를 ♥, 낱개의 수를 ■라 하면 ♥와 ■의 합이 10인 경우는 다음과 같습니다.

♥	1	2	3	4	5	6	7	8	9
■	9	8	7	6	5	4	3	2	1

이 중에서 10개씩 묶음의 수가 낱개의 수보다 큰 수는 64, 73, 82, 91입니다. 64, 73, 82, 91 중에서 홀수는 73, 91이므로 조건을 만족하는 두 자리 수는 73, 91입니다.

보충 개념

홀수는 낱개의 수가 1, 3, 5, 7, 9인 수입니다.

10개씩 묶음의 수가 6인 두 자리 수를 6■라 하고 식으로 나타내면 다음과 같습니다.
└→ ■는 0부터 9까지의 수가 될 수 있습니다.

6■ > 67

10개씩 묶음의 수가 6으로 같으므로 낱개의 수를 비교하면
■는 7보다 커야 합니다.
➡ ■는 8, 9가 될 수 있습니다.
따라서 67보다 큰 수는 68, 69로 모두 2개입니다.

7-1 3개

10개씩 묶음의 수가 8로 같으므로 낱개의 수를 비교하면 □ 안에는 3보다 작은 수가 들어가야 합니다.
따라서 □ 안에 들어갈 수 있는 수는 0, 1, 2로 모두 3개입니다.

7-2 79, 89, 99

낱개의 수가 9인 두 자리 수는 □9이므로 □9 > 75입니다.
□9 > 75에서 낱개의 수를 비교하면 9 > 5이므로 10개씩 묶음의 수인 □ 안에는 7과 같거나 7보다 큰 수가 들어가야 합니다.
따라서 □ 안에 들어갈 수 있는 수는 7, 8, 9이므로 조건에 맞는 두 자리 수는 79, 89, 99입니다.

보충 개념

□9에서 □는 10개씩 묶음의 수이므로 □ 안에 0은 들어갈 수 없고 1부터 9까지의 수가 들어갈 수 있습니다.

7-3 2개

낱개의 수가 8인 두 자리 수는 □8이므로 59 < □8, □8 < 81입니다.
59 < □8에서 낱개의 수가 59가 더 크므로 10개씩 묶음의 수인 □ 안에 들어갈 수 있는 수는 5보다 큰 6, 7, 8, 9입니다.
□8 < 81에서 낱개의 수가 □8이 더 크므로 10개씩 묶음의 수인 □ 안에 들어갈 수 있는 수는 8보다 작은 1, 2, 3, 4, 5, 6, 7입니다.
➡ □ 안에 공통으로 들어갈 수 있는 수는 6, 7입니다.
따라서 조건에 맞는 두 자리 수는 68, 78로 모두 2개입니다.

7-4 12개

10개씩 묶음의 수가 7인 수: 70, 71, 72, 73, 74, 75, 76, 77, 78, 79 ➡ 10개
낱개의 수가 7인 수: 67, 77, 87 ➡ 3개
77은 10개씩 묶음의 수가 7인 수와 낱개의 수가 7인 수에 중복되므로 숫자 7이 들어 있는 수는 모두 12개입니다.

해결 전략
10개씩 묶음의 수와 낱개의 수가 각각 7인 경우를 생각해 봅니다.

① 68보다 크고 79보다 작은 수
➡ 69, 70, 71, 72, 73, 74, 75, 76, 77, 78
② 10개씩 묶음의 수가 낱개의 수보다 작은 수
➡ 69, 78
따라서 설명하는 수는 69, 78입니다.

8-1 76, 78

75보다 큰 두 자리 수는 76, 77, 78, 79, 80, ..., 99입니다. 이 중에서 10개씩 묶음의 수가 7인 수는 76, 77, 78, 79입니다. 76, 77, 78, 79 중에서 짝수는 76, 78입니다.
따라서 설명하는 수는 76, 78입니다.

8-2 88

85보다 크고 99보다 작은 수는 86, 87, 88, 89, 90, 91, 92, 93, 94, 95, 96, 97, 98입니다. 이 중에서 10개씩 묶음의 수와 낱개의 수가 같은 수는 88입니다.
따라서 설명하는 수는 88입니다.

서술형 **8-3** 2개

㉮ 69보다 크고 90보다 작은 홀수는 71, 73, 75, 77, 79, 81, 83, 85, 87, 89입니다. 이 중에서 10개씩 묶음의 수가 낱개의 수보다 작은 수는 79, 89입니다.
따라서 설명하는 수는 79, 89로 모두 2개입니다.

채점 기준	배점
69보다 크고 90보다 작은 홀수를 구했나요?	3점
설명하는 수는 모두 몇 개인지 구했나요?	2점

8-4 72

10개씩 묶음의 수가 6보다 크므로 10개씩 묶음의 수는 7, 8, 9 중 하나입니다.
10개씩 묶음의 수와 낱개의 수의 합이 10보다 작은 수는 70, 71, 72, 80, 81, 90입니다. 이 중에서 낱개의 수가 1보다 큰 수는 72입니다.
따라서 설명하는 수는 72입니다.

해결 전략
10개씩 묶음의 수가 될 수 있는 수를 먼저 찾아봅니다.

1 8명

여든다섯은 85이고 85는 10개씩 묶음 8개와 낱개 5개입니다.
따라서 구슬을 한 사람에게 10개씩 나누어 준다면 모두 8명에게 나누어 줄 수 있습니다.

주의
낱개 5개는 10개가 안 되므로 나누어 줄 수 없습니다.

서술형 **2** 89

㉮ 낱개 23개는 10개씩 묶음 2개와 낱개 3개와 같습니다. 10개씩 묶음 6개와 낱개 23개인 수는 10개씩 묶음 $6+2=8$(개)와 낱개 3개인 수와 같으므로 83입니다.
따라서 83보다 6만큼 더 큰 수는 83－84－85－86－87－88－89이므로 89입니다.

채점 기준	배점
10개씩 묶음 6개와 낱개 23개인 수를 구했나요?	3점
구한 수보다 6만큼 더 큰 수를 구했나요?	2점

3 현수, 2쪽

• 현수: 58, 59, 60, 61, 62, 63, 64, 65, 66, 67, 68, 69, 70, 71, 72, 73, 74, 75, 76 ➡ 19쪽
• 연아: 81, 82, 83, 84, 85, 86, 87, 88, 89, 90, 91, 92, 93, 94, 95, 96, 97 ➡ 17쪽
따라서 현수가 책을 2쪽 더 많이 읽었습니다.

4 8, 9

$67<6\square$에서 10개씩 묶음의 수가 같으므로 □ 안에 들어갈 수 있는 수는 7보다 큰 8, 9입니다.
$\square3>68$에서 낱개의 수가 68이 더 크므로 □ 안에 들어갈 수 있는 수는 6보다 큰 7, 8, 9입니다.
따라서 □ 안에 공통으로 들어갈 수 있는 수는 8, 9입니다.

주의
$\square3>68$에서 낱개의 수를 비교하면 $3<8$이므로 □ 안에 6은 들어갈 수 없습니다.

5 5개

두 자리 수가 짝수이려면 낱개의 수가 2, 4, 6, 8, 0이어야 하므로 낱개의 수가 될 수 있는 수는 0과 4입니다.
• 낱개의 수가 0일 때 만들 수 있는 짝수: 30, 40, 70
• 낱개의 수가 4일 때 만들 수 있는 짝수: 34, 74
따라서 만들 수 있는 짝수는 30, 34, 40, 70, 74로 모두 5개입니다.

서술형 **6** 62번

㉠ 69보다 6만큼 더 큰 수는 75이므로 한수는 줄넘기를 75번 했습니다.
따라서 75보다 13만큼 더 작은 수는 62이므로 영미는 줄넘기를 62번 했습니다.

채점 기준	배점
한수는 줄넘기를 몇 번 했는지 구했나요?	2점
영미는 줄넘기를 몇 번 했는지 구했나요?	3점

보충 개념

- 69보다 6만큼 더 큰 수는 69−70−71−72−73−74−75이므로 75입니다.
- 75보다 13만큼 더 작은 수는 10개씩 묶음의 수가 1만큼 더 작고 낱개의 수가 3만큼 더 작은 수인 62입니다.

7 69

0부터 9까지의 수 중 차가 3인 두 수는 (0, 3), (1, 4), (2, 5), (3, 6), (4, 7), (5, 8), (6, 9)입니다.
따라서 10개씩 묶음의 수가 낱개의 수보다 3만큼 더 작은 두 자리 수는 14, 25, 36, 47, 58, 69이고 이 중에서 가장 큰 수는 69입니다.

주의

두 자리 수를 만들 때 10개씩 묶음의 수에는 0을 쓸 수 없으므로 (0, 3)으로 10개씩 묶음의 수가 낱개의 수보다 3만큼 더 작은 수는 만들 수 없습니다.

8 20번

숫자 1을 1번 쓴 수: 1, 10, 12, 13, 14, 15, 16, 17, 18, 19, 21, 31, 41, 51, 61, 71, 81, 91 ➡ 18번
숫자 1을 2번 쓴 수: 11 ➡ 2번
따라서 숫자 1은 모두 20번 써야 합니다.

9 8

보이는 수 카드로 만들 수 있는 가장 두 자리 수는 97, 둘째로 큰 두 자리 수는 96입니다. 그런데 96이 셋째로 큰 두 자리 수이므로 97보다 큰 두 자리 수가 하나 더 있습니다. 97보다 큰 두 자리 수는 98, 99이고 이 중 서로 다른 수로 만들 수 있는 두 자리 수는 98이므로 뒤집어진 수 카드에 적힌 수는 8입니다.

해결 전략

보이는 수 카드로 만들 수 있는 가장 큰 두 자리 수, 둘째로 큰 두 자리 수를 먼저 만들어 봅니다.

10 1

㉠은 68보다 크고 68과 ㉠ 사이의 수는 모두 9개입니다.
68−69−70−71−72−73−74−75−76−77−78이므로 ㉠은 78입니다.
(69~77: 9개)

㉡은 87보다 작고 ㉡과 87 사이의 수는 모두 7개입니다.
87−86−85−84−83−82−81−80−79이므로 ㉡은 79입니다.
(86~80: 7개)

따라서 79는 78보다 1만큼 더 큰 수입니다.

2 덧셈과 뺄셈(1)

1 세 수의 계산

34~35쪽

1 (1) 9 / 6, 6, 9
(2) 2 / 4, 4, 2

(1) $4+2+3=9$
$4+2=6$
$6+3=9$

(2) $8-4-2=2$
$8-4=4$
$4-2=2$

2 $7-3-1=3$
4
3

세 수의 뺄셈은 앞에서부터 순서대로 계산해야 하는데 뒤의 두 수를 먼저 계산했으므로 잘못 계산했습니다.

3 (1) $<$ (2) $>$

(1) $2+1+2=3+2=5$, $9-1-2=8-2=6$ ➡ $2+1+2<9-1-2$
(2) $3+2+4=5+4=9$, $8-2-1=6-1=5$ ➡ $3+2+4>8-2-1$

4 ㉡

㉠ $9-1-3=8-3=5$ ㉡ $2+3+1=5+1=6$ ㉢ $3+1+1=4+1=5$
따라서 계산 결과가 다른 하나는 ㉡입니다.

5 2개

(주머니에 남아 있는 구슬의 수)
=(빨간색 구슬의 수)+(파란색 구슬의 수)−(동생에게 준 구슬의 수)
$=3+5-6=2$(개)
8
2

6 −

○ 안에 +, −를 각각 넣어 계산해 봅니다.
5⊕3+1=8+1=9, 5⊖3+1=2+1=3
따라서 ○ 안에 알맞은 것은 −입니다.

2 10이 되는 더하기, 10에서 빼기

36~37쪽

1 (1) 7 (2) 3

(1) $7+3=10$ (2) $3+7=10$

2

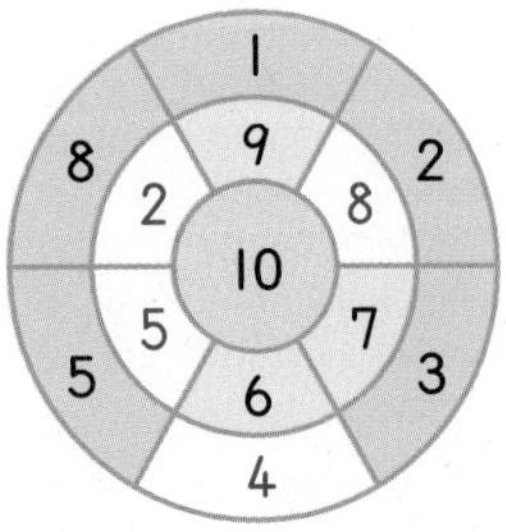

1, 9, 2, 8, 3, 7, 4, 6, 5, 5, 8, 2, 10

$1+9=10$, $3+7=10$이므로 바깥 부분과 안쪽 부분의 수를 더하여 10이 되는 수를 찾습니다.
➡ $2+8=10$, $4+6=10$, $5+5=10$, $8+2=10$

3 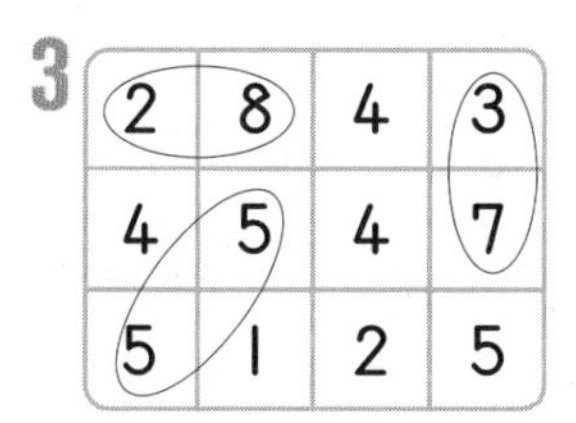

더해서 10이 되는 두 수는 2와 8, 3과 7, 5와 5입니다.

4 (1) 9, 8, 7, 6 (2) 2, 3, 4, 5

(1) 계산 결과가 10으로 같을 때 더해지는 수가 1씩 커지면 더하는 수는 1씩 작아집니다.
➡ 9, 8, 7, 6
(2) 빼지는 수가 10으로 같을 때 계산 결과가 1씩 작아지면 빼는 수는 1씩 커집니다.
➡ 2, 3, 4, 5

다른 풀이
(1) $1+\square=10$, $10-1=\square$, $\square=9$ / $2+\square=10$, $10-2=\square$, $\square=8$ / $3+\square=10$, $10-3=\square$, $\square=7$ / $4+\square=10$, $10-4=\square$, $\square=6$
(2) $10-\square=8$, $10-8=\square$, $\square=2$ / $10-\square=7$, $10-7=\square$, $\square=3$ / $10-\square=6$, $10-6=\square$, $\square=4$ / $10-\square=5$, $10-5=\square$, $\square=5$

5 (1) 4 (2) 5 (3) 6 (4) 9

(1) $8+2=10$, $10=6+\square$, $10-6=\square$, $\square=4$
(2) $3+7=10$, $10=\square+5$, $10-5=\square$, $\square=5$
(3) $9+1=10$, $\square+4=10$, $10-4=\square$, $\square=6$
(4) $4+6=10$, $1+\square=10$, $10-1=\square$, $\square=9$

6 4개

하린이가 먹은 초콜릿의 수를 □개라 하면 $10-\square=6$, $10-6=\square$, $\square=4$입니다.
따라서 하린이가 먹은 초콜릿은 4개입니다.

7 ㉠

㉠ $3+\square=10$, $10-3=\square$, $\square=7$
㉡ $10-\square=8$, $10-8=\square$, $\square=2$
따라서 $7>2$이므로 □ 안에 들어갈 수가 더 큰 것은 ㉠입니다.

3 10을 만들어 더하기

38~39쪽

1 (1) 10 (2) 10

(1) $(5+5)+6=10+6=16$
(2) $4+(7+3)=4+10=14$

2 (1) 3, 15 (2) 4, 17 (3) 8, 19

(1) $7+○=10$, $10-7=○$, $○=3$
$5+7+③=5+10=15$
(7+3 → 10)
(2) $○+6=10$, $10-6=○$, $○=4$
$④+6+7=10+7=17$
(4+6 → 10)

(3) $2+\bigcirc=10$, $10-2=\bigcirc$, $\bigcirc=8$

$\underbrace{2+9+ⓧ}$ — $2+9+(8)=10+9=19$ (2와 8의 합: 10)

3 (1) > (2) <

(1) $(4+6)+5=10+5=15$, $10+4=14$ ➡ $4+6+5>10+4$

(2) $2+(9+1)=2+10=12$, $10+6=16$ ➡ $2+9+1<10+6$

해결 전략

세 수의 덧셈에서 두 수의 합이 10이 되는 경우에는 합이 10이 되는 두 수를 먼저 더하고, 남은 수를 더하면 계산이 편리합니다.

다른 풀이

(1) $\underline{4+6}+5\bigcirc10+4$ ➡ $10+5\,(>)\,10+4$ ($4+6$: 10, $5>4$)

(2) $2+\underline{9+1}\bigcirc10+6$ ➡ $2+10\,(<)\,10+6$ ($9+1$: 10, $2<6$)

4 $7+4+6=17$, 17개

(상자 안에 들어 있는 공의 수)

=(야구공의 수)+(축구공의 수)+(배구공의 수)

$=7+(4+6)=7+10=17$(개)

해결 전략

세 수의 덧셈에서 10이 되는 두 수를 먼저 더하고, 남은 수를 더합니다.

5 8

$3+\square+7=(3+7)+\square=10+\square=18$이므로 $\square=8$입니다.

6 9, 1(또는 1, 9)

$14=10+4$이므로 □ 안에 알맞은 두 수의 합은 10입니다.
수 카드 중 합이 10이 되는 두 수는 9와 1이므로 합이 14가 되는 덧셈식은
$9+1+4=14$(또는 $1+9+4=14$)입니다.

보충 개념

세 수의 덧셈은 계산 순서를 바꾸어도 결과가 같으므로 9와 1의 순서를 바꾸어도 됩니다.

7 예 $1+6+9=16$, $3+6+7=16$

■$+6+$●$=16$이고 $10+6=16$이므로 ■$+$●$=10$입니다.
(■, ●)가 될 수 있는 수는 (1, 9), (2, 8), (3, 7), (4, 6), (5, 5), (6, 4), (7, 3), (8, 2), (9, 1)입니다.
따라서 만들 수 있는 덧셈식은 $1+6+9=16$, $2+6+8=16$, $3+6+7=16$, $4+6+6=16$, $5+6+5=16$, $6+6+4=16$, $7+6+3=16$, $8+6+2=16$, $9+6+1=16$입니다.

두 수씩 묶어 차가 같은 두 식을 찾아봅니다.
→ 큰 수에서 작은 수를 뺍니다.

• (5, 2)와 (3, 6) : $5-2=3$, $6-3=3$
• (5, 3)과 (2, 6) : $5-3=2$, $6-2=4$
• (5, 6)과 (2, 3) : $6-5=1$, $3-2=1$
따라서 만들 수 있는 식은 $3-2=6-5$, $5-2=6-3$입니다.
(계산 결과가 1인 경우) (계산 결과가 3인 경우)

1-1 예 2, 5, 3, 4

두 수씩 묶어 덧셈을 해 봅니다.
• (2, 3)과 (4, 5): $2+3=5$, $4+5=9$
• (2, 4)와 (3, 5): $2+4=6$, $3+5=8$
• (2, 5)와 (3, 4): $2+5=7$, $3+4=7$ ➡ 두 식의 계산 결과가 같습니다.
따라서 식을 완성하면 $2+5=3+4$입니다. (단, 더하는 순서와 식의 순서는 바뀌어도 됩니다.)

다른 풀이
②+③+4+⑤$=10+4=14$입니다.
$7+7=14$이므로 두 수의 합이 각각 7이 되는 경우를 선으로 이어 봅니다. ➡ 2 3 4 5
따라서 식을 완성하면 $2+5=3+4$입니다. (단, 더하는 순서와 식의 순서는 바뀌어도 됩니다.)

1-2 예 2, 7, 3, 6

두 수의 합이 같은 경우를 선으로 이어 봅니다.
• 두 수의 합이 9인 경우: 2 3 4 6 7 ➡ $2+7=3+6$
• 두 수의 합이 10인 경우: 2 3 4 6 7 ➡ $3+7=4+6$
따라서 식을 완성하면 $2+7=3+6$ 또는 $3+7=4+6$입니다. (단, 더하는 순서와 식의 순서는 바뀌어도 됩니다.)

1-3 예 1, 2, 6, 3

두 수씩 묶어 각각 덧셈과 뺄셈을 해 봅니다.
• (1, 2)와 (3, 6): $1+2=3$, $6-3=3$ ➡ 두 식의 계산 결과가 같습니다.
$2-1=1$, $3+6=9$
• (1, 3)과 (2, 6): $1+3=4$, $6-2=4$ ➡ 두 식의 계산 결과가 같습니다.
$3-1=2$, $2+6=8$
• (1, 6)과 (2, 3): $1+6=7$, $3-2=1$
$6-1=5$, $2+3=5$ ➡ 두 식의 계산 결과가 같습니다.
따라서 식을 완성하면 $1+2=6-3$ 또는 $1+3=6-2$ 또는 $2+3=6-1$입니다.
(단, 더하는 순서는 바뀌어도 됩니다.)

대표문제 2

10을 두 수로 가르기해 봅니다.

10	1	2	3	4	5	6	7	8	9
	9	8	7	6	5	4	3	2	1

10을 두 수로 가르기한 것 중에 차가 4인 것은 3과 7, 7과 3입니다.
따라서 은아가 희주보다 연필을 4자루 더 많이 가지려면
은아는 7자루, 희주는 3자루를 가져야 합니다.

2-1 9

10을 두 수로 가르기한 것 중 차가 8인 것을 찾습니다.

큰 수	9	8	7	6
작은 수	1	2	3	4
차	8	6	4	2

따라서 큰 수는 9입니다.

다른 풀이
작은 수를 □라 하면 큰 수는 □+8입니다.
두 수를 더하면 10이므로 □+□+8=10, □+□=2이고 1+1=2이므로 □=1입니다.
따라서 큰 수는 1+8=9입니다.

2-2 6살

아영이와 진서의 나이의 합이 10살이므로 10을 두 수로 가르기한 것 중 차가 2인 것을 찾습니다.

10	1	2	3	4	5	6	7	8	9
	9	8	7	6	5	4	3	2	1
차	8	6	4	2	0	2	4	6	8

아영이가 진서보다 2살 더 많으므로 아영이는 6살, 진서는 4살입니다.

2-3 2장

10을 두 수로 가르기한 것 중 차가 6인 것을 찾습니다.

10	1	2	3	4	5	6	7	8	9
	9	8	7	6	5	4	3	2	1
차	8	6	4	2	0	2	4	6	8

종이학을 접는 데 종이별을 접는 것보다 색종이를 6장 더 많이 사용했으므로 종이학을 접는 데 사용한 색종이는 8장, 종이별을 접는 데 사용한 색종이는 2장입니다.

2-4 3개

노란색과 빨간색 주머니에 들어 있는 바둑돌은 모두 $10-6=4$(개)입니다.
4는 1과 3, 2와 2로 가르기할 수 있고, 노란색 주머니에 넣은 바둑돌이 빨간색 주머니에 넣은 바둑돌보다 적으므로 노란색 주머니에는 바둑돌이 1개, 빨간색 주머니에는 바둑돌이 3개 들어 있습니다.

44~45쪽

가장 왼쪽의 수(7)보다 등호(=) 오른쪽의 수(8)가 커졌으므로 +가 적어도 한 번은 들어갑니다.

└ +가 한 번 또는 두 번 들어갑니다. (한 번도 안 들어가는 경우 제외)

$7+3+2=10+2=12$
$7+3-2=10-2=8$
$7-3+2=4+2=6$
따라서 계산 결과가 8이 되는 식은 $7+3-2=8$입니다.

3-1 +, +

등호 왼쪽의 수(2, 8, 1)보다 오른쪽의 수(11)가 커졌으므로 +가 적어도 한 번은 들어갑니다.
$2+8+1=10+1=11$, $2+8-1=10-1=9$
따라서 계산 결과가 11이 되는 식은 $2+8+1=11$입니다.

주의
+, −를 넣을 수 있는 경우는 $2+8+1$, $2+8-1$, $2-8+1$, $2-8-1$이지만 2가 8보다 작아 뺄 수 없으므로 $2-8+1$, $2-8-1$은 생각하지 않습니다.

3-2 −, −

가장 왼쪽의 수(7)보다 등호 오른쪽의 수(3)가 작아졌으므로 −가 적어도 한 번은 들어갑니다.
$7+1-3=8-3=5$, $7-1+3=6+3=9$, $7-1-3=6-3=3$
따라서 계산 결과가 3이 되는 식은 $7-1-3=3$입니다.

3-3 +, −

가장 왼쪽의 수(8)보다 등호 오른쪽의 수(7)가 작아졌으므로 −가 적어도 한 번은 들어갑니다.
$8+2-3=10-3=7$, $8-2+3=6+3=9$, $8-2-3=6-3=3$
따라서 계산 결과가 7이 되는 식은 $8+2-3=7$입니다.

3-4 −, +

가장 왼쪽의 수(6)보다 등호 오른쪽의 수(4)가 작아졌으므로 −가 적어도 한 번은 들어갑니다.
$6+4-2=10-2=8$, $6-4+2=2+2=4$, $6-4-2=2-2=0$
따라서 계산 결과가 4가 되는 식은 $6-4+2=4$입니다.

(혜미가 가지고 있는 구슬의 수)$=4+3=7$(개)
성호가 가지고 있는 구슬의 수를 ■개라 하면
혜미와 성호가 가지고 있는 구슬이 모두 10개이므로

혜미의 구슬의 수 / 성호의 구슬의 수

$7+■=10$

$10-7=■$, $■=3$

따라서 성호가 가지고 있는 구슬은 3개입니다.

4-1 5개

(어진이가 가지고 있는 사탕의 수)$=2+3=5$(개)
희수가 가지고 있는 사탕의 수를 □개라 하면 어진이와 희수가 가지고 있는 사탕이 모두 10개이므로 $5+□=10$, $10-5=□$, $□=5$입니다.
따라서 희수가 가지고 있는 사탕은 5개입니다.

4-2 4권

(동화책과 위인전의 수)$=4+2=6$(권)
과학책의 수를 □권이라 하면 소미가 가지고 있는 책이 모두 10권이므로
$6+□=10$, $10-6=□$, $□=4$입니다.
따라서 소미는 과학책을 4권 가지고 있습니다.

4-3 2점

(현아가 맞힌 점수)$=3+7=10$(점)
성준이가 맞힌 점수 중 모르는 점수를 □점이라 하면 두 사람의 점수가 같으므로
$8+□=10$, $10-8=□$, $□=2$입니다.
따라서 성준이가 맞힌 점수 중 모르는 점수는 2점입니다.

4-4 5개

(사과의 수)+(배의 수)+(감의 수)$=10$(개)
사과와 배의 수의 합이 7개이고 사과, 배, 감이 모두 10개이므로 감은 3개입니다.
배와 감의 수의 합은 8개이고 사과, 배, 감이 모두 10개이므로 사과는 2개입니다.
따라서 상자 안에 배는 $10-3-2=5$(개) 들어 있습니다.

해결 전략

사과+배+감=10
사과+배 =7
감=10−7

사과+배+감=10
배+감=8
사과 =10−8

다른 풀이

(사과의 수)+(배의 수)+(감의 수)$=10$(개)에서
(사과의 수)+(배의 수)$=7$(개)이므로 $7+$(감의 수)$=10$(개), (감의 수)$=3$(개)이고
(배의 수)+(감의 수)$=8$(개)이므로 (배의 수)$+3=8$(개), (배의 수)$=5$(개)입니다.

거꾸로 생각하여 계산합니다.

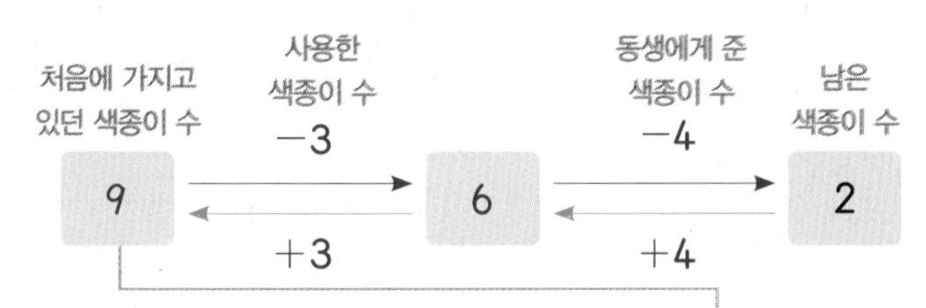

따라서 윤아가 처음에 가지고 있던 색종이는 9장입니다.

5-1 8개

거꾸로 생각하여 계산합니다.

■ $\xrightarrow{-2}$ ● $\xrightarrow{-5}$ 1 (거꾸로: +2, +5)

① 5를 빼기 전: $1+5=6$

② 2를 빼기 전: $6+2=8$

➡ 처음에 바구니에 있던 귤은 8개입니다.

해결 전략

처음 수를 구할 때에는 계산 결과에서부터 거꾸로 생각하여 덧셈은 뺄셈으로, 뺄셈은 덧셈으로 계산합니다.

서술형 **5-2** 5자루

예 성호가 연필 3자루를 잃어버리기 전에 가지고 있던 연필은 $7+3=10$(자루)입니다.

성호가 연필 5자루를 사기 전에 가지고 있던 연필은 $10-5=5$(자루)입니다.

따라서 성호가 처음에 가지고 있던 연필은 5자루입니다.

채점 기준	배점
성호가 연필 3자루를 잃어버리기 전에 가지고 있던 연필은 몇 자루인지 구했나요?	2점
성호가 처음에 가지고 있던 연필은 몇 자루인지 구했나요?	3점

5-3 위인전

거꾸로 생각하여 계산합니다.

■ $\xrightarrow{-5}$ ● $\xrightarrow{-2}$ 2 (거꾸로: +5, +2)

① 2를 빼기 전: $2+2=4$

② 5를 빼기 전: $4+5=9$

➡ 동화책은 9쪽입니다.

▲ $\xrightarrow{-4}$ ★ $\xrightarrow{-3}$ 3 (거꾸로: +4, +3)

① 3을 빼기 전: $3+3=6$

② 4를 빼기 전: $6+4=10$

➡ 위인전은 10쪽입니다.

따라서 $9<10$이므로 쪽수가 더 많은 책은 위인전입니다.

5-4 9명

거꾸로 생각하여 계산합니다.

■ $\xrightarrow{-3}$ ● $\xrightarrow{+4}$ ▲ $\xrightarrow{-8}$ 2 (거꾸로: +3, −4, +8)

① 8을 빼기 전: $2+8=10$

② 4를 더하기 전: $10-4=6$

③ 3을 빼기 전: $6+3=9$

➡ 처음에 버스에 타고 있던 사람은 9명입니다.

색칠한 칸에 있는 세 수와 가운데 있는 수 사이에 어떤 규칙이 있는지 알아봅니다.

└→ 10이 되는 두 수를 먼저 더하고, 남은 수를 뺍니다.

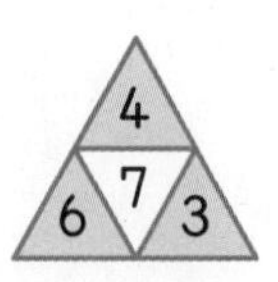

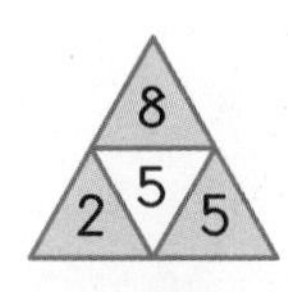

$4+6-3=10-3=7$ $8+2-5=10-5=5$

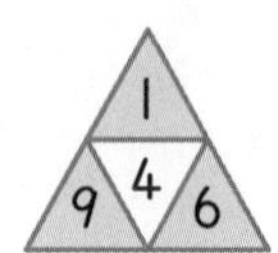

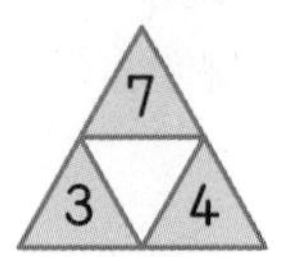

$1+9-6=10-6=4$ $7+3-4=10-4=6$

따라서 빈칸에 알맞은 수는 6입니다.

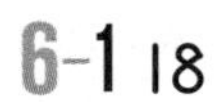

6-1 18

③+⑦+4=10+4=14, ②+5+⑧=10+5=15, ③+⑤+2=8+2=10이므로 세 수를 더하는 규칙입니다.

따라서 빈칸에 알맞은 수는 8+⑨+①=8+10=18입니다.

6-2 2

$8-2-3=6-3=3$, $7-1-2=6-2=4$, $5-3-1=2-1=1$이므로 가장 큰 수에서 나머지 두 수를 빼는 규칙입니다.

따라서 빈칸에 알맞은 수는 $9-3-4=6-4=2$입니다.

6-3 2

$1+8+1=10$, $3+7+0=10$, $4+3+3=10$이므로 세 수의 합이 10이 되도록 만드는 규칙입니다.

따라서 $6+2=8$이고 $8+2=10$이므로 빈칸에 알맞은 수는 2입니다.

6-4 7

$5+1-4=6-4=2$, $8+2-4=10-4=6$, $7+1-3=8-3=5$이므로 가장 큰 수와 가장 작은 수를 더한 수에서 나머지 수를 빼는 규칙입니다.

따라서 $9>3>1$이므로 빈칸에 알맞은 수는 $9+1-3=10-3=7$입니다.

먼저 ●에 알맞은 수를 구합니다.

●+8=10 ➡ 10−8=●, ●=2

■−2−1=● ➡ ■−2−1=2, 2+1+2=■, ■=5

따라서 ■에 알맞은 수는 5입니다.

7-1 9

■+7=10, 10−7=■, ■=3

➡ ●−4−2=■이므로 ●−4−2=3, 3+2+4=●, ●=9

7-2 9

★−1−2=7, 7+2+1=★, ★=10

➡ 1+◆=★이므로 1+◆=10, 10−1=◆, ◆=9

서술형 **7-3** 1

예 ▲ −7+6=8이므로 8−6+7=▲, ▲ =9입니다.

3+7−▲ =■ 이므로 3+7−9=■, ■ =1입니다.

채점 기준	배점
▲에 알맞은 수를 구했나요?	2점
■에 알맞은 수를 구했나요?	3점

대표문제 **8**

• 가장 큰 수가 6인 경우: 나머지 두 수의 합이 2입니다.

→ 가장 작은 수와 둘째로 작은 수의 합이 1+2=3이므로 2인 경우는 없습니다.

• 가장 큰 수가 5인 경우: 나머지 두 수의 합이 3입니다.

➡ 1+2+5=8

• 가장 큰 수가 4인 경우: 나머지 두 수의 합이 4입니다.

➡ 1+3+4=8

따라서 1부터 6까지의 수 중에서 서로 다른 세 수의 합이 8이 되는 경우는 모두 2가지입니다.

8-1 4가지

공 2개를 뽑아 합이 10이 되는 경우는

1+9=10, 2+8=10, 3+7=10, 4+6=10이므로 모두 4가지입니다.

주의

같은 수가 적힌 공은 없으므로 5+5=10은 만들 수 없습니다.

8-2 3가지

세 수 중 8, 7이 하나라도 있으면 세 수의 합이 9가 되지 않습니다.

따라서 1부터 8까지의 수 중에서 서로 다른 세 수의 합이 9가 되는 경우는

6+2+1=9, 5+3+1=9, 4+3+2=9로 모두 3가지입니다.

보충 개념

두 수의 합이 가장 작은 경우는 1+2=3이므로 9−3=6보다 큰 수 7, 8을 더하면 세 수의 합이 9보다 커집니다.

8-3 4가지

1을 각각 4번, 2번, 1번, 0번 사용하여 합이 4가 되는 경우를 알아봅니다.

1+1+1+1=4, 1+1+2=4, 1+3=4, 2+2=4로 모두 4가지입니다.

8-4 3가지

세 수 중 5, 6이 하나라도 있으면 세 수의 합이 6이 되지 않습니다.
따라서 주사위를 3번 던져서 나온 세 수의 합이 6이 되는 경우는
$1+1+4=6$, $1+2+3=6$, $2+2+2=6$으로 모두 3가지입니다.

해결 전략
주사위를 여러 번 던지면 같은 수가 여러 번 나올 수 있습니다.

보충 개념
두 수의 합이 가장 작은 경우는 $1+1=2$이므로 $6-2=4$보다 큰 수인 5, 6을 더하면 세 수의 합이 6보다 커집니다.

MATH MASTER

56~58쪽

1 재원

재원이가 먹은 귤의 수를 □개라 하면 $10-\square=3$, $10-3=\square$, $\square=7$입니다.
지혜가 먹은 귤의 수를 △개라 하면 $10-\triangle=5$, $10-5=\triangle$, $\triangle=5$입니다.
따라서 $7>5$이므로 귤을 더 많이 먹은 사람은 재원입니다.

2 (위에서부터) 5, 7 / 6, 3 / 8, 2, 9, 1

더해서 10이 되는 두 수를 찾으면 5와 5, 7과 3, 1과 9, 2와 8, 6과 4입니다.

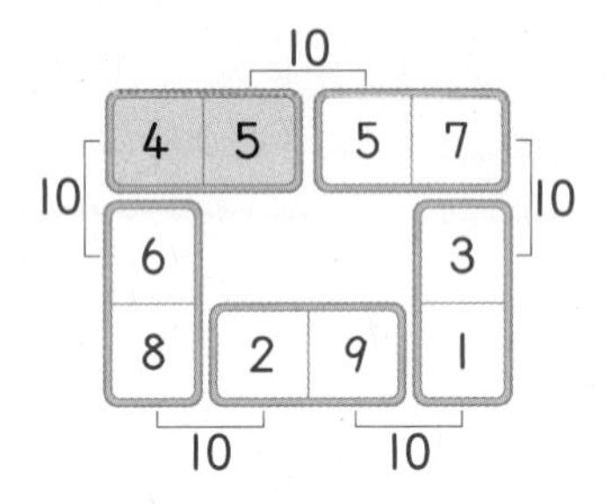

3 6, 9, 1

더해서 10이 되는 두 수는 9와 1입니다.
합이 16이 되려면 10에 6을 더해야 합니다. ➡ ⑨+①+6=10+6=16
따라서 합이 16이 되는 세 수는 6, 9, 1입니다.

해결 전략
더해서 10이 되는 두 수를 먼저 찾아봅니다.

서술형 **4** 5살

예 형은 주원이보다 3살 더 많으므로 주원이는 형보다 3살 더 적습니다.
(주원이의 나이)=(형의 나이)$-3=10-3=7$(살)
따라서 (동생의 나이)=(주원이의 나이)$-2=7-2=5$(살)입니다.

채점 기준	배점
주원이의 나이를 구했나요?	3점
동생의 나이를 구했나요?	2점

5 3

$9-3=6$ ➡ $6-\square>2$

$6-\square=2$일 때 $6-2=\square$, $\square=4$이므로 □ 안에는 4보다 작은 수가 들어갈 수 있습니다.

따라서 □ 안에 들어갈 수 있는 수는 1, 2, 3이므로 이 중 가장 큰 수는 3입니다.

6 3, 1

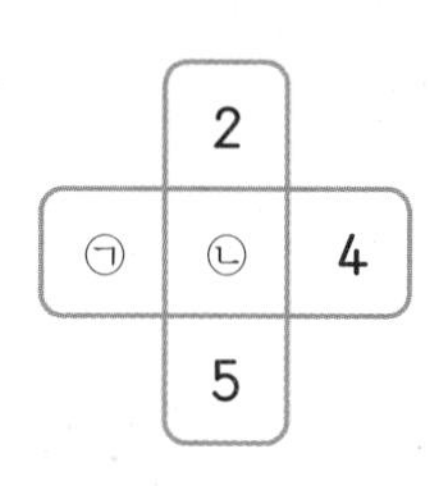

세로줄(↓)에서 $2+㉡+5=8$, $7+㉡=8$, $8-7=㉡$, $㉡=1$입니다.

가로줄(→)에서 $㉠+㉡+4=8$이고 $㉡=1$이므로 $㉠+1+4=8$, $㉠+5=8$, $8-5=㉠$, $㉠=3$입니다.

해결 전략

가로줄 또는 세로줄 중에서 빈칸이 한 개인 곳을 먼저 해결합니다.

7 3, 7

10을 서로 다른 두 수로 가르기한 것 중 차가 4인 것을 찾습니다.

큰 수	9	8	7	6
작은 수	1	2	3	4
차	8	6	4	2

따라서 두 수는 3, 7입니다.

8 2가지

수 카드의 수를 작은 수부터 차례로 늘어놓고 두 수씩 짝 지어 차를 구해 봅니다.

6 7 8 9: $7-6=1$, $9-8=1$

6 7 8 9: $8-6=2$, $9-7=2$

6 7 8 9: $9-6=3$, $8-7=1$

따라서 두 수의 차가 같은 경우는 차가 1, 2일 때이므로 2가지입니다.

9 예 +, −, =

- =가 5 앞에 들어가는 경우 가장 왼쪽의 수(3)보다 가장 오른쪽의 수(5)가 커졌으므로 +가 적어도 한 번은 들어갑니다. ➡ $3+6-4=5$
- =가 4 앞에 들어가는 경우 $3+6=9$, $4+5=9$이므로 $3+6=4+5$입니다.

보충 개념

=가 6 앞에 들어가는 경우는 식을 완성할 수 없습니다.

10 6

첫째 가로줄에서 ●+●+■=10이고, 첫째 세로줄에서 ●+■=8이므로

●+●+■=●+8=10, 10−8=●, ●=2입니다.
(●+■ = 8)

●+■=8에서 ●=2이므로 2+■=8, 8−2=■, ■=6입니다.

셋째 세로줄에서 ■+▲=10이고 ■=6이므로

6+▲=10, 10−6=▲, ▲=4입니다.

따라서 ㉠=●+▲=2+4=6입니다.

3 모양과 시각

1 여러 가지 모양 60~61쪽

1 3개

▲ 모양은 옷걸이, 교통 안전 표지판, 삼각자입니다. ➡ 3개

2 ● 모양

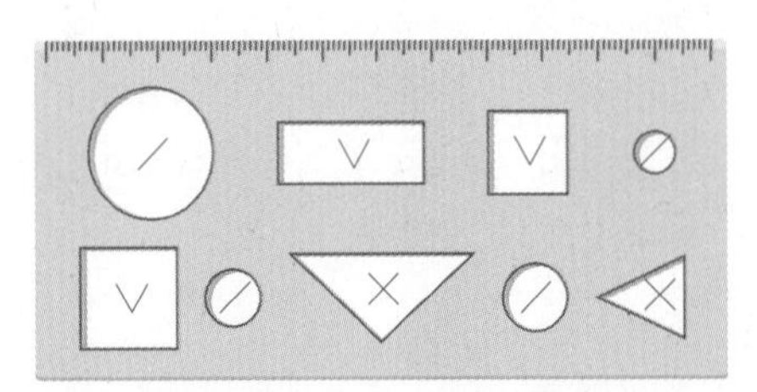

■ 모양을 찾아 ∨표 하면 3개, ▲ 모양을 찾아 ×표 하면 2개, ● 모양을 찾아 /표 하면 4개입니다.

따라서 가장 많이 그릴 수 있는 모양은 ● 모양입니다.

해결 전략
같은 모양에 같은 표시를 하면서 세어 봅니다.

3 나

가는 ▲ 모양을 모았고 다는 ● 모양을 모았습니다.

나는 ■ 모양과 ▲ 모양을 모았으므로 잘못 모았습니다.

4 ● 모양

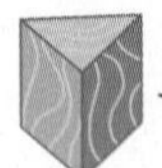 모양의 옆에 물감을 묻혀 찍으면 ■ 모양이 나오고 위나 아래에 물감을 묻혀 찍으면 ▲ 모양이 나옵니다.

따라서 나올 수 없는 모양은 ● 모양입니다.

보충 개념
물감을 묻혀 옆, 위(아래)를 찍기를 할 때 나올 수 있는 모양은 다음과 같습니다.

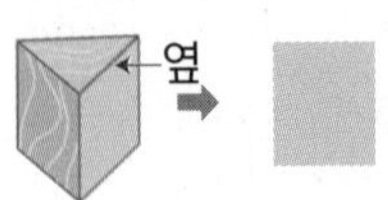

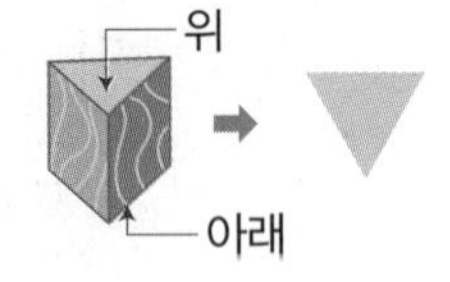

5 사각형

뾰족한 부분(꼭짓점)이 4군데, 곧은 선(변)이 4개 있는 도형은 ■ 모양인 사각형입니다.

2 여러 가지 모양 꾸미기 62~63쪽

1 3, 5, 4

■ 모양: 3개, ▲ 모양: 5개, ● 모양: 4개

2 ■에 ○표, ●에 △표

■ 모양: 6개, ▲ 모양: 4개, ● 모양: 2개
따라서 가장 많이 이용한 모양은 ■ 모양이고, 가장 적게 이용한 모양은 ● 모양입니다.

3 7개

뾰족한 부분이 없는 모양은 ● 모양입니다.
꾸민 모양에서 ● 모양은 7개 이용하였습니다.

보충 개념

모양	■	▲	●
이용한 개수(개)	5	3	7

4 ㉠

㉠ ■ 모양과 ▲ 모양을 이용하여 꾸몄습니다.
㉡ ▲ 모양과 ● 모양을 이용하여 꾸몄습니다.
따라서 ■ 모양과 ▲ 모양만을 이용하여 꾸민 모양은 ㉠입니다.

5 은서

왼쪽 모양은 ■ 모양 2개, ▲ 모양 2개, ● 모양 1개입니다.
- 은서 — ■ 모양: 2개, ▲ 모양: 2개, ● 모양: 1개
- 진규 — ■ 모양: 1개, ▲ 모양: 3개, ● 모양: 1개

따라서 왼쪽 모양을 모두 이용하여 모양을 꾸민 사람은 은서입니다.

해결 전략
모양의 수를 각각 세어 보고 왼쪽 모양과 개수와 크기가 모두 같은지 확인합니다.

6 16개

■ 모양이 1개씩 늘어날 때마다 막대는 3개씩 늘어납니다.
따라서 ■ 모양 5개를 만들려면 필요한 막대는 모두 $4+3+3+3+3=16$(개)입니다.

7 13개

▲ 모양이 1개씩 늘어날 때마다 막대는 2개씩 늘어납니다.

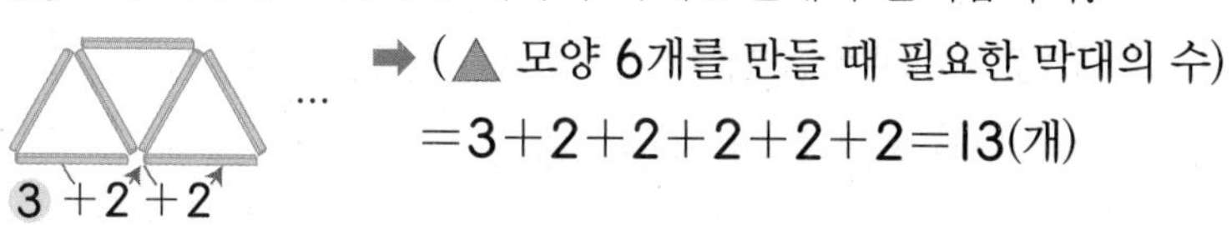

➡ (▲ 모양 6개를 만들 때 필요한 막대의 수)
$=3+2+2+2+2+2=13$(개)

3 몇 시, 몇 시 30분

64~65쪽

1 ㉢

디지털시계가 나타내는 시각은 2시입니다.
㉠ 1시 ㉡ 2시 30분 ㉢ 2시
따라서 디지털시계의 시각과 같은 시각을 나타내는 것은 ㉢입니다.

2 (1)

(2)

(1) 6시는 짧은바늘이 6, 긴바늘이 12를 가리키도록 그립니다.

(2) 3시 30분은 짧은바늘이 3과 4 사이, 긴바늘이 6을 가리키도록 그립니다.

3 12시

2시간 후의 시각은 긴바늘이 시계를 두 바퀴 돈 후의 시각입니다.
긴바늘이 시계를 두 바퀴 돌면 짧은바늘은 숫자 눈금 2칸을 움직이므로 짧은바늘은 12를 가리키게 됩니다.
따라서 긴바늘이 시계를 두 바퀴 돈 후의 시각은 12시입니다.

4 8시, 9시

㉮ 7시 ㉯ 9시 30분
7시와 9시 30분 사이의 시각 중 긴바늘이 12를 가리키는 시각은 8시, 9시입니다.

주의
7시와 9시 30분 사이의 시각에 7시와 9시 30분은 들어가지 않습니다.

㉠ 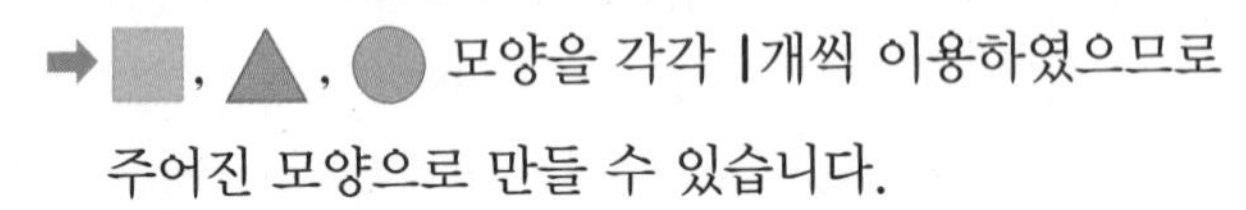
➡ ■, ▲, ● 모양을 각각 1개씩 이용하였으므로
주어진 모양으로 만들 수 있습니다.

㉡ 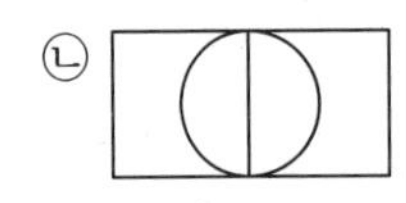
➡ ■ 모양 2개, ● 모양 1개를 이용하였으므로
주어진 모양으로 만들 수 (있습니다 , (없습니다)).

㉢ 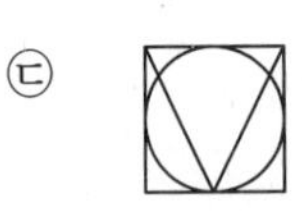
➡ ■, ▲, ● 모양을 각각 1개씩 이용하였으므로
주어진 모양으로 만들 수 ((있습니다), 없습니다).

㉣ 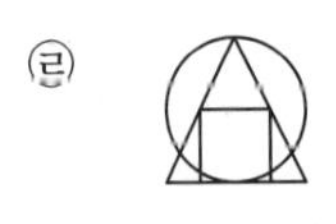
➡ ■, ▲, ● 모양을 각각 1개씩 이용하였지만 ■ 모양의 크기가
다르므로 주어진 모양으로 만들 수 (있습니다 , (없습니다)).

따라서 주어진 모양으로 만들 수 있는 모양은 ㉠, ㉢입니다.

1-1 ㉢

㉠ ▲ 모양의 크기가 다릅니다.
㉡ ▲ 모양을 이용하지 않고 ■ 모양을 이용하였습니다.
㉣ ● 모양의 크기가 다릅니다.

해결 전략
겹쳐서 만든 모양이 주어진 모양과 크기와 모양이 같은지 살펴봅니다.

1-2 ㉡, ㉣

㉠ ■ 모양 1개를 이용하지 않고 ● 모양 1개를 이용하였습니다.
㉢ ■ 모양 1개의 크기가 다릅니다.

1-3 ㉠, ㉣

㉡ ■ 모양의 크기가 다릅니다.
㉢ ▲ 모양 1개의 크기가 다릅니다. (또는 ▲ 모양을 1개 더 이용하였습니다.)

해결 전략
가장 위에 있는 모양부터 어떤 모양인지 살펴봅니다.

맞춰진 퍼즐 조각을 보고 빈칸에 어떤 조각을 맞추었을 때 ■, ▲, ● 모양이 완성되는지 알아봅니다.

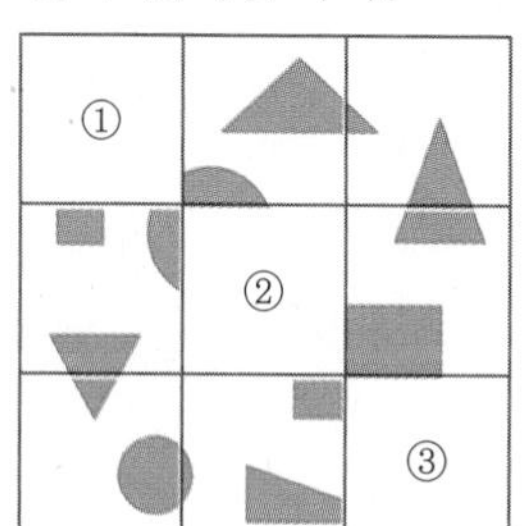

① ┌ 모양의 뾰족한 부분과 ╭ 모양의 둥근 부분이 있는 조각
➡ ㉠ ㉢은 ┌ 모양의 뾰족한 부분과 ╭ 모양의 둥근 부분이 있지만 ①에 넣었을 때 모양이 완성되지 않습니다.
② ╭ 모양의 둥근 부분과 ┌ 모양의 뾰족한 부분이 있는 조각
➡ ㉡
③ ┌ 모양의 뾰족한 부분과 ∧ 모양의 뾰족한 부분이 있는 조각 ➡ ㉢

2-1 ㉡

∧ 모양의 뾰족한 부분과 ╭ 모양의 둥근 부분이 있는 조각을 찾으면 ㉡입니다.

주의
㉢은 ┌ 모양의 뾰족한 부분과 ╭ 모양의 둥근 부분이 있지만 빈칸에 넣었을 때 ▲, ● 모양이 완성되지 않습니다.

2-2 ㉣, ㉡, ㉠

① ┌ 모양의 뾰족한 부분과 ∧ 모양의 뾰족한 부분이 있는 조각: ㉣
② ╭ 모양의 둥근 부분과 ∧ 모양의 뾰족한 부분이 있는 조각: ㉡
③ ╭ 모양의 둥근 부분과 ┌ 모양의 뾰족한 부분이 있는 조각: ㉠

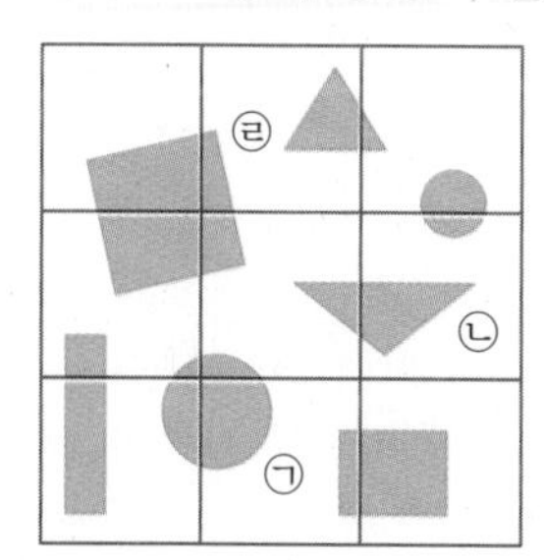

해결 전략
맞춰진 퍼즐 조각의 일부분을 보고 이어질 조각에 뾰족한 부분이 있는지, 둥근 부분이 있는지 생각한 후 빈칸에 알맞은 조각을 찾아봅니다.

2-3 ㉣, ㉠, ㉢, ㉡

① ┌ 모양의 뾰족한 부분과 ╭ 모양의 둥근 부분이 있는 조각: ㉣
② ∧ 모양 2개의 뾰족한 부분이 있는 조각: ㉠
③ ∧ 모양의 뾰족한 부분과 ╭ 모양의 둥근 부분이 2개 있는 조각: ㉢
④ ∧ 모양의 뾰족한 부분, ╭ 모양의 둥근 부분이 2개, ┌ 모양의 뾰족한 부분이 있는 조각: ㉡

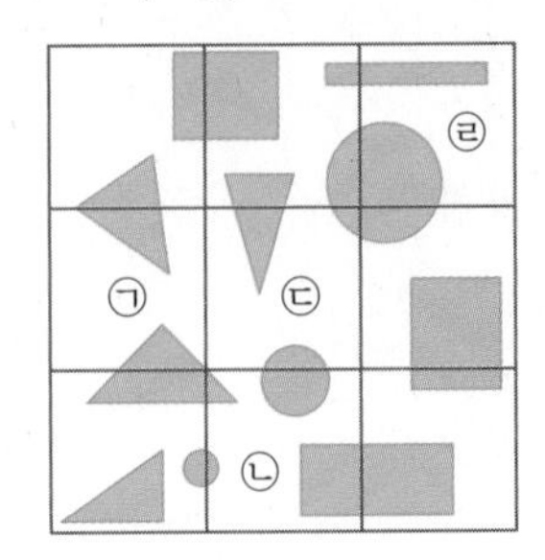

색종이의 점선을 따라 자른 모양은 크기가 같은 ▲ 모양 4개입니다.
각각의 모양이 ▲ 모양을 어떻게 이어 붙인 것인지 점선으로 나타내고 이용한 개수를 세어 봅니다.

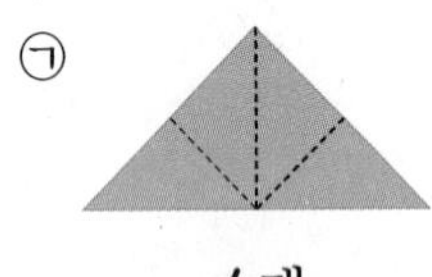

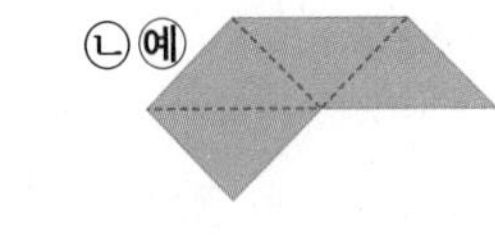

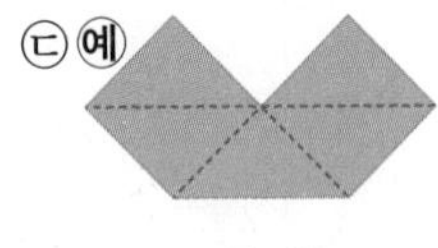

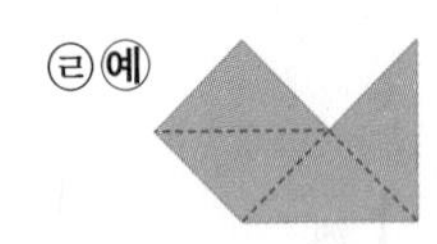

4개 4개 5개 4개

따라서 만들 수 없는 모양은 ㉢입니다.

3-1

오른쪽과 위쪽을 크기가 같은 ■ 모양으로 나눕니다.

3-2 ㉡

점선을 따라 자른 모양은 크기가 같은 ■ 모양 4개입니다.

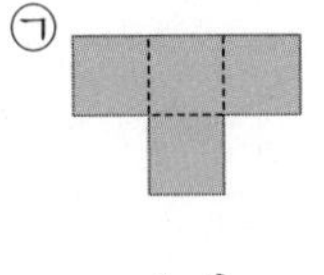

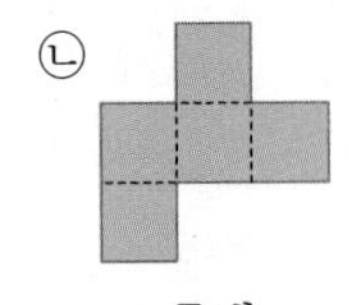

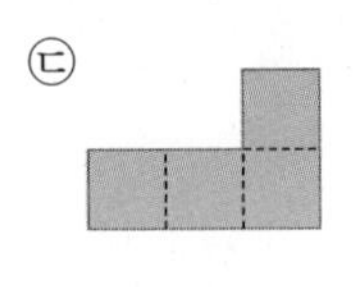

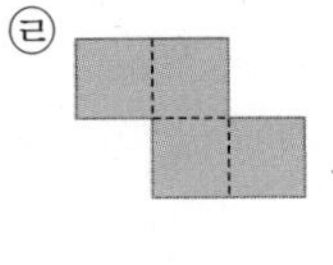

4개 5개 4개 4개

따라서 만들 수 없는 모양은 ㉡입니다.

3-3 예

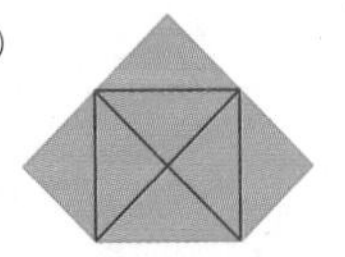

양쪽과 윗부분을 크기가 같은 ▲ 모양 3개가 되도록 나눈 후 남은 ■ 모양을 크기가 같은 ▲ 모양 4개가 되도록 나눕니다.

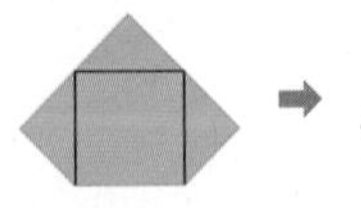
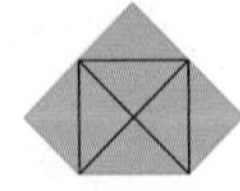

다른 풀이

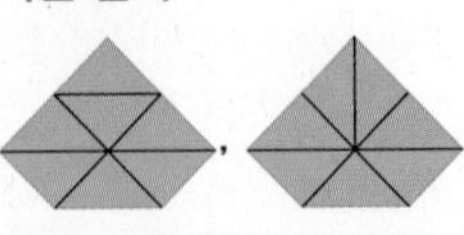
등 여러 가지 답이 나올 수 있습니다.

3-4 예

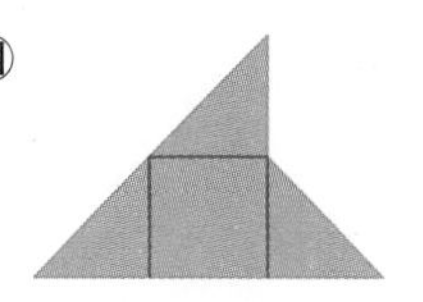

왼쪽 부분과 오른쪽 부분을 ▲ 모양 2개가 되도록 나눈 후 왼쪽 부분을 ■ 모양 1개와 크기가 같은 ▲ 모양 2개가 되도록 나눕니다.

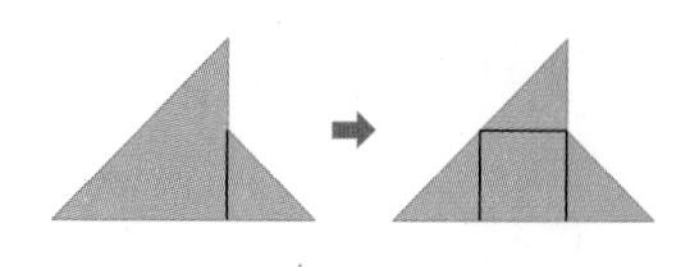

선을 1개씩 그어 가며 조건에 맞는 모양을 만들어 봅니다.

① 선을 1개 그어 ■ 모양 2개를 만듭니다.

예 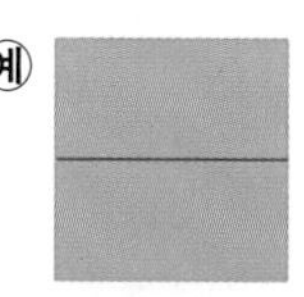

② ①에서 만든 ■ 모양 2개에 선을 1개 그어 ■ 모양 4개를 만듭니다.

예 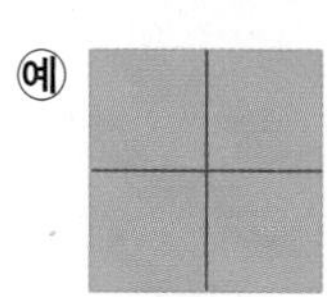

③ ②에서 만든 ■ 모양 1개에 선을 1개 그어 ▲ 모양 2개를 만듭니다.

예 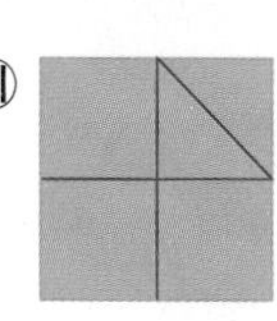

4-1 예

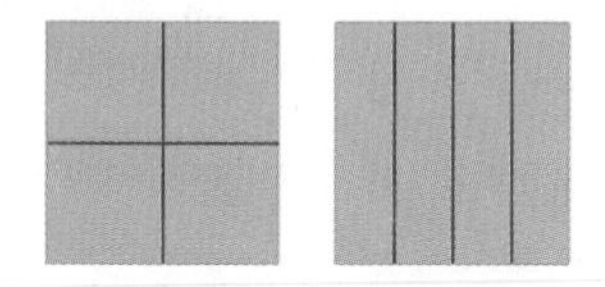

선을 2개 긋는 경우와 선을 3개 긋는 경우를 이용해 ■ 모양 4개를 만듭니다.

4-2 예

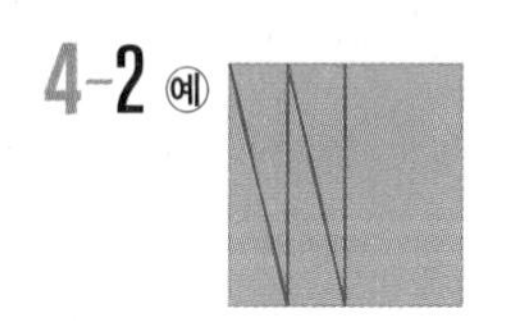

선을 1개 그어 ■ 모양 2개를 만들고, 만들어진 ■ 모양 1개에 선을 3개 그어 ▲ 모양 4개를 만듭니다.

다른 풀이

색종이에 ■ 모양 1개를 그려 넣어 ■ 모양 1개, ▲ 모양 4개를 만듭니다.
이외에도 다양한 방법으로 ■ 모양 1개, ▲ 모양 4개를 만들 수 있습니다.

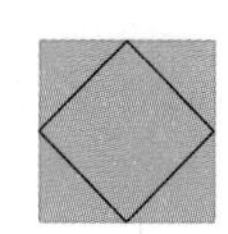

4-3 예

선을 2개 그어 ■ 모양 4개를 만들고, 마주 보는 뾰족한 부분끼리 선을 1개 그어 ▲ 모양 4개를 만듭니다.

4-4 예

선을 1개 그어 ▲ 모양 1개와 ■ 모양 1개를 만들고, 만들어진 ■ 모양에서 마주 보는 뾰족한 부분끼리 선을 2개 그어 ▲ 모양 4개를 만듭니다.

주의

■ 모양은 뾰족한 부분이 4군데이고 둥근 부분이 없이 곧은 선이 4개 있는 모양이므로 ■, ⏢, ⏢, ◆, ... 모두 ■ 모양입니다.

접은 부분을 거꾸로 펼쳐 보며 생각해 봅니다.

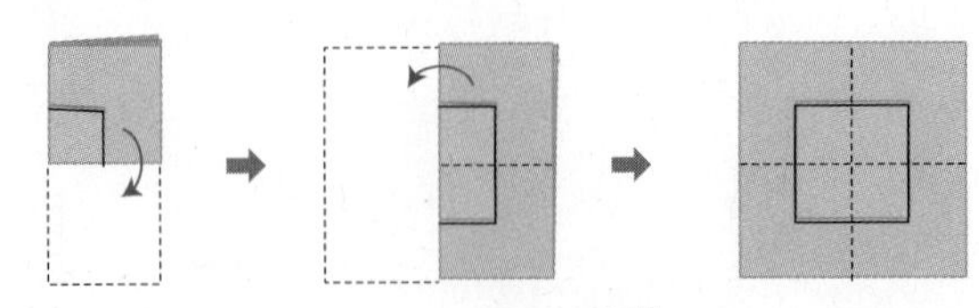

따라서 색종이를 2번 접은 후 선을 따라 자르면 ■ 모양이 1개 만들어집니다.

5-1 2개

접은 부분을 거꾸로 펼쳐 보며 생각해 봅니다.
색종이를 2번 접은 후 선을 따라 자르면 오른쪽 그림과 같으므로 ▲ 모양이 2개 만들어집니다.

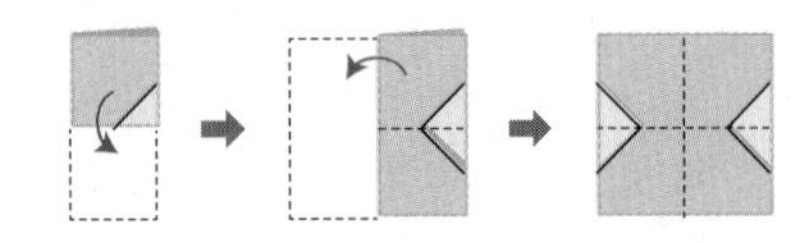

5-2 5개

접은 부분을 거꾸로 펼쳐 보며 생각해 봅니다.
색종이를 2번 접은 후 선을 따라 자르면 오른쪽 그림과 같으므로 ■ 모양이 5개 만들어집니다.

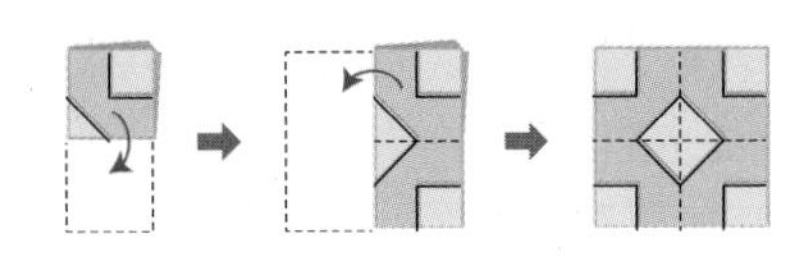

5-3 1개, 3개

접은 부분을 거꾸로 펼쳐 보며 생각해 봅니다.
색종이를 1번 접은 후 선을 따라 자르면 오른쪽 그림과 같으므로 ■ 모양이 1개, ▲ 모양이 3개 만들어집니다.

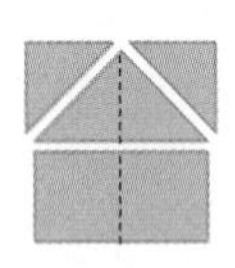

5-4 ■ 모양, 4개

접은 부분을 거꾸로 펼쳐 보며 생각해 봅니다.
색종이를 2번 접은 후 선을 따라 자르면 오른쪽 그림과 같으므로 ■ 모양이 4개 만들어집니다.

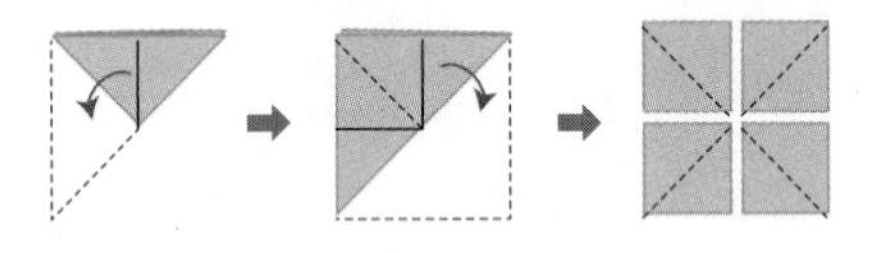

대표문제 6

지금 시각이 몇 시이므로 긴바늘은 12를 가리킵니다.
시계에는 숫자가 1부터 12까지 있으므로
이 중에서 12와 더하여 17이 되는 숫자를 ■라 하면
12+■=17, 17−12=■, ■=5입니다.
따라서 시계의 짧은바늘이 5, 긴바늘이 12를 가리키므로
지금 시각은 5시입니다.

6-1 18

6시에 시계의 짧은바늘은 6, 긴바늘은 12를 가리킵니다.
따라서 시계의 짧은바늘과 긴바늘이 가리키는 두 숫자의 합은 6+12=18입니다.

서술형 **6-2** 2시

예 지금 시각은 몇 시이므로 긴바늘은 12를 가리킵니다. 시계에는 숫자가 1부터 12까지 있으므로 이 중에서 12와 차가 10이 되는 숫자를 □라 하면
12－□＝10, 12－10＝□, □＝2입니다.
따라서 시계의 짧은바늘은 2, 긴바늘은 12를 가리키므로 지금 시각은 2시입니다.

채점 기준	배점
몇 시일 때 긴바늘이 가리키는 숫자를 구했나요?	1점
짧은바늘이 가리키는 숫자를 구했나요?	3점
지금 시각을 구했나요?	1점

6-3 7시

몇 시일 때 시계의 긴바늘은 12를 가리킵니다. 시계에는 숫자가 1부터 12까지 있으므로 이 중에서 12와 더하여 19가 되는 숫자를 □라 하면
12＋□＝19, 19－12＝□, □＝7입니다.
따라서 시계의 짧은바늘이 7, 긴바늘이 12를 가리키므로 시계가 나타내는 시각은 7시입니다.

6-4 4시 30분

시계의 긴바늘이 6을 가리키는 시각은 몇 시 30분이고 이때 짧은바늘은 숫자와 숫자 사이에 있습니다.
시계에서 합이 9인 두 숫자는 4와 5입니다.
따라서 시계의 짧은바늘이 4와 5 사이, 긴바늘이 6을 가리키므로 시계가 나타내는 시각은 4시 30분입니다.

시계의 긴바늘이 한 바퀴 반 돌았을 때의 시각을 구해 봅니다.
→ 한 바퀴＋반 바퀴

3시 30분 —한 바퀴 돌았을 때 (한 시간 후)→ 4시 30분 —반 바퀴 돌았을 때 (30분 후)→ 5시

3시 30분에서 시계의 긴바늘이 한 바퀴 반 돌았을 때의 시각은 5시이고
이때 긴바늘이 가리키는 숫자는 12입니다.

7-1 6

2시일 때 시계의 긴바늘은 12를 가리킵니다. 긴바늘이 12에서 반 바퀴 돌면 6을 가리킵니다.

보충 개념
■시에서 시계의 긴바늘이 반 바퀴 돌면 ■시 30분이 됩니다.

서술형 **7-2** 10시

예 시계의 짧은바늘이 10과 11 사이, 긴바늘이 6을 가리키는 시각은 10시 30분입니다.
이 시각에서 시계의 긴바늘을 시계 반대 방향으로 반 바퀴 돌리면 시각은 10시가 됩니다.

채점 기준	배점
지금 시계가 나타내는 시각을 구했나요?	2점
긴바늘을 시계 반대 방향으로 반 바퀴 돌렸을 때 시계가 나타내는 시각을 구했나요?	3점

7-3 5시

시계의 짧은바늘은 4와 5 사이, 긴바늘은 6을 가리키므로 시계가 나타내는 시각은 4시 30분입니다.
4시 30분에서 긴바늘이 시계 방향으로 숫자 눈금 6칸을 가면 반 바퀴 돈 30분 후이므로 5시가 됩니다.

7-4 12번

시계의 긴바늘이 한 바퀴 돌면 짧은바늘은 숫자 눈금 한 칸만큼을 갑니다. 그러므로 시계의 짧은바늘이 한 바퀴 돌면 숫자 눈금 12칸을 간 것이므로 긴바늘은 12바퀴 돌게 됩니다.
시계가 1시를 나타낼 때 긴바늘은 12를 가리키므로 긴바늘이 한 바퀴 돌면 6을 한 번 지나갑니다.
따라서 1시에서 긴바늘이 12바퀴 돌면 6을 12번 지나갑니다.

80~81쪽

시계 방향으로 4시와 7시 사이의 시각 중에서 긴바늘이 6을 가리키는 시각

4시 30분 5시 30분 6시 30분

이 중에서 짧은바늘이 가리키는 숫자가 4보다 7에 더 가까운 시각은
짧은바늘이 6과 7 사이에 있는 6시 30분입니다.

8-1 6시

시계에 있는 숫자는 1부터 12까지이므로 가장 큰 숫자는 12입니다.
시계의 긴바늘이 12를 가리키고 짧은바늘은 긴바늘과 서로 반대 방향을 가리키고 있으므로 6을 가리킵니다.
따라서 설명에 알맞은 시각은 6시입니다.

8-2 4시 30분

시계 방향으로 3시와 6시 사이의 시각 중에서 긴바늘이 6을 가리키는 시각은
3시 30분, 4시 30분, 5시 30분입니다.
이 중에서 4시보다 늦고 5시보다 빠른 시각은 4시 30분입니다.

해결 전략

4시 —(30분 후 / 늦은 시각)→ 4시 30분 ←(30분 전 / 빠른 시각)— 5시

8-3 12시 30분

시계 방향으로 9시와 1시 사이의 시각 중에서 긴바늘이 6을 가리키는 시각은 9시 30분, 10시 30분, 11시 30분, 12시 30분입니다.
시계의 긴바늘과 짧은바늘이 같은 숫자를 가리키는 시각은 12시입니다.
따라서 9시 30분, 10시 30분, 11시 30분, 12시 30분 중에서 12시보다 늦은 시각은 12시 30분입니다.

8-4 12시

시계 방향으로 9시와 3시 사이의 시각 중에서 긴바늘이 12를 가리키는 시각은 10시, 11시, 12시, 1시, 2시입니다.
이 중에서 짧은바늘과 긴바늘이 바뀌어도 같은 시각이 되는 시각은 12시입니다.

MATH MASTER

82~84쪽

1 ● 모양, ▲ 모양, ■ 모양

맨 위에 있는 모양부터 차례로 걷어내면서 어떻게 겹쳐 놓았는지 알아봅니다.

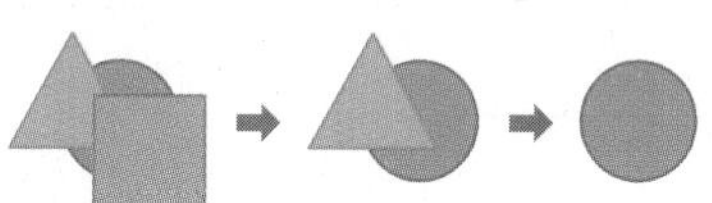

따라서 밑에 있는 모양부터 차례로 쓰면 ● 모양, ▲ 모양, ■ 모양입니다.

2 ㉠

주어진 모양은 ■ 모양 1개, ▲ 모양 2개, ● 모양 1개입니다.

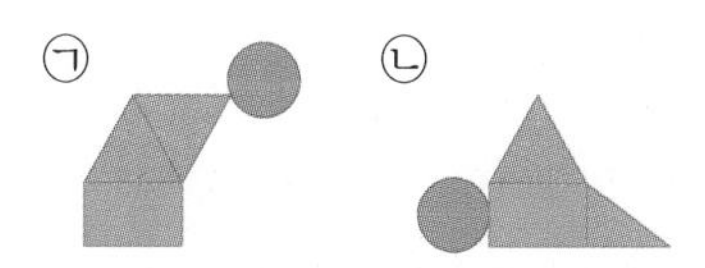

㉠, ㉡ 모두 ■ 모양 1개, ▲ 모양 2개, ● 모양 1개로 만들 수 있지만 ㉡은 ▲ 모양 1개의 크기가 다르므로 주어진 모양을 모두 이용하여 만들 수 있는 것은 ㉠입니다.

주의
만들어진 모양을 ■, ▲, ● 모양으로 나누어 보고 개수만 세어 ㉡이라고 하지 않도록 합니다.

서술형 **3** 유진

예 약속한 시각은 10시입니다.
도서관에 도착한 시각은 선호는 9시, 유진이는 10시 30분, 건희는 10시입니다.
따라서 약속한 시각보다 늦게 온 사람은 유진입니다.

채점 기준	배점
친구들이 각각 도서관에 도착한 시각을 구했나요?	3점
약속한 시각보다 늦게 온 사람을 구했나요?	2점

4 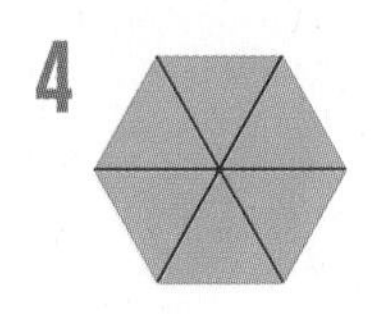

마주 보는 뾰족한 부분끼리 선을 3개 그으면 같은 크기의 ▲ 모양이 6개가 됩니다.

주의

주어진 모양을 오른쪽과 같이 같은 크기의 ▲ 모양이 6개가 되도록 나눌 수 있지만 선이 3개가 아니라 답이 될 수 없습니다.

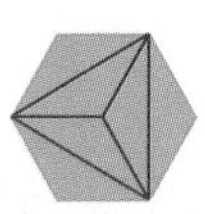

5 가

곧은 선이 있는 모양은 ■, ▲ 모양이고, 둥근 부분이 있는 모양은 ● 모양입니다.
가: ■ 모양 7개, ▲ 모양 2개, ● 모양 5개입니다.
곧은 선이 있는 모양은 $7+2=9$(개), 둥근 부분이 있는 모양은 5개입니다.
➡ (곧은 선이 있는 모양과 둥근 부분이 있는 모양의 수의 차)$=9-5=4$(개)
나: ■ 모양 4개, ▲ 모양 4개, ● 모양 5개입니다.
곧은 선이 있는 모양은 $4+4=8$(개), 둥근 부분이 있는 모양은 5개입니다.
➡ (곧은 선이 있는 모양과 둥근 부분이 있는 모양의 수의 차)$=8-5=3$(개)
따라서 $4>3$이므로 곧은 선이 있는 모양과 둥근 부분이 있는 모양의 수의 차가 더 큰 것은 가입니다.

6 9시

짧은바늘이 시계를 한 바퀴 돌면 시계의 짧은바늘은 같은 숫자를 가리키므로 3시이고, 반 바퀴를 더 돌면 숫자 눈금 6칸을 더 가서 9를 가리키게 됩니다.
따라서 시계가 나타내는 시각은 9시입니다.

보충 개념

시계의 짧은바늘이 한 바퀴 돌면 12시간이므로 짧은바늘이 가리키는 숫자는 변하지 않습니다.

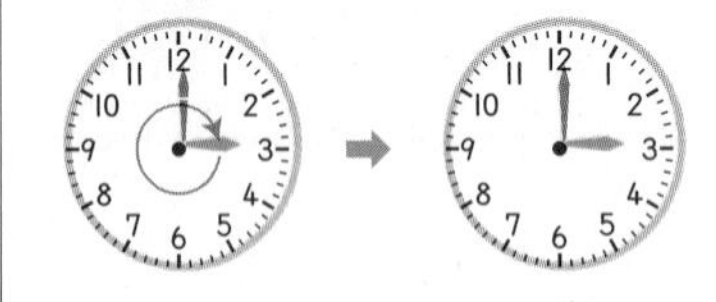

7 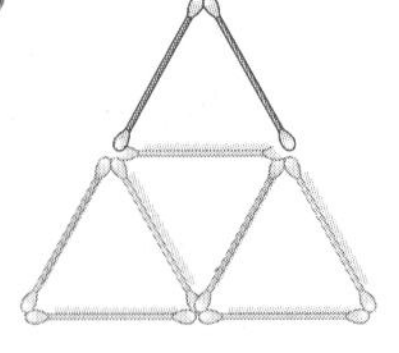

면봉으로 만든 모양에서 찾을 수 있는 크고 작은 ▲ 모양은 3개입니다. 다음과 같이 면봉 2개를 더 그리면 크고 작은 ▲ 모양 5개를 만들 수 있습니다.

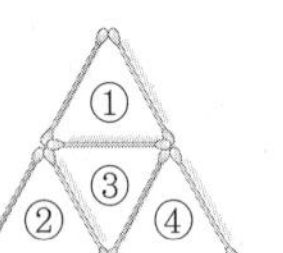

• 면봉 3개로 만든 ▲ 모양: ①, ②, ③, ④ ➡ 4개
• 면봉 6개로 만든 ▲ 모양: ①+②+③+④ ➡ 1개

8 1시

3시 30분에서 시계의 긴바늘이 시계 반대 방향으로 반 바퀴 돌면 3시이고, 시계 반대 방향으로 2바퀴 더 돌면 1시가 됩니다.
따라서 한수가 그림을 그리기 시작한 시각은 1시입니다.

다른 풀이

 시계 반대 방향으로 반 바퀴 →  시계 반대 방향으로 1바퀴 →  시계 반대 방향으로 1바퀴 → 

9 3번

다음과 같이 3번을 접고 펼치면 8개의 똑같은 ▲ 모양이 만들어집니다.

참고 오른쪽과 같이 8개의 똑같은 ▲ 모양을 만들 수도 있습니다.

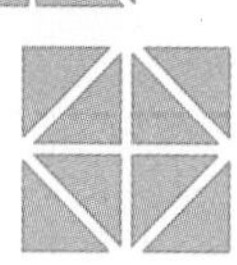

10 5개

막대 4개로 ■ 모양 1개, 막대 7개로 ■ 모양 2개, 막대 10개로 ■ 모양 3개를 만들 수 있으므로 ■ 모양이 1개씩 늘어날 때마다 막대는 3개씩 늘어납니다.

■ 모양의 수(개)	1	2	3	4	5	…
막대의 수(개)	4	7	10	13	16	…

(+3, +3, +3, +3)

따라서 막대 16개를 늘어놓으면 ■ 모양은 모두 5개 생깁니다.

해결 전략

■ 모양이 1개씩 늘어날 때마다 막대는 몇 개씩 늘어나는지 생각해 봅니다.

4 덧셈과 뺄셈(2)

1 덧셈하기

86~87쪽

1 (계산 순서대로)
(1) 2, 1 / 1, 11
(2) 2, 3 / 2, 12

(1) 3을 2와 1로 가르기하여 8과 2를 더해 10을 만들고 만든 10과 남은 1을 더합니다.
(2) 5를 2와 3으로 가르기하여 3과 7을 더해 10을 만들고 2와 만든 10을 더합니다.

해결 전략

앞의 수와 더하여 10을 만들 수 있도록 뒤의 수를 가르기하거나 뒤의 수와 더하여 10을 만들 수 있도록 앞의 수를 가르기합니다.

학부모 지도 가이드

2단원에서 학습한 10의 보수(더해서 10이 되는 두 수)를 이용하여 10을 만들 수 있도록 수를 가르기합니다.

➡ 1과 9, 2와 8, 3과 7, 4와 6, 5와 5

2 (1) 1, 1, 11
(2) 1, 10, 14

(1) 6과 더하여 10을 만들 수 있도록 5를 4와 1로 가르기한 다음 6과 4를 더해 10을 만들고 만든 10과 남은 1을 더합니다.
(2) 9와 더하여 10을 만들 수 있도록 5를 4와 1로 가르기한 다음 1과 9를 더해 10을 만들고 4와 만든 10을 더합니다.

3 11개

(현규가 가지고 있는 구슬의 수)$=6+5=(6+4)+1=10+1=11$(개)

4 (1) 5 (2) 예 4

(1) $8+7=\boxed{8+2}+5=10+5$

(2) $8+7=10+5$이므로 □ 안에는 5보다 작은 수인 0, 1, 2, 3, 4가 들어갈 수 있습니다.

5 (1) 11, 12, 13, 14 (2) 15, 14, 13, 12

(1) 같은 수에 1씩 커지는 수를 더하면 합은 1씩 커집니다.

(2) 1씩 작아지는 수에 같은 수를 더하면 합은 1씩 작아집니다.

6 (1) < (2) >

(1) 같은 수에 1만큼 더 큰 수를 더하면 합은 1만큼 더 커집니다. ➡ $4+7<4+8$

(2) 더해지는 수가 1만큼 더 작은 수에 같은 수를 더하면 합은 1만큼 더 작아집니다. ➡ $8+9>7+9$

다른 풀이

(1) $4+7=11$, $4+8=12$ ➡ $11<12$

(2) $8+9=17$, $7+9=16$ ➡ $17>16$

7 4, 7, 11 / 7, 4, 11

4와 7의 합은 11이므로 덧셈식 $4+7=11$과 $7+4=11$을 만들 수 있습니다.

2 뺄셈하기

88~89쪽

1 (계산 순서대로) (1) 5 / 10, 9 (2) 10 / 1, 8

(1) 15가 10이 되도록 6을 5와 1로 가르기하여 15에서 5를 먼저 빼고 10에서 남은 1을 뺍니다.

(2) 10에서 9를 뺄 수 있도록 17을 10과 7로 가르기하여 10에서 먼저 9를 빼고 남은 1과 7을 더합니다.

해결 전략

낱개의 수를 먼저 뺄 수 있도록 뒤의 수를 가르기하거나 10에서 한 번에 뺄 수 있도록 앞의 수를 가르기합니다.

2 (1) 3, 10, 6 (2) 1, 1, 1, 5

(1) 13이 10이 되도록 7을 3과 4로 가르기하여 13에서 3을 먼저 빼고 10에서 남은 4를 뺍니다.

(2) 10에서 6을 뺄 수 있도록 11을 10과 1로 가르기하여 10에서 먼저 6을 빼고 남은 4와 1을 더합니다.

3 예 4, 9

빼는 수에 따라 답은 여러 가지입니다.

$13-4=9$, $13-5=8$, $13-6=7$, $13-7=6$, $13-8=5$, $13-9=4$

4 9장

(하니와 규민이가 가지고 있는 색종이 수의 차)

$=16-7=10+6-7=10-7+6=3+6=9$(장)

5 (1) 9, 8, 7, 6
(2) 6, 7, 8, 9

(1) 같은 수에서 1씩 커지는 수를 빼면 차는 1씩 작아집니다.
(2) 1씩 커지는 수에서 같은 수를 빼면 차는 1씩 커집니다.

6 ㉣

㉠ 12−6=6
㉡ 13−7=6
㉢ 14−8=6
1씩 커지는 수에서 1씩 커지는 수를 빼면 차는 같습니다.
㉣ 15−6=9
따라서 차가 다른 뺄셈식은 ㉣입니다.

다른 풀이
㉠ 12−6=6 ㉡ 13−7=6 ㉢ 14−8=6 ㉣ 15−6=9
따라서 차가 다른 뺄셈식은 ㉣입니다.

7 (1) 9 (2) 5

(1) 빼지는 수와 빼는 수가 1씩 커지면 차는 같습니다.

1만큼 더 큰 수
14−8=6 15−9=6
1만큼 더 큰 수

(2) 빼지는 수와 빼는 수가 1씩 작아지면 차는 같습니다.

1만큼 더 작은 수
13−6=7 12−5=7
1만큼 더 작은 수

다른 풀이
(1) 14−8=6 ➡ 6=15−□, 15−6=□, □=9
(2) 13−6=7 ➡ 7=12−□, 12−7=□, □=5

(남은 사탕의 수)=12−3=9(개)
(남은 초콜릿의 수)=14−6=8(개)
남은 사탕의 수와 초콜릿의 수를 비교하면
남은 사탕의 수 / 남은 초콜릿의 수
9>8입니다.
따라서 (사탕, 초콜릿)이 9−8=1(개) 더 많이 남았습니다.

1-1 공책

(남은 공책의 수)=16−9=7(권)
(남은 종합장의 수)=12−4=8(권)
따라서 7<8이므로 공책이 더 적게 남았습니다.

1-2 초록색 색종이, 2장

(남은 노란색 색종이의 수)=12−8=4(장)
(남은 초록색 색종이의 수)=15−9=6(장)
따라서 4<6이므로 초록색 색종이가 6−4=2(장) 더 많이 남았습니다.

서술형 **1-3** 준영, 3개

예 (준영이가 주운 도토리와 밤의 수)$=7+9=16$(개)이고
(혜주가 주운 도토리와 밤의 수)$=8+5=13$(개)입니다.
따라서 $16>13$이므로 준영이가 도토리와 밤을 $16-13=3$(개) 더 많이 주웠습니다.

채점 기준	배점
준영이가 주운 도토리와 밤의 수의 합을 구했나요?	1점
혜주가 주운 도토리와 밤의 수의 합을 구했나요?	1점
두 사람 중 누가 도토리와 밤을 몇 개 더 많이 주웠는지 구했나요?	3점

1-4 건희, 4개

(성준이가 접은 종이학의 수)$=$(건희가 접은 종이학의 수)$-6=15-6=9$(개)
(진아가 접은 종이학의 수)$=$(성준이가 접은 종이학의 수)$+2=9+2=11$(개)
따라서 $15>11$이므로 건희가 진아보다 종이학을 $15-11=4$(개) 더 많이 접었습니다.

92~93쪽

○ 안에 +, −를 각각 넣어 계산해 봅니다.

8 ○ 4
- +인 경우: $8+4=12$
- −인 경우: $8-4=4$

15 ○ 3
- +인 경우: $15+3=18$
- −인 경우: $15-3=12$

계산 결과가 같습니다.

➡ $8+4$ = $15-3$

2-1 +, −

○ 안에 +, −를 각각 넣어 계산해 봅니다.
$4+2=6$　$4-2=2$
$12+6=18$　$12-6=6$
따라서 $4+2=12-6$입니다.

2-2 1, 1 / 13

○ 안에 +, −를 각각 넣어 계산해 봅니다.
$7+6=13$　$7-6=1$
$8+5=13$　$8-5=3$
따라서 $7+6=8+5$이고 계산 결과는 13입니다.

2-3 +, +, − / 12

○ 안에 +, −를 각각 넣어 계산해 봅니다.
$9+3=12$　$9-3=6$
$7+5=12$　$7-5=2$
$14+2=16$　$14-2=12$
따라서 $9+3=7+5=14-2$이고 계산 결과는 12입니다.

2-4 2, 8

○ 안에 +, -를 각각 넣어 계산해 봅니다.

• $9+5=14$인 경우: 계산 결과가 12보다 크므로 ○ 안에는 +가 들어가야 합니다.
  ➡ $12+\square=14$, $14-12=\square$, $\square=2$
• $9-5=4$인 경우: 계산 결과가 12보다 작으므로 ○ 안에는 -가 들어가야 합니다.
  ➡ $12-\square=4$, $12-4=\square$, $\square=8$

94~95쪽

대표문제 **3**

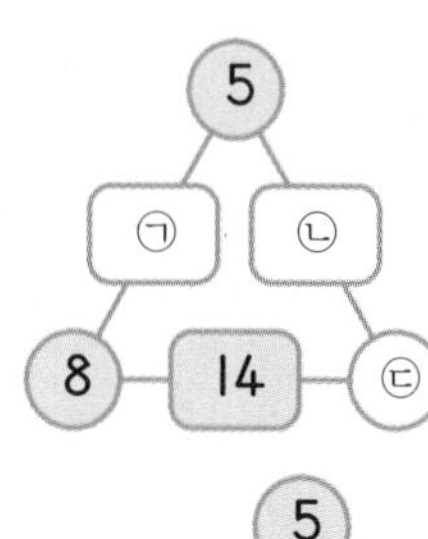

• $5+8=㉠$, $㉠=13$
• $8+㉢=14$, $14-8=㉢$, $㉢=6$
• $5+㉢=㉡$, $5+6=㉡$, $㉡=11$

➡ 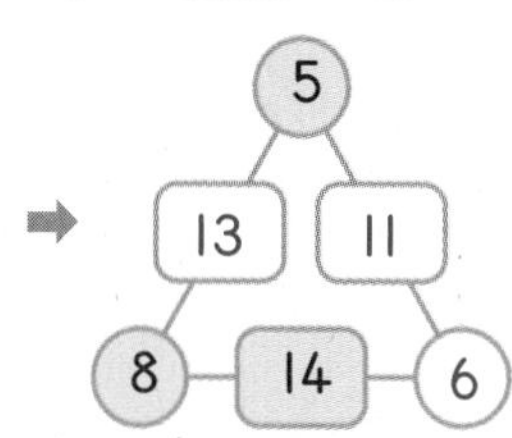

3-1 (위에서부터) 7, 13, 15

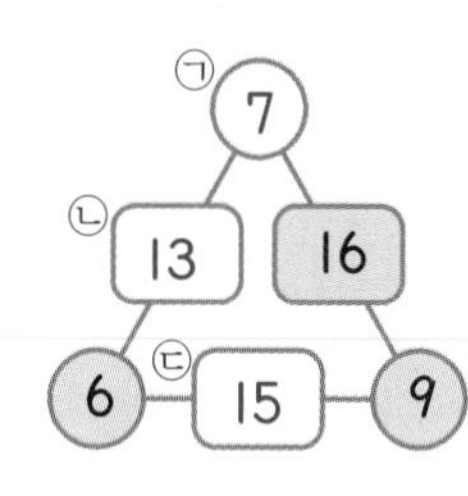

• $㉠+9=16$, $16-9=㉠$, $㉠=7$
• $㉠+6=㉡$, $7+6=㉡$, $㉡=13$
• $6+9=㉢$, $㉢=15$

3-2 (위에서부터) 2, 7, 6

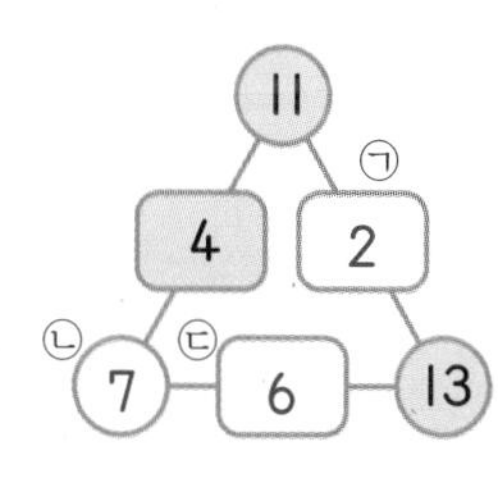

• $13-11=㉠$, $㉠=2$
• $11-㉡=4$, $11-4=㉡$, $㉡=7$
• $13-㉡=㉢$, $13-7=㉢$, $㉢=6$

주의

$11-㉡=4$ 또는 $㉡-11=4$가 될 수 있지만 빈칸에 들어갈 수 있는 수는 1부터 9까지이므로 $㉡-11=4$가 되는 경우는 생각하지 않습니다.

3-3 (위에서부터) 9, 12, 5

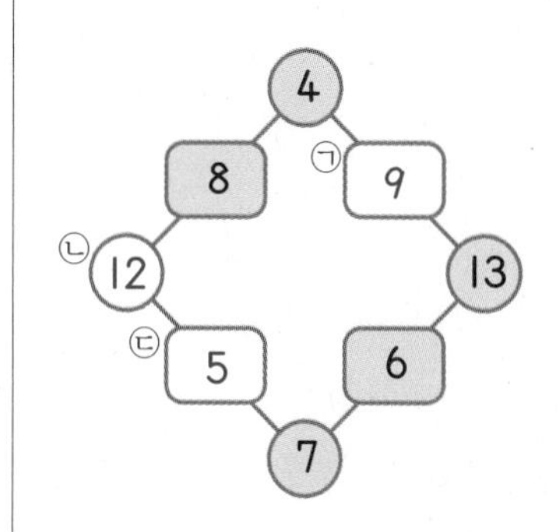

• $13-4=㉠$, $㉠=9$
• 4와 차가 8이 되는 수 ㉡은 4보다 큰 수입니다.
  ➡ $㉡-4=8$, $8+4=㉡$, $㉡=12$
• $12-7=㉢$, $㉢=5$

3-4 (위에서부터) 9, 7, 11, 4

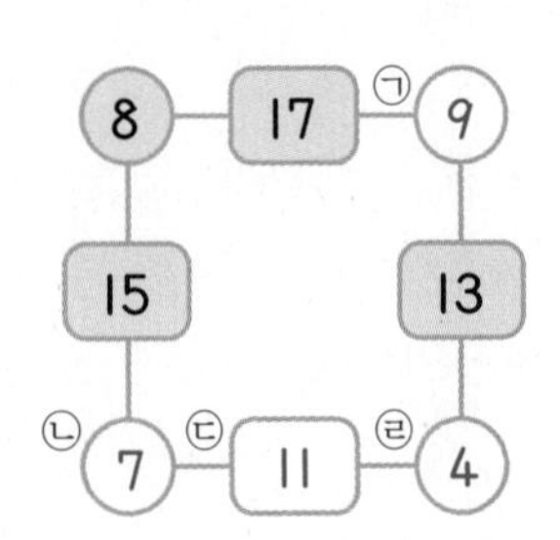

• 8+㉠=17, 17−8=㉠, ㉠=9
• 8+㉡=15, 15−8=㉡, ㉡=7
• ㉠+㉣=13, 9+㉣=13, 13−9=㉣, ㉣=4
• ㉡+㉣=㉢, 7+4=㉢, ㉢=11

• 6★=14에서 왼쪽의 수(6)보다 계산 결과(14)가 커졌으므로 ★은 어떤 수(■)를 더하는 규칙입니다.
6+■=14, 14−6=■, ■=8
➡ ★의 규칙: 8을 더합니다.
• 11♥=6에서 왼쪽의 수(11)보다 계산 결과(6)가 작아졌으므로 ♥는 어떤 수(▲)를 빼는 규칙입니다.
11−▲=6, ▲=11−6, ▲=5
➡ ♥의 규칙: 5를 뺍니다.
따라서 4★♥=4+8−5=12−5=7입니다.

4-1 19

3▲=12에서 왼쪽의 수(3)보다 계산 결과(12)가 커졌으므로 ▲는 어떤 수를 더하는 규칙입니다.
어떤 수를 □라 하면 3+□=12, 12−3=□, □=9
➡ ▲의 규칙: 9를 더합니다.
따라서 1▲▲=1+9+9=10+9=19입니다.

4-2 9

• 5◆=11에서 왼쪽의 수(5)보다 계산 결과(11)가 커졌으므로 ◆는 어떤 수를 더하는 규칙입니다.
어떤 수를 □라 하면 5+□=11, 11−5=□, □=6
➡ ◆의 규칙: 6을 더합니다.
• 12●=8에서 왼쪽의 수(12)보다 계산 결과(8)가 작아졌으므로 ●는 어떤 수를 빼는 규칙입니다.
어떤 수를 △라 하면 12−△=8, 12−8=△, △=4
➡ ●의 규칙: 4를 뺍니다.
따라서 7◆●=7+6−4=13−4=9입니다.

4-3 6

• 12♥=7에서 왼쪽의 수(12)보다 계산 결과(7)가 작아졌으므로 ♥는 어떤 수를 빼는 규칙입니다.
어떤 수를 □라 하면 12−□=7, 12−7=□, □=5

➡ ♥의 규칙: 5를 뺍니다.

• 6▲=13에서 왼쪽의 수(6)보다 계산 결과(13)가 커졌으므로 ▲는 어떤 수를 더하는 규칙입니다.
어떤 수를 △라 하면 6+△=13, 13−6=△, △=7
➡ ▲의 규칙: 7을 더합니다.

따라서 4▲♥=4+7−5=11−5=6입니다.

4-4 8

• 14▣=7에서 왼쪽의 수(14)보다 계산 결과(7)가 작아졌으므로 ▣는 어떤 수를 빼는 규칙입니다.
어떤 수를 □라 하면 14−□=7, 14−7=□, □=7
➡ ▣의 규칙: 7을 뺍니다.

• 8⊙=11에서 왼쪽의 수(8)보다 계산 결과(11)가 커졌으므로 ⊙는 어떤 수를 더하는 규칙입니다.
어떤 수를 △라 하면 8+△=11, 11−8=△, △=3
➡ ⊙의 규칙: 3을 더합니다.

따라서 9⊙▣⊙=9+3−7+3=12−7+3=5+3=8입니다.

98~99쪽

대표문제 **5**

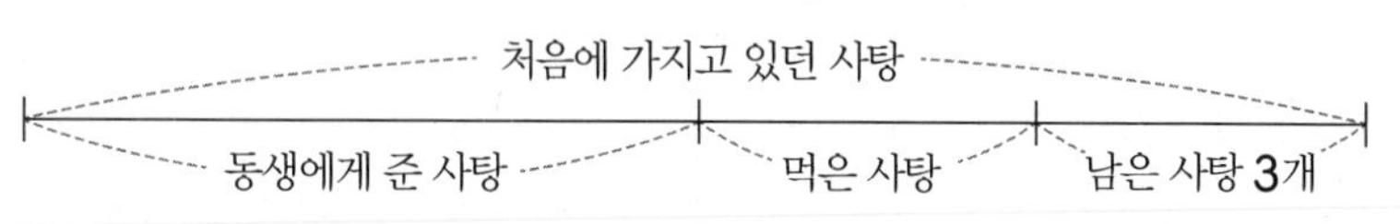

(먹은 사탕의 수)=(남은 사탕의 수)=3개
동생에게 준 사탕의 수는 먹은 사탕의 수와 남은 사탕의 수의 합과 같으므로
(동생에게 준 사탕의 수)=3+3=6(개)입니다.

(동생에게 준 사탕의 수 / 먹은 사탕의 수 / 남은 사탕의 수)
따라서 진아가 처음에 가지고 있던 사탕은 6+3+3=12(개)입니다.

5-1 18자루

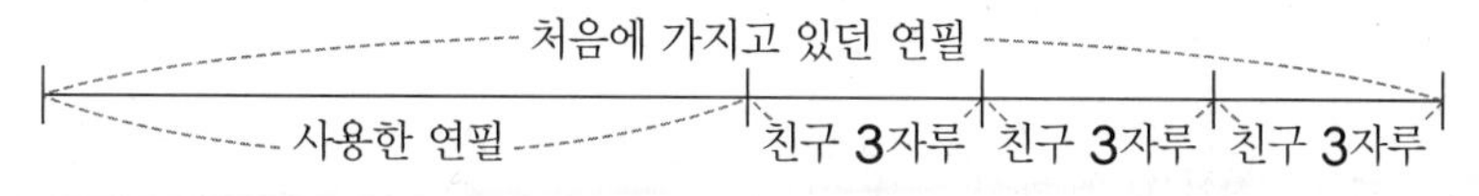

친구 3명에게 나누어 준 연필의 수: 3+3+3=9(자루)
사용한 연필의 수: 9자루
따라서 준하가 처음에 가지고 있던 연필은 9+9=18(자루)입니다.

서술형 **5-2** 16개

예 친구에게 준 구슬은 4개이고 동생에게 준 구슬은 4+4=8(개)입니다.
따라서 연지가 처음에 가지고 있던 구슬은 8+4+4=16(개)입니다.

채점 기준	배점
친구와 동생에게 준 구슬은 각각 몇 개인지 구했나요?	3점
연지가 처음에 가지고 있던 구슬은 몇 개인지 구했나요?	2점

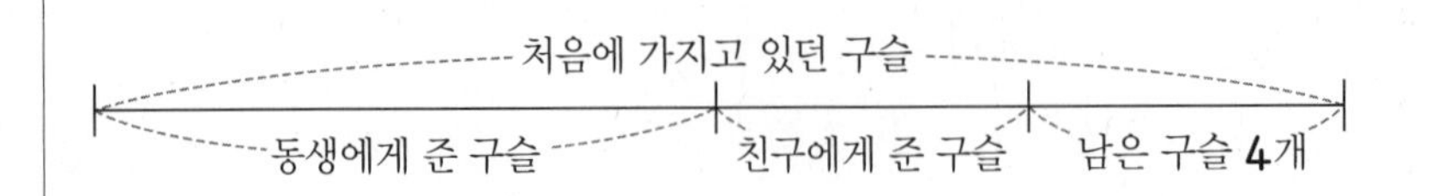

5-3 16개

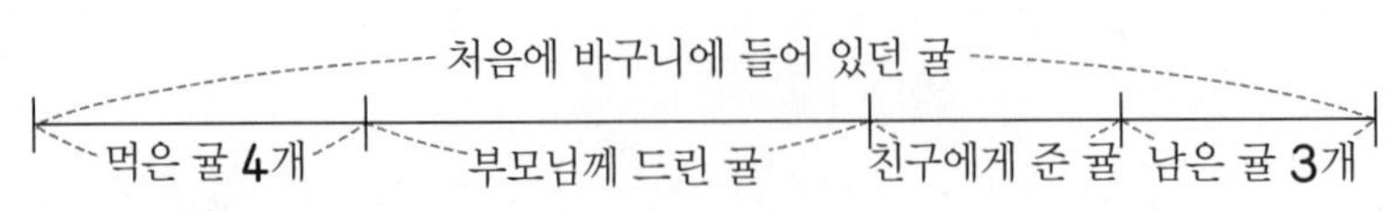

친구에게 준 귤의 수: 3개

부모님께 드린 귤의 수: $3+3=6$(개)

현수가 먹은 후 바구니에 들어 있던 귤은 $6+3+3=12$(개)입니다.

따라서 처음에 바구니에 들어 있던 귤은 $4+12=16$(개)입니다.

5-4 6걸음

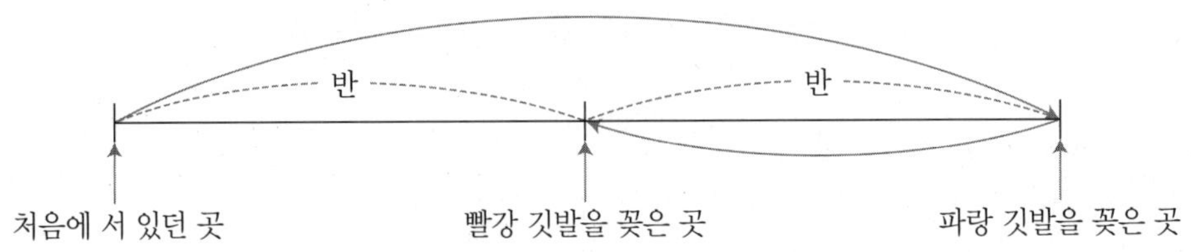

성호가 파랑 깃발을 꽂고 빨강 깃발을 꽂은 곳까지 걸은 18걸음은 빨강 깃발과 파랑 깃발 사이를 3번 걸은 걸음과 같습니다.

$6+6+6=18$

따라서 빨강 깃발과 파랑 깃발 사이는 6걸음입니다.

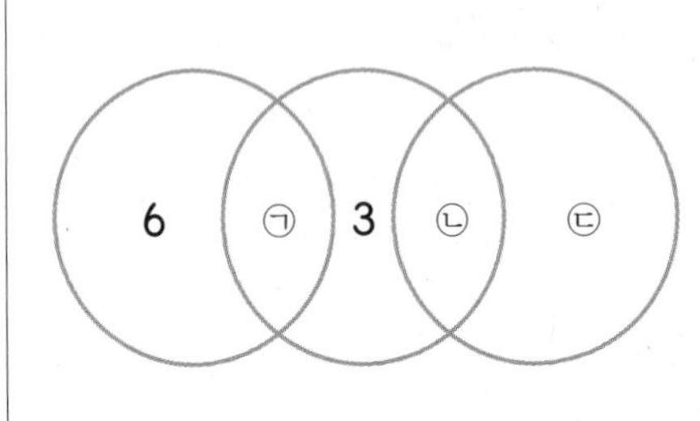

• $6+㉠=11$, $㉠=5$

• $㉠+3+㉡=11$, $5+3+㉡=11$, $㉡=3$

• $㉡+㉢=11$, $3+㉢=11$, $㉢=8$

➡ 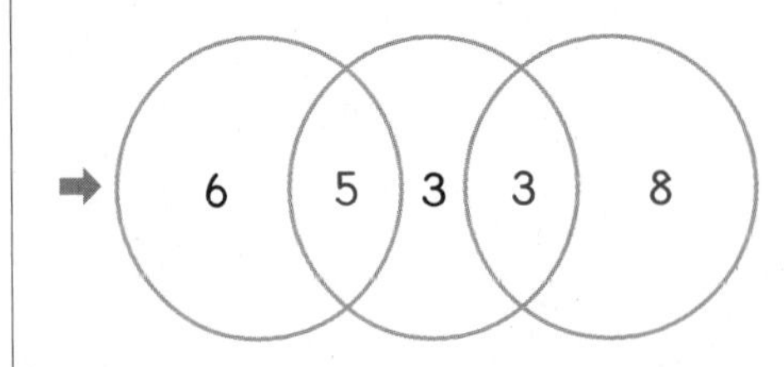

6-1 (왼쪽에서부터) 1, 6

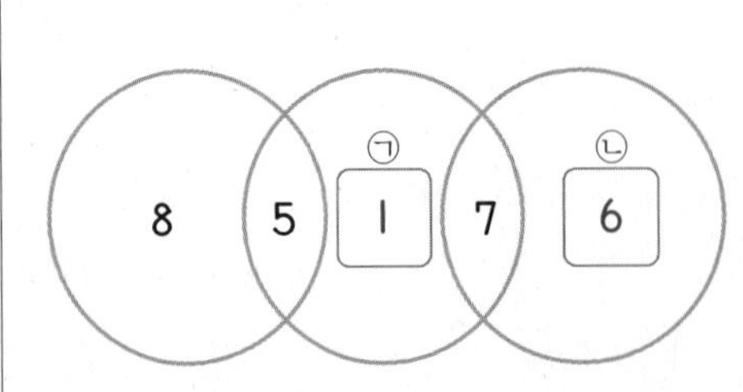

• $5+㉠+7=13$, $12+㉠=13$, $13-12=㉠$, $㉠=1$

• $7+㉡=13$, $13-7=㉡$, $㉡=6$

6-2 (왼쪽에서부터)
9, 5, 10

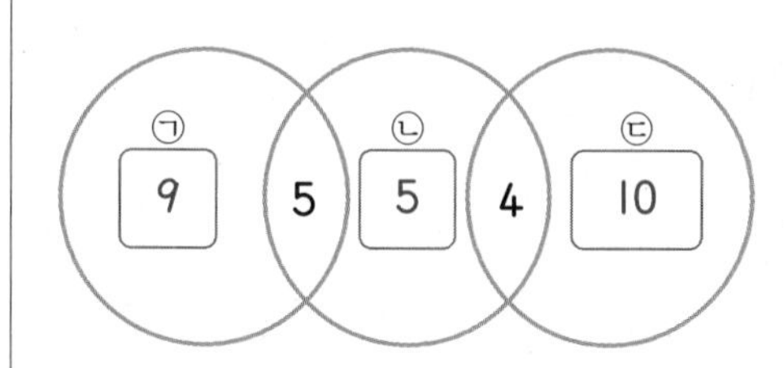

• ㉠+5=14, 14−5=㉠, ㉠=9
• 5+㉡+4=14, 9+㉡=14, 14−9=㉡, ㉡=5
• 4+㉢=14, ㉢=14−4, ㉢=10

6-3 (왼쪽에서부터)
㉥ 8, 4, 3, 5, 7

주어진 3, 4, 5, 7, 8 중에서 두 수의 합이 12가 되는 경우는 4+8=12, 5+7=12입니다.
주어진 3, 4, 5, 7, 8 중에서 세 수의 합이 12가 되는 경우는 3+4+5입니다.
따라서 하나의 ⬭ 안에 8과 4, 4와 3과 5, 5와 7이 있도록 수를 써넣습니다.

해결 전략
두 수의 합과 세 수의 합이 각각 12가 되는 경우를 찾아봅니다.

6-4 (위에서부터)
7, 6, 9, 5

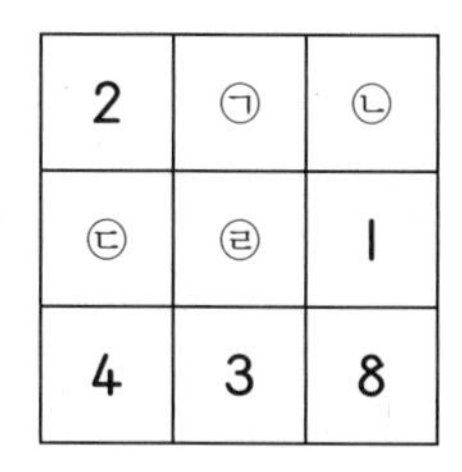

2	㉠	㉡
㉢	㉣	1
4	3	8

가로, 세로에 놓인 세 수의 합은 4+3+8=15입니다.
• ㉡+1+8=15, ㉡+9=15, 15−9=㉡, ㉡=6
• 2+㉠+㉡=15, 2+㉠+6=15, 8+㉠=15, 15−8=㉠, ㉠=7
• 2+㉢+4=15, 6+㉢=15, 15−6=㉢, ㉢=9
• ㉢+㉣+1=15, 9+㉣+1=15, 10+㉣=15, 15−10=㉣, ㉣=5

102~103쪽

대표문제 **7**

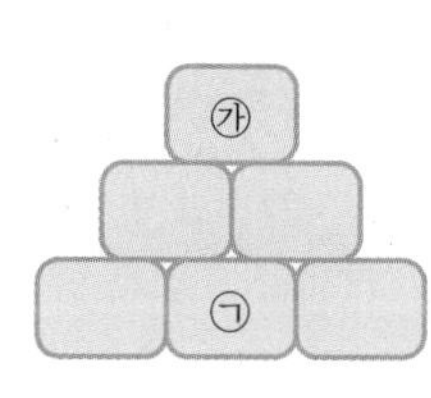

㉠에 2, 3, 5 중에서 가장 큰 수를 넣으면 ㉮가 가장 커지고, 가장 작은 수를 넣으면 ㉮가 가장 작아집니다.
㉮를 여러 번 가르기하여 2, 3, 5가 되는 것은 2, 3, 5를 여러 번 모으기하여 ㉮가 되는 것입니다.

㉮가 가장 큰 경우

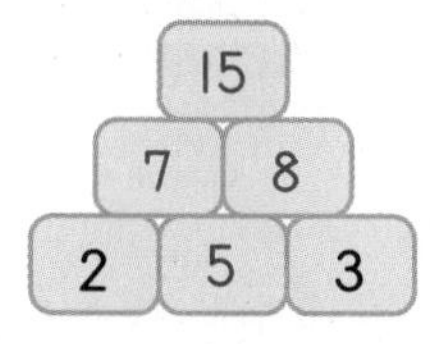

㉮가 가장 작은 경우

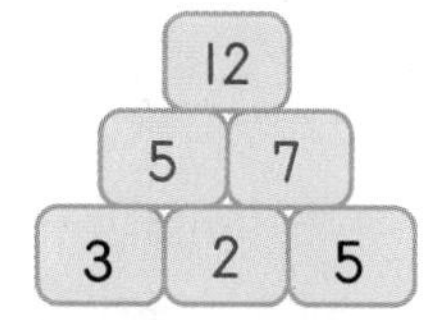

따라서 ㉮가 될 수 있는 가장 큰 수는 15이고, 가장 작은 수는 12입니다.

7-1 (위에서부터)
㉥ 1, 5, 3 / 6, 8

1, 3, 5를 두 수씩 모으기하면
(1, 3) → 4, (1, 5) → 6, (3, 5) → 8입니다.
4, 6, 8 중에서 모으기하여 14가 되는 두 수는 6과 8이므로

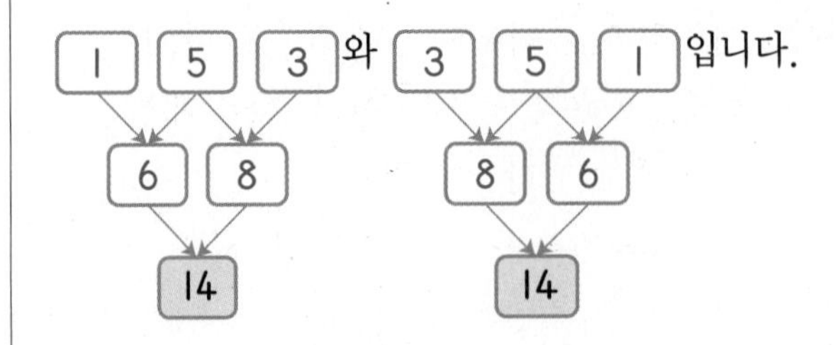

7-2 17, 15

㉠에 3, 4, 5 중에서 가장 큰 수를 넣으면 ㉮가 가장 커지고, 가장 작은 수를 넣으면 ㉮가 가장 작아집니다.

㉮가 가장 큰 경우

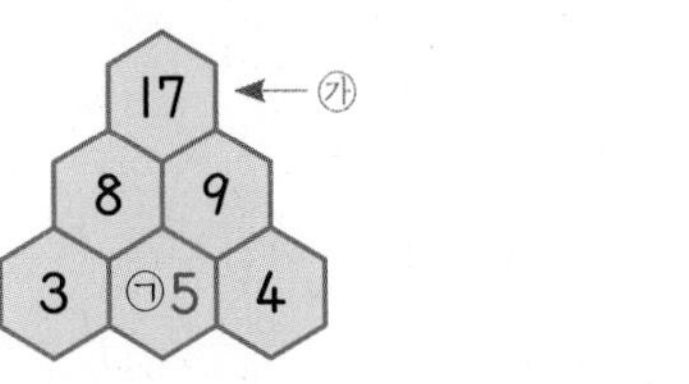

㉮가 가장 작은 경우

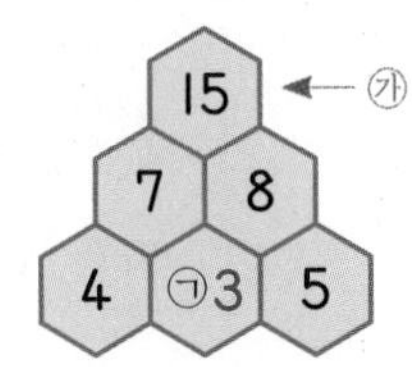

(3과 4의 위치는 바꿀 수 있습니다.) (4와 5의 위치는 바꿀 수 있습니다.)

따라서 ㉮가 될 수 있는 가장 큰 수는 17이고, 가장 작은 수는 15입니다.

7-3 3

㉠에 1, 3, 4 중에서 가장 큰 수를 넣으면 가장 위쪽의 수가 가장 커지고, 가장 작은 수를 넣으면 가장 위쪽의 수가 가장 작아집니다.

가장 위쪽의 수가 가장 큰 경우

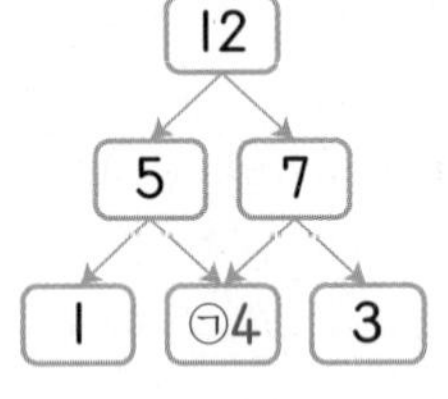

가장 위쪽의 수가 가장 작은 경우

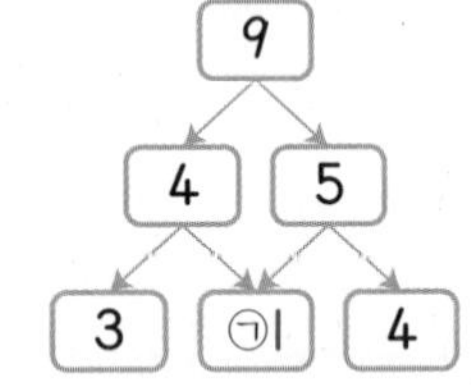

(1과 3의 위치는 바꿀 수 있습니다.) (3과 4의 위치는 바꿀 수 있습니다.)

따라서 가장 위쪽의 수가 될 수 있는 가장 큰 수는 12이고, 가장 작은 수는 9이므로 두 수의 차는 12−9=3입니다.

MATH MASTER

104~106쪽

1 8명

(처음에 도서관에 있던 학생 수)=7+6=13(명)

➡ (도서관에 남아 있는 학생 수)=13−5=8(명)

2 11, 4, 7(또는 11, 7, 4)

빼지는 수와 빼는 수에 수 카드를 넣어 뺄셈식을 만들면

12−4=8, 12−11=1, 12−7=5, 11−4=7, 11−7=4, 7−4=3입니다.

따라서 수 카드로 만들 수 있는 뺄셈식은 11−4=7 또는 11−7=4입니다.

서술형 **3** 7개

예 (진성이가 가지고 있는 딱지의 수)$=6+9=15$(개)
한수가 가지고 있는 파란색 딱지의 수를 □개라 하면
$8+\square=15$, $15-8=\square$, $\square=7$입니다.
따라서 한수가 가지고 있는 파란색 딱지는 7개입니다.

채점 기준	배점
진성이가 가지고 있는 딱지의 수를 구했나요?	2점
한수가 가지고 있는 파란색 딱지는 몇 개인지 구했나요?	3점

4 15

$3+9=12$이므로 $<$를 $=$라 놓고 계산하면 $6+\square=12$, $12-6=\square$, $\square=6$입니다.
$6+\square<12$가 되려면 □는 6보다 작아야 하므로 □ 안에 들어갈 수 있는 수는 1, 2, 3, 4, 5입니다.
따라서 □ 안에 들어갈 수 있는 수의 합은 $1+2+3+4+5=15$입니다.

5 8장

은수가 혜인이에게 준 색종이의 수를 □장이라 하면
$9+\square=14$, $14-9=\square$, $\square=5$입니다.
따라서 은수가 혜인이에게 준 색종이는 5장이므로 은수에게 남은 색종이는
$13-5=8$(장)입니다.

서술형 **6** 2가지

예 주사위 2개를 동시에 던져서 나온 수의 합이 14가 되는 경우는
$6+8=14$, $7+7=14$입니다.
따라서 주사위 2개를 동시에 던져서 나온 수의 합이 14가 되는 경우는 모두 2가지입니다.

채점 기준	배점
주사위 2개를 동시에 던져서 나온 수의 합이 14가 되는 경우를 찾았나요?	3점
주사위 2를 동시에 던져서 나온 수의 합이 14가 되는 경우는 모두 몇 가지인지 구했나요?	2점

7 3, 12

■$-$●$=9$이므로 ■$>$●입니다. 합이 15인 두 수 ●와 ■ 중 차가 9인 것을 찾습니다.

■	15	14	13	12	11	10	9	8
●	0	1	2	3	4	5	6	7
■$-$●	15	13	11	9	7	5	3	1

따라서 ●$=3$, ■$=12$입니다.

다른 풀이
■$-$●$=9$이므로 ■$>$●입니다. 차가 9인 두 수 ●와 ■ 중 합이 15인 것을 찾습니다.

■	9	10	11	12	13	14	…
●	0	1	2	3	4	5	…
●$+$■	9	11	13	15	17	19	…

따라서 ●$=3$, ■$=12$입니다.

8 17걸음

성연, 하준, 은규, 혜리의 위치를 그림으로 나타내 봅니다.

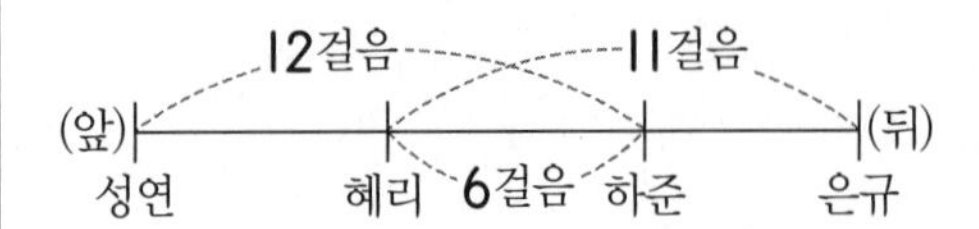

(하준이와 은규 사이의 거리)$=11-6=5$(걸음)

➡ (성연이와 은규 사이의 거리)$=12+5=17$(걸음)

9 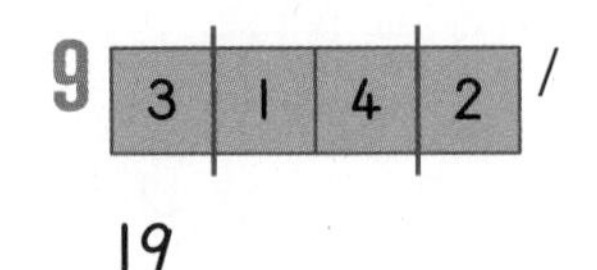

/ 19

종이를 두 번 자르면 두 자리 수 1개와 한 자리 수 2개가 만들어집니다.
세 수의 합이 가장 작으려면 두 자리 수의 십의 자리 수가 가장 작아야 하므로 3, 1, 4, 2 중에서 1이 십의 자리 수가 되도록 1의 앞과 4의 뒤를 선을 따라 자릅니다.

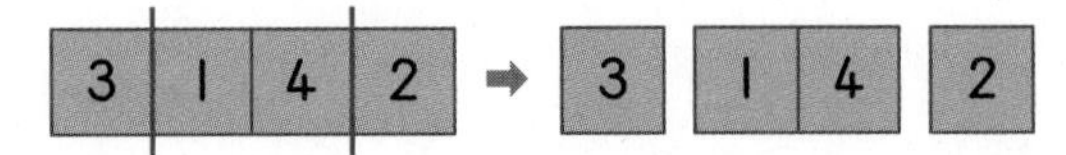

따라서 가장 작은 세 수의 합은 $3+14+2=19$입니다.

10 예 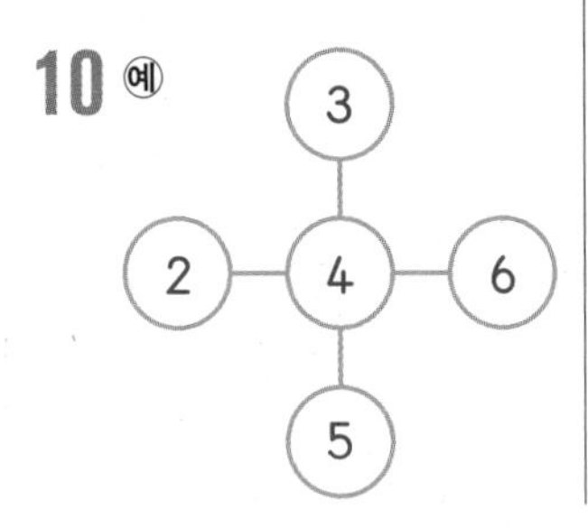

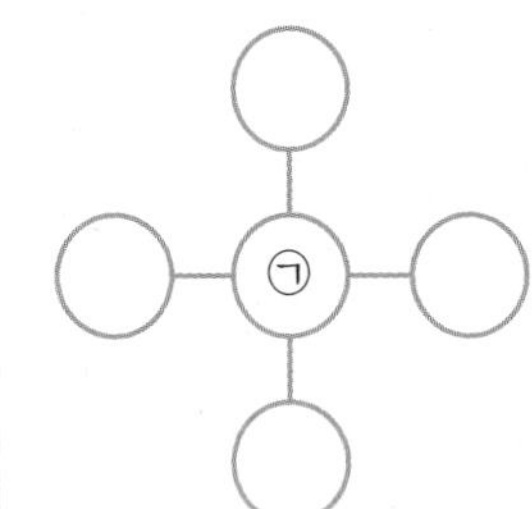

2부터 6까지의 수 중 세 수의 합이 12가 되는 경우를 찾으면 $2+④+6=12$, $3+④+5=12$입니다.
㉠은 가로줄과 세로줄에 모두 더해지므로 두 번 사용되는 4를 넣고 2와 6, 3과 5를 같은 줄에 넣습니다.

5 규칙 찾기

1 규칙 찾기(1)

108~109쪽

1 (1) ●, ▲ (2) ♥, ★

(1) ▲, ●가 반복되는 규칙이므로 빈칸에 알맞은 모양은 차례로 ●, ▲입니다.
(2) ★, ♥, ♥가 반복되는 규칙이므로 빈칸에 알맞은 모양은 차례로 ♥, ★입니다.

2 풀이 참조

예 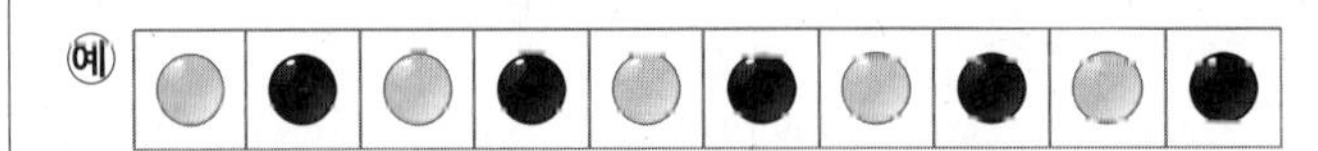

흰색 바둑돌과 검은색 바둑돌이 반복되게 만든 규칙이면 모두 정답으로 인정합니다.

3 풀이 참조

첫째, 셋째 줄은 노란색, 초록색이 반복되는 규칙이고, 둘째 줄은 초록색, 노란색이 반복되는 규칙입니다.

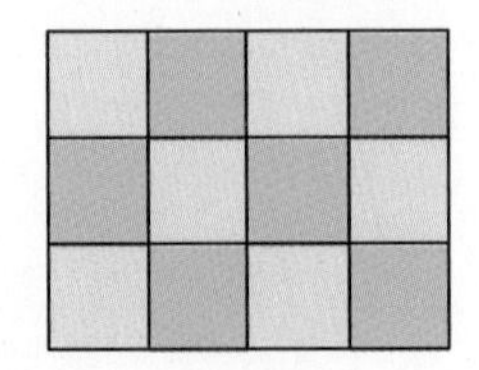

4 풀이 참조

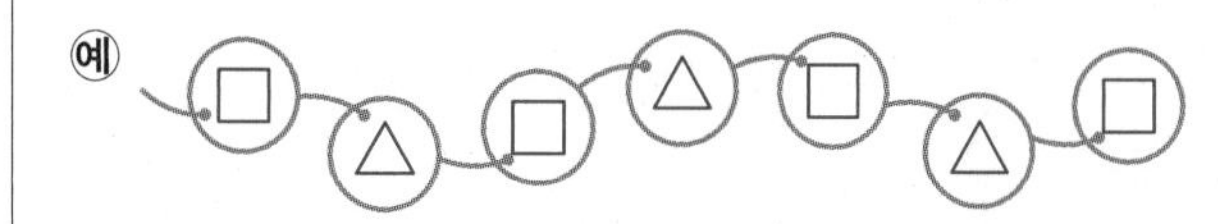

□ 모양과 △ 모양이 반복되게 만든 규칙이면 모두 정답으로 인정합니다.

5 민우

주사위의 눈의 수가 2, 1, 2로 반복됩니다.

해결 전략

반복되는 부분에 ▭로 표시해 봅니다.

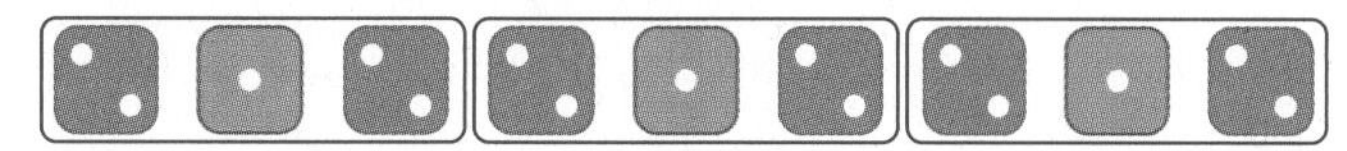

6

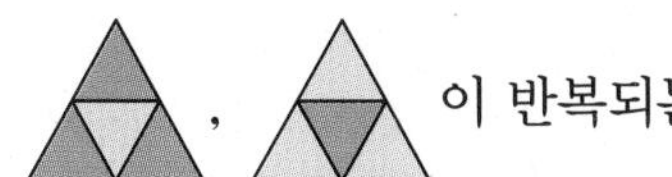

이 반복되는 규칙입니다.

2 규칙 찾기(2)

110~111쪽

1 79, 81, 83

2 (1) 60, 68
(2) 55, 35

(1) 52에서 56으로 4만큼 더 커졌으므로 4씩 커지는 규칙입니다.
56 다음 수는 56보다 4만큼 더 큰 수인 60이고
64 다음 수는 64보다 4만큼 더 큰 수인 68입니다.

(2) 50에서 45로 5만큼 더 작아졌으므로 5씩 작아지는 규칙입니다.
60 다음 수는 60보다 5만큼 더 작은 수인 55이고
40 다음 수는 40보다 5만큼 더 작은 수인 35입니다.

3 예 76부터 시작하여 6씩 커집니다. / 94, 100에 색칠합니다.

▭으로 색칠한 수들은 76－82－88이므로 76부터 시작하여 6씩 커집니다.

➡ 88 94 100
(6만큼 더 큰 수) (6만큼 더 큰 수)

4 21, 32, 43, 54, 65

▭으로 색칠한 수들은 73부터 시작하여 ↘ 방향으로 11씩 커집니다.

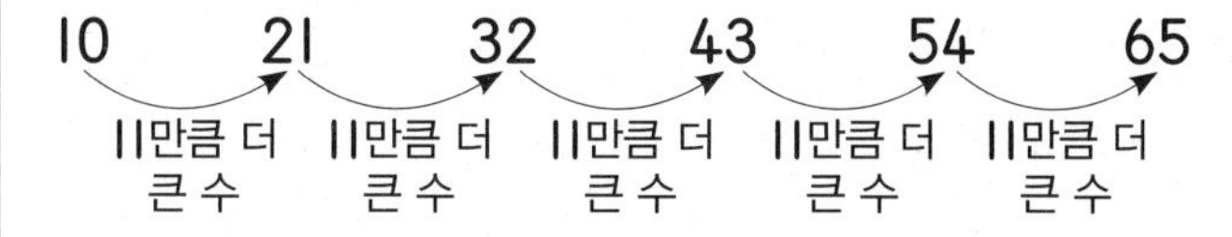

5 풀이 참조

✊	✌	🖐	✊	✌	🖐	✊	✌	🖐
□	△	○	□	△	○	□	△	○
0	2	5	0	2	5	0	2	5

바위, 가위, 보가 반복되는 규칙입니다.
바위를 □, 가위를 △, 보를 ○로 나타내면 □, △, ○가 반복됩니다.
바위를 0, 가위를 2, 보를 5로 나타내면 0, 2, 5가 반복됩니다.

31에서 39로 오른쪽으로 2번 가서 8만큼 더 커졌습니다.

8을 똑같은 두 수의 합으로 나타내면 4+4이므로
오른쪽으로 갈수록 4씩 커집니다.

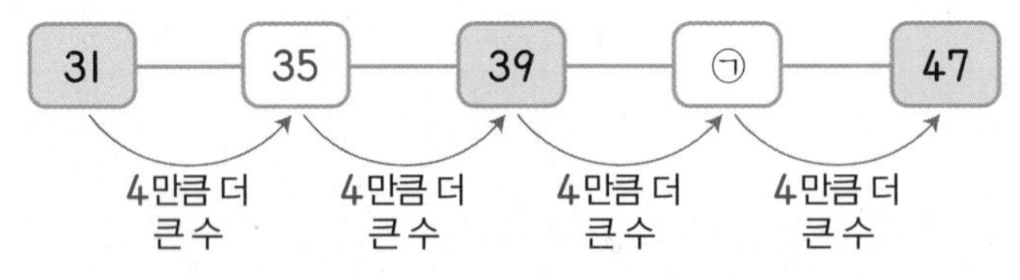

따라서 ㉠에 알맞은 수는 39보다 4만큼 더 큰 수인 43입니다.

서술형 1-1 75

예 60에서 70으로 오른쪽으로 2번 가서 10만큼 더 커졌습니다. 10을 똑같은 두 수의 합으로 나타내면 5+5=10이므로 오른쪽으로 갈수록 5씩 커집니다.
따라서 ㉠에 알맞은 수는 70보다 5만큼 더 큰 수인 75입니다.

채점 기준	배점
수 배열에서 규칙을 찾았나요?	3점
㉠에 알맞은 수를 구했나요?	2점

1-2 65

71에서 77로 오른쪽으로 2번 가서 6만큼 더 커졌습니다. 6을 똑같은 두 수의 합으로 나타내면 3+3=6이므로 오른쪽으로 갈수록 3씩 커집니다. 즉, 왼쪽으로 갈수록 3씩 작아집니다.
71보다 3만큼 더 작은 수는 68, 68보다 3만큼 더 작은 수는 65이므로 ㉠에 알맞은 수는 65입니다.

보충 개념

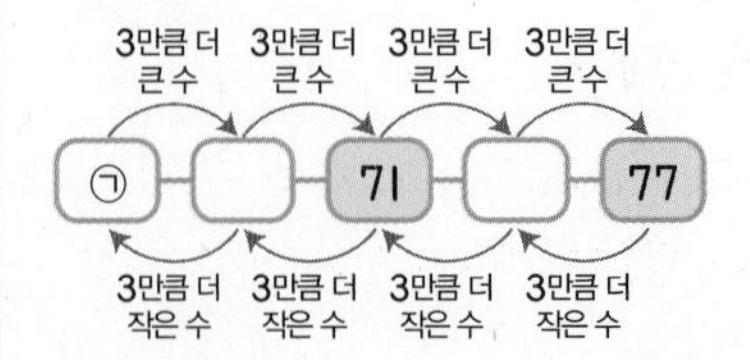

1-3 64, 40

58에서 46으로 오른쪽으로 2번 가서 12만큼 더 작아졌습니다. 12를 똑같은 두 수의 합으로 나타내면 $6+6=12$이므로 오른쪽으로 갈수록 6씩 작아지고, 왼쪽으로 갈수록 6씩 커집니다.
따라서 ㉠에 알맞은 수는 58보다 6만큼 더 큰 수인 64이고, ㉡에 알맞은 수는 46보다 6만큼 더 작은 수인 40입니다.

1-4 73

70부터 시작하여 ↗ 방향으로 70－75－80이므로 ↗ 방향으로 5씩 커집니다.
70부터 시작하여 ↘ 방향으로 70－68－66이므로 ↘ 방향으로 2씩 작아집니다.
따라서 ㉠은 68에서 ↗ 방향에 있으므로 68보다 5만큼 더 큰 수인 73입니다.

다른 풀이
㉠은 75에서 ↘ 방향에 있으므로 75보다 2만큼 더 작은 수인 73입니다.

33부터 시작하여 → 방향으로 1씩 커집니다.
→ 방향에 있는 수는 33－34－35
33부터 시작하여 ↓ 방향으로 10씩 커집니다.
↓ 방향에 있는 수는 33－43－53

33					
43					
53					
63	64	65	66	67	68

따라서 ★에 알맞은 수는 68입니다.

2-1 40

22	23	24		
	30			
	37	38	39	▲

22부터 시작하여 → 방향에 있는 수는 22－23－24이므로 → 방향으로 1씩 커집니다.
23부터 시작하여 ↓ 방향에 있는 수는 23－30이므로 ↓ 방향으로 7씩 커집니다.
30 바로 아래 칸의 수는 30보다 7만큼 더 큰 37입니다.
따라서 37부터 시작하여 → 방향에 있는 수는 37－38－39－40이므로 ▲에 알맞은 수는 40입니다.

2-2 23, 38

10	11	12			
	19	20	21	22	♥
	27	28	29	30	
				■	

• 10부터 시작하여 → 방향에 있는 수는 10−11−12이므로 → 방향으로 1씩 커집니다.
둘째 줄에서 19부터 시작하여 → 방향에 있는 수는 19−20−21−22−23이므로 ♥에 알맞은 수는 23입니다.

• 셋째 줄에서 27부터 → 방향에 있는 수는 27−28−29−30입니다.
11부터 시작하여 ↓ 방향에 있는 수는 11−19−27이므로 ↓ 방향으로 8씩 커집니다.
30 바로 아래 칸의 수는 30보다 8만큼 더 큰 38이므로 ■에 알맞은 수는 38입니다.

2-3 64, 71

	39	40	41	
		51		
		62	63	●
★	72	73		

• 39부터 시작하여 → 방향에 있는 수는 39−40−41이므로 → 방향으로 1씩 커집니다.
셋째 줄에서 62부터 → 방향에 있는 수는 62−63−64이므로 ●에 알맞은 수는 64입니다.

• 40부터 시작하여 ↓ 방향에 있는 수는 40−51−62이므로 ↓ 방향으로 11씩 커집니다.
62 바로 아래 칸의 수는 62보다 11만큼 더 큰 73입니다.
→ 방향으로 1씩 커지므로 ← 방향으로 1씩 작아집니다.
넷째 줄에서 73부터 ← 방향에 있는 수는 73−72−71이므로 ★에 알맞은 수는 71입니다.

116~117쪽

색칠하는 칸의 규칙을 찾아봅니다.
(시계 방향, 시계 반대 방향)으로 한 칸씩 돌아가며 색칠하는 규칙이므로 색칠해야 하는 칸은 ㉢입니다.

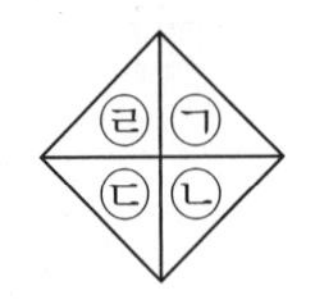

색칠하는 색깔의 규칙을 찾아봅니다.
분홍색, 파란색이 반복되는 규칙이므로
색칠해야 하는 색깔은 분홍색입니다.

따라서 규칙을 찾아 알맞게 색칠하면 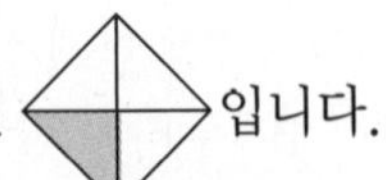 입니다.

3-1

시계 방향으로 한 칸씩 돌아가며 색칠하는 규칙이므로 색칠해야 하는 칸은 ㉠입니다.

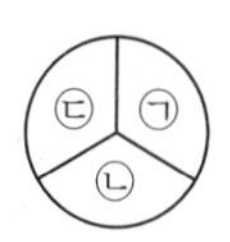

빨간색, 노란색, 초록색이 반복되는 규칙이므로 색칠해야 하는 색깔은 빨간색입니다.

다른 풀이

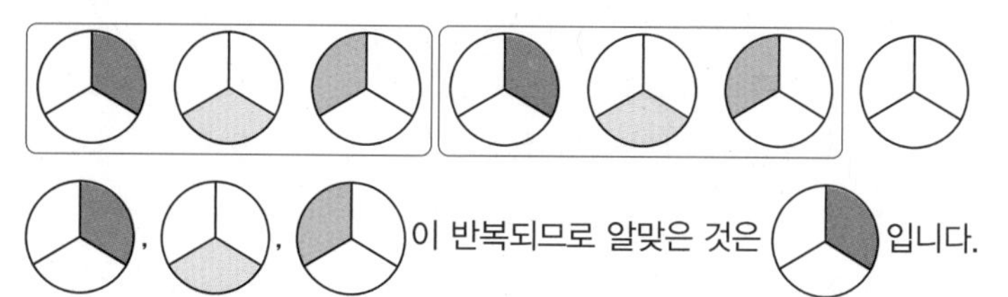

, , 이 반복되므로 알맞은 것은 입니다.

3-2

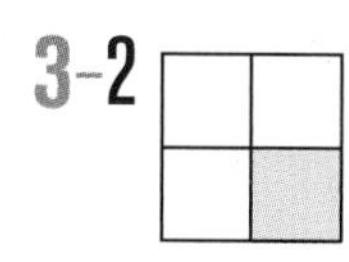

시계 방향으로 한 칸씩 돌아가며 색칠하는 규칙이므로 색칠해야 하는 칸은 ㉢입니다.

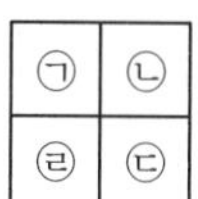

노란색, 초록색이 반복되는 규칙이므로 색칠해야 하는 색깔은 노란색입니다.

3-3

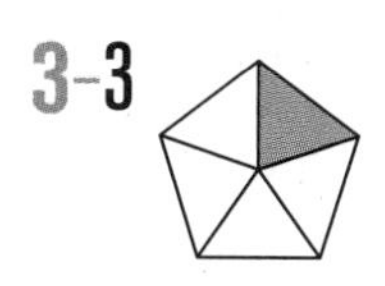

시계 반대 방향으로 한 칸씩 돌아가며 색칠하는 규칙이므로 색칠해야 하는 칸은 ㉠입니다.

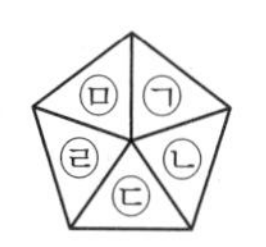

분홍색, 파란색, 보라색이 반복되는 규칙이므로 색칠해야 하는 색깔은 보라색입니다.

3-4

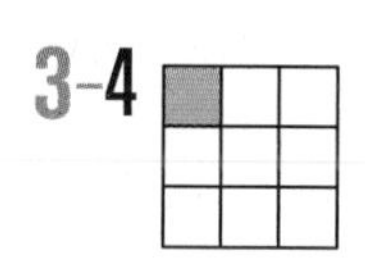

시계 방향으로 돌면서 한 칸씩 건너뛰며 색칠하는 규칙이므로 색칠해야 하는 칸은 ㉠입니다.

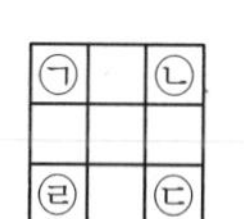

빨간색, 파란색, 노란색이 반복되는 규칙이므로 색칠해야 하는 색깔은 파란색입니다.

118~119쪽

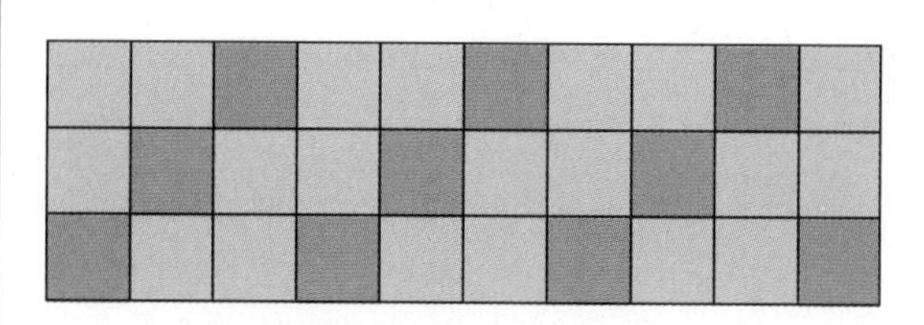

첫째 줄은 분홍색, 분홍색, 보라색이 반복됩니다.
둘째 줄은 분홍색, 보라색, 분홍색이 반복됩니다.
셋째 줄은 보라색, 분홍색, 분홍색이 반복됩니다.
규칙에 따라 색칠하면 분홍색이 20칸, 보라색이 10칸입니다.
따라서 더 많이 색칠한 색깔은 분홍색입니다.

4-1 17개

★	▲	●	★	★	▲	●	★	★	▲	●
★	★	▲	●	★	★	▲	●	★	★	▲
●	★	★	▲	●	★	★	▲	●	★	★

첫째 줄은 ★, ▲, ●, ★이 반복됩니다.
둘째 줄은 ★, ★, ▲, ●가 반복됩니다.
셋째 줄은 ●, ★, ★, ▲가 반복됩니다.
따라서 규칙에 따라 무늬를 완성하면 ★은 모두 17개입니다.

4-2 파란색

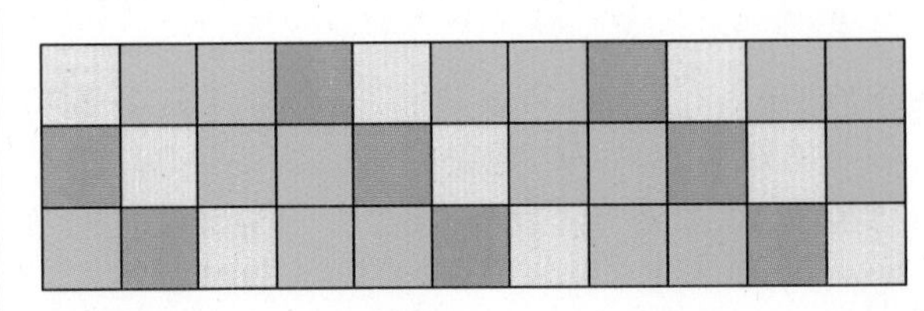

첫째 줄은 노란색, 초록색, 초록색, 파란색이 반복됩니다.
둘째 줄은 파란색, 노란색, 초록색, 초록색이 반복됩니다.
셋째 줄은 초록색, 파란색, 노란색, 초록색이 반복됩니다.
규칙에 따라 색칠하면 노란색 9칸, 초록색 16칸, 파란색 8칸입니다.
따라서 가장 적게 색칠한 색깔은 파란색입니다.

4-3 9개

♥	■	♥	♥	■	♥	♥	■	♥
♥	♥	■	♥	♥	■	♥	♥	■
■	♥	♥	■	♥	♥	■	♥	♥

첫째 줄은 ♥, ■, ♥가 반복됩니다.
둘째 줄은 ♥, ♥, ■가 반복됩니다.
셋째 줄은 ■, ♥, ♥가 반복됩니다.
규칙에 따라 무늬를 완성하면 ♥는 18개, ■는 9개입니다.
따라서 ♥는 ■보다 $18-9=9$(개) 더 많습니다.

	■	▲▲	■■■	▲	■■	▲▲▲	■	▲▲
모양	■	▲	■	▲	■	▲	■	▲
개수(개)	1	2	3	1	2	3	1	2

모양은 ■, ▲가 반복되므로 빈칸에 알맞은 모양은 ■입니다.
개수는 1개, 2개, 3개가 반복되므로 빈칸에 알맞은 개수는 3개입니다.

따라서 빈칸에 알맞은 그림은 입니다.

5-1 ◯

모양은 ◯, □, ◯가 반복되므로 빈칸에 알맞은 모양은 ◯입니다.
색깔은 노란색, 하늘색이 반복되므로 빈칸에 알맞은 색깔은 노란색입니다.
따라서 빈칸에 알맞은 그림은 노란색 ◯입니다.

5-2 ●●●

색깔은 흰색, 흰색, 검은색이 반복되므로 빈칸에 알맞은 색깔은 검은색입니다.
개수는 3개, 2개가 반복되므로 빈칸에 알맞은 개수는 3개입니다.
따라서 빈칸에 알맞은 그림은 검은색 ◯ 3개입니다.

5-3 ◇

색깔은 보라색, 초록색, 초록색, 파란색이 반복되므로 빈칸에 알맞은 색깔은 초록색입니다.
크기는 큰 것, 작은 것, 작은 것이 반복되므로 빈칸에 알맞은 크기는 큰 것입니다.
따라서 빈칸에 알맞은 그림은 초록색 큰 것입니다.

5-4

◯는 큰 것, 큰 것, 작은 것이 반복되므로 아홉째는 작은 것, 열째는 큰 것입니다.
△는 △, ▽가 반복되므로 아홉째는 △, 열째는 ▽입니다.
따라서 열째에 알맞은 그림은 큰 ◯ 안에 ▽가 있는 그림입니다.

대표문제 6

보기 는 20부터 시작하여 2씩 커집니다.
31부터 시작하여 2씩 커지는 수를 쓰면

31 — 33 — 35 — 37 — 39

따라서 ㉠에 알맞은 수는 39입니다.

6-1 53

보기 는 7부터 시작하여 3씩 커집니다.
41부터 시작하여 3씩 커지는 수를 쓰면

41 — 44 — 47 — 50 — 53

따라서 ㉠에 알맞은 수는 53입니다.

6-2 40

11	12	13	14	15
16	17	18	19	20
21	22	23	24	25

수 배열표는 → 방향으로 1씩 커집니다.
수 배열표에서 색칠한 수들은 15부터 시작하여 ↓ 방향으로 15－20－25로 5씩 커집니다.
20부터 시작하여 5씩 커지는 수를 쓰면

20 — 25 — 30 — 35 — 40

따라서 ㉠에 알맞은 수는 40입니다.

6-3 51

50	51	52	53	54	55	56
57	58	59	60	61	62	63
64	65	66	67	68	69	70
71	72	73	74	75	76	77

수 배열표는 → 방향으로 1씩 커지고 ↓ 방향으로 7씩 커집니다.
수 배열표에서 색칠한 수들은 50부터 시작하여 ↘ 방향으로 50－59－68－77로 9씩 커집니다.
15부터 시작하여 9씩 커지는 수를 쓰면

15 — 24 — 33 — 42 — 51

따라서 ㉠에 알맞은 수는 51입니다.

방향으로 수가 3씩 커집니다.
규칙에 따라 수를 써넣으면

3	6	9	12	15	18
36	33	30	27	24	21
39	42	45	48	51	54
72	69	66	63	60	57
75	78	81	84	87	90

따라서 ㉠에 알맞은 수는 72, ㉡에 알맞은 수는 84입니다.

7-1 풀이 참조

방향으로 수가 1씩 커지는 규칙입니다.

1	18	17	16	15	14
2	19	28	27	26	13
3	20	29	30	25	12
4	21	22	23	24	11
5	6	7	8	9	10

7-2 12, 11

방향으로는 2씩 커지고 1, 3, 5가 적힌 칸에서부터 각각 시계 방향으로는 3씩 커집니다.

㉠은 3에서 시계 방향으로 3칸 갔으므로 3−6−9−12에서 12입니다.

㉡은 7에서 방향으로 2칸 갔으므로 7−9−11에서 11입니다.

7-3 16

1					
2	3				
3	4	6			
4	5	7	10		
5	6	8	11	㉡	
6	7	9	12	㉠	21

1부터 시작하여 ↘ 방향으로 수가 1 3 6 10⋯으로 2, 3, 4, ...만큼 더 커집니다.
(+2 +3 +4)

1 3 6 10 ㉡이므로 ㉡=10+5=15입니다.
(+2 +3 +4 +5)

↓ 방향으로 1씩 커지므로 ㉠은 15보다 1만큼 더 큰 16입니다.

MATH MASTER

126~128쪽

1

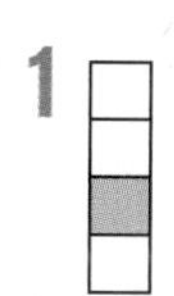

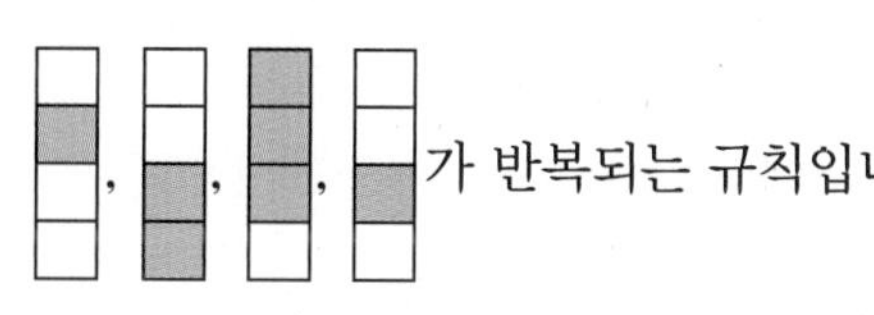

가 반복되는 규칙입니다.

따라서 왼쪽에서부터 넷째 모양과 같습니다.

2 8개

검은색 바둑돌, 흰색 바둑돌, 검은색 바둑돌이 반복되는 규칙입니다.
규칙에 따라 바둑돌 12개를 늘어놓으면
● ○ ● ● ○ ● ● ○ ● ● ○ ●
따라서 검은색 바둑돌은 모두 8개입니다.

3 ㉡

보기 는 오토바이, 세발자전거, 오토바이가 반복되는 규칙입니다.
오토바이를 2, 세발자전거를 3으로 나타내면 2, 3, 2가 반복됩니다.
따라서 규칙에 따라 수로 바르게 나타낸 것은 ㉡입니다.

서술형 **4** 86

예 51부터 시작하여 오른쪽으로 갈수록 6씩 커집니다.
51부터 시작하여 6씩 커지는 수는 51−57−63−69−75−81−87−93−99 이므로 잘못 놓은 수 카드의 수는 86입니다.

채점 기준	배점
수 카드를 늘어놓은 규칙을 찾았나요?	3점
잘못 놓은 수 카드의 수를 찾았나요?	2점

5 11시

시각은 차례로 6시−7시−8시−9시입니다.
6시부터 짧은바늘이 시계 방향으로 숫자 1칸씩 움직이므로 다섯째 시각은 10시, 여섯째 시각은 11시입니다.

6 35, 51

51	53	55	57
59	61	63	65
67	69	71	73

수 배열표는 → 방향으로 2씩 커집니다.
수 배열표에서 색칠한 수들은 57부터 시작하여 ↓ 방향으로 57−65−73으로 8씩 커집니다.
19부터 시작하여 8씩 커지는 수를 쓰면
19−27−35−43−51
따라서 ㉠=35, ㉡=51입니다.

7 7

▲, ■, ●, ▲가 반복되는 규칙입니다.
▲를 3, ■를 4, ●를 0으로 나타내면 3, 4, 0, 3이 반복됩니다.

▲	■	●	▲	▲	■	●	▲	▲	■	●
3	4	0	3	3	4	0	3	3	4	0

따라서 ㉠은 4, ㉡은 3이므로 ㉠+㉡=4+3=7입니다.

8 예 앞의 두 수를 더한 수가 바로 다음에 오는 수입니다. / 13

앞의 두 수를 더한 수가 바로 다음에 오는 수입니다.

1 2 3 5 8 …
3 ↑ 1+2, 5 ↑ 2+3, 8 ↑ 3+5

따라서 8 다음에 올 수는 5+8=13입니다.

9 13, 26

위에서부터 첫째, 셋째, 다섯째 줄은 오른쪽으로 갈수록 2씩 커지므로 왼쪽으로 갈수록 2씩 작아집니다.
위에서부터 둘째, 넷째, 여섯째 줄은 오른쪽으로 갈수록 2씩 작아지므로 왼쪽으로 갈수록 2씩 커집니다.

㉠은 위에서부터 다섯째 줄에 있으므로
23부터 시작하여 왼쪽으로 23－21－19－17－15－13에서 ㉠＝13입니다.
㉡은 위에서부터 여섯째 줄에 있으므로
14부터 시작하여 왼쪽으로 14－16－18－20－22－24－26에서 ㉡＝26입니다.

10 6시

뻐꾸기시계가 우는 횟수는 3시에 3번, 4시에 4번, 5시에 5번이므로
3시부터 5시까지 우는 횟수의 합은 3＋4＋5＝12(번)입니다.
따라서 뻐꾸기시계가 우는 횟수의 합이 15번일 때의 시각은 6시에 우는 횟수 6번 중 셋째입니다.

6 덧셈과 뺄셈(3)

1 덧셈하기

130~131쪽

1

$$\begin{array}{r} 2\,1 \\ +\quad 4 \\ \hline 2\,5 \end{array}$$

낱개의 수끼리 더해야 하므로 4를 1과 나란히 줄을 맞추어 써야 하는데 자리를 잘못 맞추어 계산하였습니다.

2 (위에서부터)
(1) 4, 40, 44
(2) 7, 70, 77

(1) 3＋1＝4이므로 30＋10은 10개씩 묶음이 3＋1＝4(개)인 40입니다.
따라서 33＋11＝44입니다.
(2) 5＋2＝7이므로 50＋20은 10개씩 묶음이 5＋2＝7(개)인 70입니다.
따라서 55＋22＝77입니다.

3 (위에서부터) 59, 57

12＝10＋2이므로 12를 10과 2로 나누어 더합니다.
따라서 47에 12를 더한 값은 47에 10을 더한 후 2를 더한 값과 같습니다.

4 (1) 5 (2) 50

(1) 14＋21＝35, 35는 30과 5이므로 30＋5와 같습니다.
(2) 35＋23＝58, 58은 50과 8이므로 50＋8과 같습니다.

5 97

가장 큰 수는 62이고 가장 작은 수는 35입니다.
➡ 62＋35＝97

6 25, 54(또는 54, 25)

낱개의 수의 합이 9인 두 수를 찾으면 36과 13, 25와 54입니다.
➡ 36＋13＝49, 25＋54＝79
따라서 두 수의 합이 79가 되는 덧셈식은 25＋54＝79(또는 54＋25＝79)입니다.

해결 전략

합이 ■▲인 두 수를 만들 때에는 낱개의 수의 합이 ▲인 두 수를 찾습니다.

다른 풀이

10개씩 묶음의 수의 합이 7인 두 수를 찾으면 25와 54입니다.

➡ $25+54=79$

따라서 두 수의 합이 79가 되는 덧셈식은 $25+54=79$(또는 $54+25=79$)입니다.

7 $47+31=78$ (또는 $31+47=78$) / $13+26=39$ (또는 $26+13=39$)

• 합이 가장 큰 덧셈식은 가장 큰 수와 둘째로 큰 수를 더합니다.

➡ $47>31>26>13$이므로 $47+31=78$(또는 $31+47=78$)

• 합이 가장 작은 덧셈식은 가장 작은 수와 둘째로 작은 수를 더합니다.

➡ $13<26<31<47$이므로 $13+26=39$(또는 $26+13=39$)

학부모 지도 가이드

덧셈에서는 두 수를 바꾸어 더해도 결과가 같습니다. 예 $15+23=38 \leftrightarrow 23+15=38$

2 뺄셈하기

132~133쪽

1

$$\begin{array}{r} 78 \\ -\ \ 3 \\ \hline 75 \end{array}$$

낱개의 수끼리 빼야 하므로 3을 8과 나란히 줄을 맞추어 써야 하는데 자리를 잘못 맞추어 계산하였습니다.

학부모 지도 가이드

덧셈이나 뺄셈을 할 때에는 같은 자리의 수끼리 더하거나 빼야 하는데 같은 숫자라도 놓인 자리에 따라 나타내는 수가 다르기 때문에 식을 세로로 나타낼 때 자리를 맞추어 쓰는 것이 중요합니다. 이전에 학습한 두 자리 수를 10개씩 묶음의 수와 낱개의 수로 나타내 보는 활동을 상기시켜 자릿값의 개념을 익히고 세로셈의 원리를 이해할 수 있도록 지도합니다.

2 (위에서부터) (1) 3, 30, 33 (2) 4, 40, 44

(1) $6-3=3$이므로 $60-30$은 10개씩 묶음이 $6-3=3$(개)인 30입니다. 따라서 $66-33=33$입니다.

(2) $8-4=4$이므로 $80-40$은 10개씩 묶음이 $8-4=4$(개)인 40입니다. 따라서 $88-44=44$입니다.

3 (1) $<$ (2) $>$

(1) 빼는 수가 같을 때에는 빼지는 수가 클수록 차가 더 큽니다.

➡ $79<89$이므로 $79-38<89-38$

(2) 빼지는 수가 같을 때에는 빼는 수가 작을수록 차가 더 큽니다.

➡ $40<50$이므로 $68-40>68-50$

다른 풀이

(1) $79-38=41$ ⓐ$<$ $89-38=51$ (2) $68-40=28$ $>$ $68-50=18$

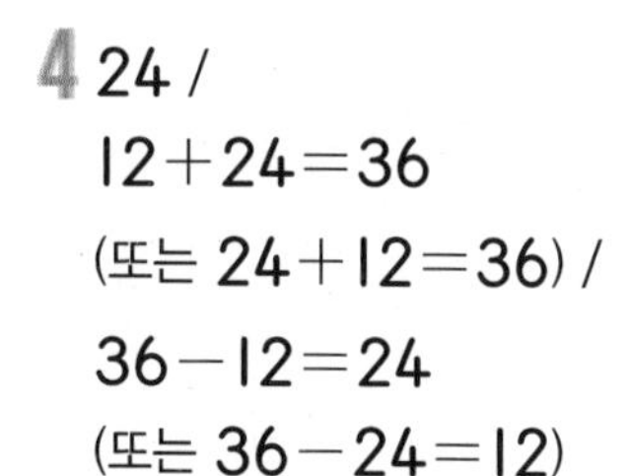

4 24 /
12+24=36
(또는 24+12=36) /
36−12=24
(또는 36−24=12)

36−12=24이므로 □ 안에 알맞은 수는 24입니다.
12, 24, 36을 이용해 만들 수 있는 덧셈식은 12+24=36 또는 24+12=36이고, 뺄셈식은 36−12=24 또는 36−24=12입니다.

5 (위에서부터)
(1) 36, 26, 16
(2) 43, 33, 23

(1) 빼지는 수는 36으로 같고 차가 0, 10, 20으로 10씩 커지므로 빼는 수는 10씩 작아집니다.
(2) 빼는 수는 13으로 같고 차가 30, 20, 10으로 10씩 작아지므로 빼지는 수는 10씩 작아집니다.

다른 풀이
덧셈과 뺄셈의 관계를 이용하여 문제를 해결합니다.
(1) 36−□=0, 36−0=□, □=36
36−□=10, 36−10=□, □=26
36−□=20, 36−20=□, □=16
(2) □−13=30, 30+13=□, □=43
□−13=20, 20+13=□, □=33
□−13=10, 10+13=□, □=23

6 (1) 21 (2) 2

(1) 18+□=39, 39−18=□, □=21
(2) 18+□0이 39보다 작으려면 □0은 21보다 작아야 합니다.
따라서 □는 1보다 큰 수이고 □0은 21보다 작으므로 □ 안에 알맞은 수는 2입니다.

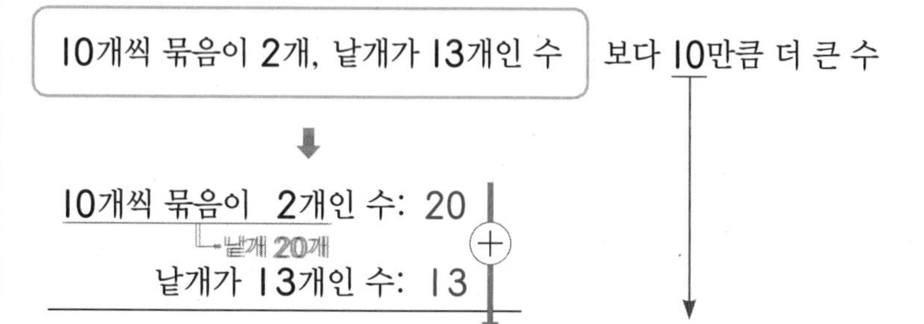

1-1 82개

10개씩 묶음이 5개인 수: 50
낱개가 32개인 수: 32 (+)
82

따라서 82는 낱개가 82개인 수입니다.

1-2 23

10개씩 묶음이 1개인 수: 10
낱개가 27개인 수: 27 (+)
37

따라서 37보다 14만큼 더 작은 수는 37−14=23입니다.

1-3 2

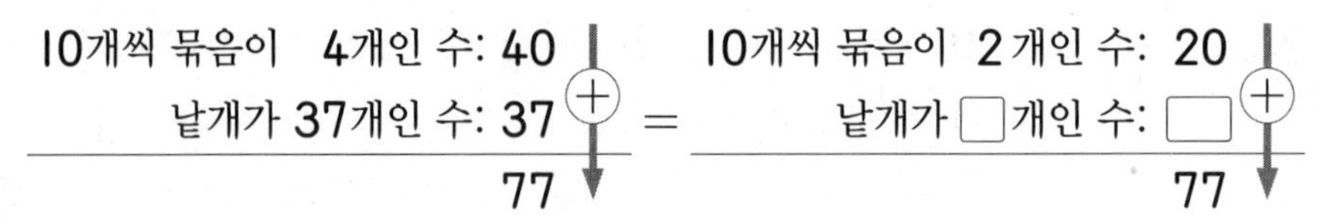

따라서 두 수의 차는 $43-41=2$입니다.

1-4 57개

10개씩 묶음이 4개인 수: 40 / 낱개가 37개인 수: 37 → 77 = 10개씩 묶음이 2개인 수: 20 / 낱개가 □개인 수: □ → 77

$20+\square=77$, $77-20=\square$, $\square=57$

따라서 77은 10개씩 묶음이 2개, 낱개가 57개인 수와 같습니다.

136~137쪽

대표문제 2

10개씩 묶음의 수: 1 4 2 3

10개씩 묶음의 수 중 덧셈식을 만들 수 있는 세 수를 찾아봅니다.

경우1 $1+2=3$
수 카드: 13, 24, 36
➡ 만들 수 있는 덧셈식: 없음
└ $13+24=37$이므로 덧셈식을 만들 수 없습니다.

경우2 $1+3=4$
수 카드: 13, 36, 49
➡ 만들 수 있는 덧셈식: $13+36=49$

따라서 덧셈식을 만들 수 있는 3장의 수 카드는 13, 49, 36입니다.

2-1 $25+14=39$ (또는 $14+25=39$) / $39-25=14$ (또는 $39-14=25$)

10개씩 묶음의 수가 2, 3, 1이므로 10개씩 묶음의 수의 합이 3이 되도록 식을 만듭니다.

덧셈식: $25+14=39$(또는 $14+25=39$)

뺄셈식: $39-14=25$(또는 $39-25=14$)

해결 전략

3장의 수 카드를 사용해 덧셈식 1개를 만들고, 만든 덧셈식을 보고 덧셈과 뺄셈의 관계를 이용해 뺄셈식을 만듭니다.

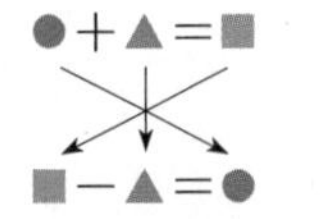

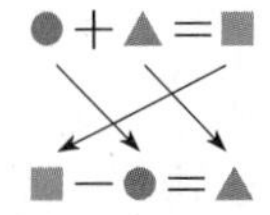

다른 풀이

10개씩 묶음의 수로 덧셈식 $2+1=3$(또는 $1+2=3$)을 만들 수 있습니다.

➡ $25+14=39$(또는 $14+25=39$)

10개씩 묶음의 수로 뺄셈식 $3-2=1$(또는 $3-1=2$)을 만들 수 있습니다.

➡ $39-25=14$(또는 $39-14=25$)

2-2 42, 25, 67

10개씩 묶음의 수 4, 3, 2, 6 중 뺄셈식을 만들 수 있는 세 수는 $6-4=2$(또는 $6-2=4$)입니다.
➡ $67-42=25$(또는 $67-25=42$)
따라서 뺄셈식을 만들 수 있는 3장의 수 카드는 42, 25, 67입니다.

2-3 56, 24, 32

10개씩 묶음의 수 5, 2, 3, 3 중 덧셈식을 만들 수 있는 세 수는 $2+3=5$ 또는 $3+2=5$입니다.
$24+30=54$, $24+32=56$이므로 수 카드로 만들 수 있는 덧셈식은 $24+32=56$(또는 $32+24=56$)입니다.
따라서 덧셈식을 만들 수 있는 3장의 수 카드는 56, 24, 32입니다.

다른 풀이
10개씩 묶음의 수 5, 2, 3, 3 중 뺄셈식을 만들 수 있는 세 수는 $5-2=3$(또는 $5-3=2$)입니다.
$56-24=32$, $56-30=26$, $56-32=24$이므로 수 카드로 만들 수 있는 뺄셈식은 $56-24=32$(또는 $56-32=24$)입니다.
따라서 뺄셈식을 만들 수 있는 3장의 수 카드는 56, 24, 32입니다.

2-4 예 53, 10, 64, 21

낱개의 수 0, 4, 3, 1 중 차가 같은 경우는 $3-0=3$과 $4-1=3$, $1-0=1$과 $4-3=1$입니다.
- $3-0=3$과 $4-1=3$: $53-10=43$, $64-21=43$
- $1-0=1$과 $4-3=1$: $21-10=11$, $64-53=11$

따라서 만들 수 있는 식은 $53-10=64-21$, $21-10=64-53$입니다.

다른 풀이
10개씩 묶음의 수 1, 6, 5, 2 중 차가 같은 경우는 $5-1=4$와 $6-2=4$, $2-1=1$과 $6-5=1$입니다.
- $5-1=4$와 $6-2=4$: $53-10=43$, $64-21=43$
- $2-1=1$과 $6-5=1$: $21-10=11$, $64-53=11$

따라서 만들 수 있는 식은 $53-10=64-21$, $21-10=64-53$입니다.

138~139쪽

윤하가 처음에 가지고 있던 우표의 수를 ■장이라 하면

$$■-12=34$$

사용한 우표의 수, 남은 우표의 수

$$34+12=■, ■=46$$

따라서 윤하가 처음에 가지고 있던 우표는 46장입니다.

3-1 23개

희진이가 오전에 주운 밤의 수를 □개라 하면 $□+45=68$, $68-45=□$, $□=23$입니다.
따라서 희진이가 오전에 주운 밤은 23개입니다.

서술형 3-2 15장

㉥ 아인이가 가지고 있는 색종이의 수를 □장이라 하면
□+23=38, 38−23=□, □=15입니다.
따라서 아인이가 가지고 있는 색종이는 15장입니다.

채점 기준	배점
아인이가 가지고 있는 색종이의 수를 □장이라 하여 식을 세웠나요?	2점
아인이가 가지고 있는 색종이는 몇 장인지 구했나요?	3점

3-3 21개

준희가 가지고 있던 땅콩의 수를 □개라 하면 □−12=23, 23+12=□, □=35이므로 준희가 가지고 있던 땅콩은 35개입니다.
초아와 준희는 같은 수만큼의 땅콩을 가지고 있었으므로 초아가 가지고 있던 땅콩도 35개입니다.
따라서 초아에게 남은 땅콩은 35−14=21(개)입니다.

3-4 39자루

영재가 사용하고 친구에게 준 연필은 모두 11+15=26(자루)입니다.
영재가 처음에 가지고 있던 연필의 수를 □자루라 하면
□−26=13, 13+26=□, □=39입니다.
따라서 영재가 처음에 가지고 있던 연필은 39자루입니다.

다른 풀이
거꾸로 생각하여 계산해 봅니다.
남은 연필의 수: 13자루
친구에게 15자루를 주기 전에 가지고 있던 연필의 수: 13+15=28(자루)
11자루를 사용하기 전에 가지고 있던 연필의 수: 28+11=39(자루)
따라서 영재가 처음에 가지고 있던 연필은 39자루입니다.

140~141쪽

72+16=88이므로 89를 88로 만들거나 계산 결과가 89인 식을 만듭니다.
89에서 면봉 1개를 옮겨 88을 만들 수 없으므로 계산 결과가 89인 식을 만듭니다.
72와 16에서 각각 면봉 1개를 옮기면

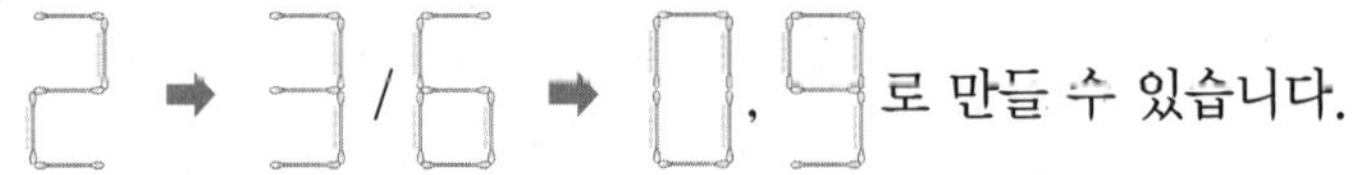
로 만들 수 있습니다.

이 중에서 낱개의 수가 1만큼 더 커지는 경우는 2를 3으로 만들 때입니다.

72+16=89 → 73+16=89

4-1 52+44=96

52+44=96이므로 66을 96으로 만들거나 계산 결과가 66인 식을 만듭니다.
면봉 1개를 옮겨 6 → 9로 만들면 올바른 덧셈식이 됩니다.

4-2 $96-33=63$

$96-23=73$이므로 63을 73으로 만들거나 계산 결과가 63인 식을 만듭니다.
63에서 면봉 1개를 옮겨 73을 만들 수 없으므로 계산 결과가 63인 식을 만듭니다.
$96-23=73$이므로 빼지는 수의 10개씩 묶음의 수가 1만큼 더 작아지거나 빼는 수의 10개씩 묶음의 수가 1만큼 더 커지도록 만듭니다.
면봉 1개를 옮겨 2 → 3으로 만들면 올바른 뺄셈식이 됩니다.

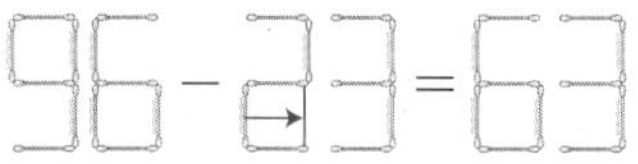

4-3 $57+21=78$

$37+21=58$이므로 78을 58로 만들거나 계산 결과가 78인 식을 만듭니다.
78에서 면봉 1개를 옮겨 58을 만들 수 없으므로 계산 결과가 78인 식을 만듭니다.
$37+21=58$이므로 10개씩 묶음의 수가 2만큼 더 커지도록 만듭니다.
면봉 1개를 옮겨 3 → 5로 만들면 올바른 덧셈식이 됩니다.

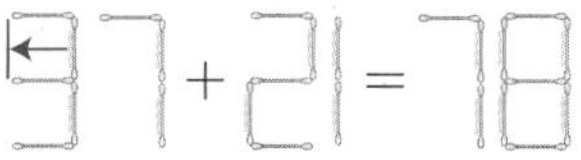

4-4 $41+45=86$

10개씩 묶음의 수(4, 8) 중 4는 면봉 1개를 빼거나 옮겨 다른 수를 만들 수 없으므로 10개씩 묶음의 수로 만들 수 있는 식은 $4+4=8$입니다.
따라서 49의 9에서 면봉 1개를 빼서 5를 만들고, 뺀 면봉 1개를 −로 옮겨 +를 만들면 올바른 식이 됩니다.

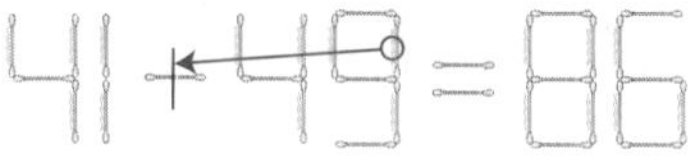

해결 전략
면봉으로 만들어진 연산 기호(+, −, =)도 면봉 1개를 옮겨서 바꿀 수 있습니다.

142~143쪽

색 막대를 이어 붙인 전체 길이는 $25+10=35$입니다.

파란색 막대의 길이를 ■라 하면 $■+14=35$입니다.

$35-14=■$, $■=21$

따라서 파란색 막대의 길이는 21입니다.

5-1 32

(빨간색 막대의 길이)+(파란색 막대의 길이)$=34+13=47$
초록색 막대의 길이를 □라 하면 $15+□=47$, $47-15=□$, $□=32$입니다.

해결 전략

(빨간색 막대의 길이)+(파란색 막대의 길이)=(보라색 막대의 길이)+(초록색 막대의 길이)

서술형 **5-2** 11

㉑ 색 막대를 이어 붙인 전체 길이는 23+26=49입니다.
노란색 막대의 길이를 □라 하면 38+□=49, 49−38=□, □=11입니다.

채점 기준	배점
색 막대를 이어 붙인 전체 길이를 구했나요?	3점
노란색 막대의 길이를 구했나요?	2점

5-3 13

(색 막대를 이어 붙인 전체 길이)=44+35=79
빨간색 막대 한 개의 길이를 □라 하면
□+53+□=79, 79−53=□+□, □+□=26입니다.
따라서 13+13=26이므로 □=13입니다.

5-4 33

(색 막대를 이어 붙인 전체 길이)=53+42=95
가장 긴 막대는 파란색 막대이고 파란색 막대의 길이를 □라 하면
□+52=95, 95−52=□, □=43입니다.
가장 짧은 막대는 빨간색 막대이고 (빨간색 막대의 길이)=52−42=10입니다.
따라서 가장 긴 막대와 가장 짧은 막대의 길이의 차는 43−10=33입니다.

144~145쪽

수 카드의 수의 크기를 비교하면 1<3<4<5<9입니다.
합이 가장 작은 덧셈식을 만들려면

① 10개씩 묶음의 자리에 가장 작은 수와 둘째로 작은 수를 넣습니다.

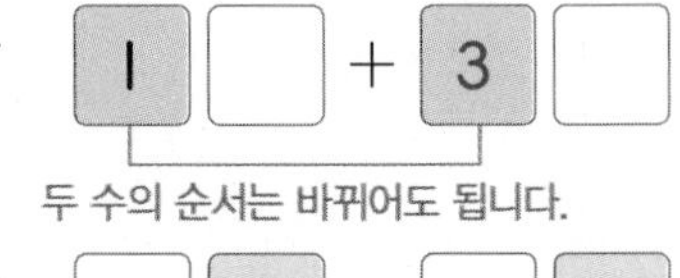

② 낱개의 자리에 나머지 수 중 가장 작은 수와 둘째로 작은 수를 넣습니다.

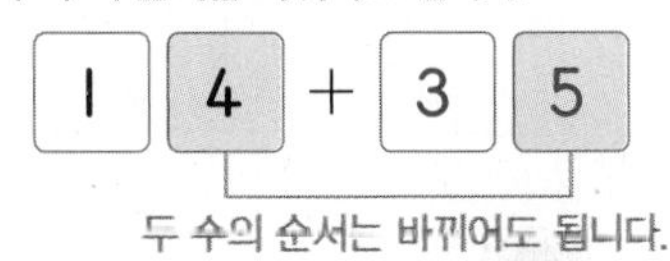

➡ 14+35=49

6-1 3, 5, 2 / 15

차가 가장 작으려면 10개씩 묶음의 수의 차가 작아야 합니다.

수 카드의 수의 크기를 비교하면 2<3<5<9이므로 (+1, +2, +4, +3)

10개씩 묶음의 자리에 차가 가장 작은 두 수 3과 2를 넣습니다. ➡ [3][ ]−[2]0
낱개의 자리에 나머지 수 5, 9 중 더 작은 수 5를 넣습니다. ➡ [3][5]−[2]0
따라서 차가 가장 작은 식은 35−20=15입니다.

6-2 예 5, 3, 4, 2 / 95

10개씩 묶음의 자리에 가장 큰 수 5와 둘째로 큰 수 4를 넣습니다.
➡ [5][ ]+[4][ ](5, 4의 순서는 바뀌어도 됩니다.)
낱개의 자리에 나머지 수 1, 2, 3 중 가장 큰 수 3과 둘째로 큰 수 2를 넣습니다.
➡ [5][3]+[4][2](3, 2의 순서는 바뀌어도 됩니다.)
따라서 합이 가장 큰 덧셈식은 53+42=95(42+53=95),
52+43=95(43+52=95)입니다.

6-3 65

빼지는 수의 10개씩 묶음의 자리에 가장 큰 수 7을 넣고 빼는 수의 10개씩 묶음의 자리에 0을 제외한 가장 작은 수 1을 넣습니다.
➡ [7][ ]−[1][ ]
빼지는 수의 낱개의 자리에 둘째로 큰 수 5를 넣고 빼는 수의 낱개의 자리에 가장 작은 수 0을 넣습니다.
➡ [7][5]−[1][0]
따라서 차가 가장 큰 뺄셈식은 75−10=65입니다.

주의
10개씩 묶음의 자리에 0은 올 수 없습니다.

6-4 55

10개씩 묶음의 자리에 0을 제외한 가장 작은 수 2와 둘째로 작은 수 3을 넣습니다.
➡ [2][ ]+[3][ ](2, 3의 순서는 바뀌어도 됩니다.)
낱개의 자리에 나머지 수 0, 4, 5 중 가장 작은 수 0과 가장 큰 수 5를 넣습니다.
➡ [2][0]+[3][5](0, 5의 순서는 바뀌어도 됩니다.)
따라서 합이 둘째로 작은 덧셈식은 20+35=55(35+20=55),
25+30=55(30+25=55)입니다.

다른 풀이
합이 둘째로 작게 되려면 가장 작은 두 자리 수를 만든 다음 나머지 수 카드로 만들 수 있는 둘째로 작은 두 자리 수를 더해도 됩니다.
가장 작은 두 자리 수: 20, 나머지 수 3, 4, 5로 만들 수 있는 둘째로 작은 두 자리 수: 35
➡ 20+35=55

146~147쪽

연속하는 수 3개를 ■−1, ■, ■+1이라 하면
(수를 순서대로 썼을 때 ■ 바로 앞의 수 ■ 바로 뒤의 수)
(■−1)+■+(■+1)=■+■+■이므로
연속하는 수 3개는 같은 수 3개의 합으로 나타낼 수 있습니다.

30=10+10+10
⊕ 6= 2+ 2+ 2
36=12+12+12

36 = 12 + 12 + 12
(−1, +1)
36 = 11 + 12 + 13

7-1 12, 13, 14

$$\begin{array}{r} 30=10+10+10 \\ +\ \ 9=\ 3+\ 3+\ 3 \\ \hline 39=13+13+13 \end{array}$$

$39=13+13+13$ → ($13 \xrightarrow{-1} 12$, $13 \xrightarrow{+1} 14$)

$39=12+13+14$

해결 전략

수를 순서대로 썼을 때 바로 뒤의 수는 바로 앞의 수보다 1만큼 더 큰 수이므로 연속하는 세 수는 □−1, □, □+1 또는 □, □+1, □+2 등으로 나타낼 수 있습니다.

7-2 34

$99=33+33+33$ → ($33 \xrightarrow{-1} 32$, $33 \xrightarrow{+1} 34$)

$99=32+33+34$

따라서 더한 수 중에서 가장 큰 수는 34입니다.

7-3 64

• $93=90+3$이므로 90을 같은 수 3개의 합으로 나타내면 $90=30+30+30$이고 3을 같은 수 3개의 합으로 나타내면 $3=1+1+1$이므로 $93=31+31+31=30+31+32$입니다.

• $64=60+4$이므로 60을 같은 수 3개의 합으로 나타내면 $60=20+20+20$이지만 4는 같은 수 3개의 합으로 나타낼 수 없으므로 연속하는 수 3개의 합으로 나타낼 수 없습니다.

7-4 22

• $63=60+3$이므로 60을 같은 수 3개의 합으로 나타내면 $60=20+20+20$이고 3을 같은 수 3개의 합으로 나타내면 $3=1+1+1$이므로 $63=21+21+21=20+21+22$입니다.

• $69=60+9$이므로 60을 같은 수 3개의 합으로 나타내면 $60=20+20+20$이고 9를 같은 수 3개의 합으로 나타내면 $9=3+3+3$이므로 $69=23+23+23=22+23+24$입니다.

따라서 공통으로 더한 수는 22입니다.

MATH MASTER

148~150쪽

1 62

10개씩 묶음이 5개인 수: 50
낱개가 25개인 수: 25 (+)
합: 75

따라서 75보다 13만큼 더 작은 수는 $75-13=62$입니다.

서술형 **2** 진수, 3개

예 (윤아가 가지고 있는 초콜릿의 수)=34−11=23(개)이고,
(진수가 가지고 있는 초콜릿의 수)=15+11=26(개)입니다.
따라서 23<26이므로 진수가 초콜릿을 26−23=3(개) 더 많이 가지고 있습니다.

채점 기준	배점
윤아와 진수가 가지고 있는 초콜릿의 수를 각각 구했나요?	3점
누가 초콜릿을 몇 개 더 많이 가지고 있는지 구했나요?	2점

3 7, 8, 9

45+31=76이므로 76<□9에서 □ 안에 들어갈 수 있는 수는 7, 8, 9입니다.

주의
7<□만 생각하여 □ 안에 들어갈 수 있는 수가 8, 9라고 쓰지 않도록 주의합니다.

4 67

어떤 수를 □라 하면 □−12=43, 43+12=□, □=55입니다.
따라서 바르게 계산하면 55+12=67입니다.

서술형 **5** 51

예 ●−64=22, 22+64=●, ●=86입니다.
따라서 ■+35=86, 86−35=■, ■=51입니다.

채점 기준	배점
●는 얼마인지 구했나요?	2점
■는 얼마인지 구했나요?	3점

6 5, 8, 3, 2

㉠㉡−㉢㉣=26
• ㉡−㉣=6에서 8−2=6이므로 ㉡=8, ㉣=2
• ㉠−㉢=2에서 5−3=2이므로 ㉠=5, ㉢=3
따라서 58−32=26입니다.

해결 전략
10개씩 묶음은 10개씩 묶음끼리, 낱개는 낱개끼리 뺍니다.

7 84

40보다 크고 45보다 작은 수는 10개씩 묶음의 수가 4인 수입니다.
4□에서 □ 안에는 5, 1, 3이 들어갈 수 있으므로 만들 수 있는 수는 45, 41, 43입니다.
이 중에서 40보다 크고 45보다 작은 수는 41, 43이므로 두 수의 합은 41+43=84입니다.

주의
45보다 작은 수에 45는 포함되지 않습니다.

8 44

• 합이 76: 낱개의 수의 합이 6인 두 수를 찾으면 32와 44, 23과 43입니다.
32+44=76, 23+43=66이므로 합이 76인 두 수는 32와 44입니다.

• 차가 21: 낱개의 수의 차가 1인 두 수를 찾으면 32와 43, 44와 23, 44와 43입니다.

$43-32=11$, $44-23=21$, $44-43=1$이므로 차가 21인 두 수는 44와 23입니다.

따라서 32와 ㊹, ㊹와 23 중에서 공통인 수는 44입니다.

9 10, 11, 12, 13

$46=40+6$이므로 40을 같은 수 4개의 합으로 나타내면 $40=10+10+10+10$이고 6을 연속하는 수 4개의 합으로 나타내면 $6=0+1+2+3$입니다.

➡ $46=10+11+12+13$

다른 풀이

$46=40+6$이므로 40을 같은 수 2개의 합으로 나타내면 $40=20+20$이고 6을 같은 수 2개의 합으로 나타내면 $6=3+3$이므로 $46=23+23$입니다. 23을 연속하는 수 2개의 합으로 나타내면 $23=11+12$입니다.

46 = 23 + 23 ➡ $46=10+11+12+13$

(11) (12) (11) (12)

−1 +1

11 12 10 13

10 8개

10개씩 묶음의 수의 합이 5이므로 다음의 두 경우를 나누어 생각해 봅니다.

• 1□+4□인 경우: 12+47, 13+46, 16+43, 17+42 ➡ 4개

• 2□+3□인 경우: 21+38, 24+35, 25+34, 28+31 ➡ 4개

따라서 만들 수 있는 식은 모두 8개입니다.

1 100까지의 수

다시 푸는 최상위 S

1 66

낱개 21개는 10개씩 묶음 2개와 낱개 1개와 같습니다. 10개씩 묶음 4개와 낱개 21개인 수는 10개씩 묶음 4+2=6(개)와 낱개 1개인 수와 같으므로 61입니다.
따라서 61보다 5만큼 더 큰 수는 61−62−63−64−65−66이므로 66입니다.

2 24

규칙을 거꾸로 생각해 봅니다.
--→ 방향으로 10씩 커지므로 ←-- 방향으로 10씩 작아지고, ↓ 방향으로 1씩 커지므로 ↑ 방향으로 1씩 작아집니다.

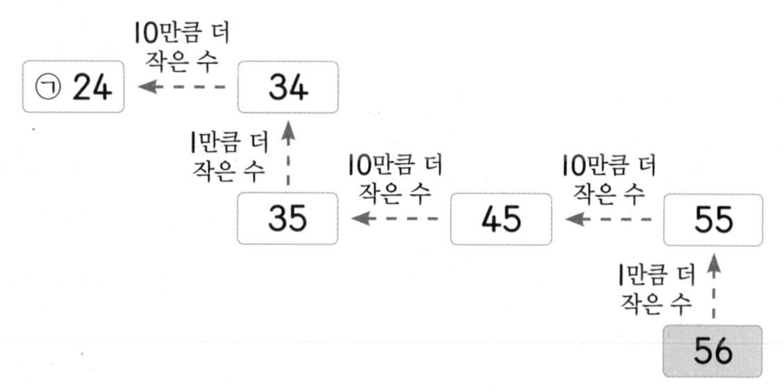

따라서 ㉠에 알맞은 수는 24입니다.

3 57번

주아가 한 줄넘기 횟수 61이 가장 큰 수이므로 규서가 한 줄넘기 횟수는 주아가 한 줄넘기 횟수 61보다 낱개의 수가 더 작은 60입니다.
민영이가 한 줄넘기 횟수는 60보다 3만큼 더 작은 수이므로 60−59−58−57에서 57입니다.
따라서 민영이가 한 줄넘기 횟수는 57번입니다.

4 3개

75보다 크고 82보다 작은 수는 76, 77, 78, 79, 80, 81입니다.
10개씩 묶음의 수가 7인 수 중에서 10개씩 묶음의 수가 낱개의 수보다 큰 수는 76입니다.
10개씩 묶음의 수가 8인 수 중에서 10개씩 묶음의 수가 낱개의 수보다 큰 수는 80, 81입니다.
따라서 조건을 만족하는 수는 76, 80, 81로 모두 3개입니다.

5 3개

예 5, 3, 7, 4로 두 자리 수를 만들 때 55보다 커야 하므로 10개씩 묶음의 수에는 5와 7을 쓸 수 있습니다.

• 10개씩 묶음의 수가 5일 때 만들 수 있는 두 자리 수: 53, 57, 54
• 10개씩 묶음의 수가 7일 때 만들 수 있는 두 자리 수: 75, 73, 74
따라서 만들 수 있는 수 중에서 55보다 크고 75보다 작은 수는 57, 73, 74로 모두 3개입니다.

채점 기준	배점
10개씩 묶음의 수가 5일 때 만들 수 있는 두 자리 수를 구했나요?	2점
10개씩 묶음의 수가 7일 때 만들 수 있는 두 자리 수를 구했나요?	2점
만들 수 있는 수 중에서 55보다 크고 75보다 작은 수는 모두 몇 개인지 구했나요?	1점

6 4개

두 자리 수 ■●에서 ■와 ●의 차가 6인 경우는 다음과 같습니다.

■	1	2	3	6	7	8	9
●	7	8	9	0	1	2	3

이 중에서 홀수는 17, 39, 71, 93이므로 조건을 만족하는 두 자리 수 ■●는 모두 4개입니다.

보충 개념
홀수는 낱개의 수가 1, 3, 5, 7, 9인 수입니다.

7 3개

낱개의 수가 7인 두 자리 수는 □7이므로 63<□7, □7<94입니다.
63<□7에서 낱개의 수가 □7이 더 크므로 10개씩 묶음의 수인 □ 안에 들어갈 수 있는 수는 6이거나 6보다 큰 6, 7, 8, 9입니다.
□7<94에서 낱개의 수가 94가 더 작으므로 10개씩 묶음의 수인 □ 안에 들어갈 수 있는 수는 9보다 작은 1, 2, 3, 4, 5, 6, 7, 8입니다.
➡ □ 안에 공통으로 들어갈 수 있는 수는 6, 7, 8입니다.
따라서 조건에 맞는 두 자리 수는 67, 77, 87로 모두 3개입니다.

8 61

10개씩 묶음의 수가 5보다 크므로 10개씩 묶음의 수는 6, 7, 8, 9 중 하나입니다.
10개씩 묶음의 수와 낱개의 수의 합이 8보다 작은 수는 60, 61, 70입니다.
이 중에서 낱개의 수가 0보다 큰 수는 61입니다.
따라서 설명하는 수는 61입니다.

다시푸는 MATH MASTER

5~7쪽

1 7명

일흔아홉은 79이고 79는 10개씩 묶음 7개와 낱개 9개입니다.
따라서 사탕을 한 사람에게 10개씩 나누어 준다면 모두 7명에게 나누어 줄 수 있습니다.

서술형 **2** 81

㉠ 날개 16개는 10개씩 묶음 1개와 낱개 6개와 같습니다. 10개씩 묶음 7개와 낱개 16개인 수는 10개씩 묶음 7+1=8(개)와 낱개 6개인 수와 같으므로 86입니다.
따라서 86보다 5만큼 더 작은 수는 86−85−84−83−82−81이므로 81입니다.

채점 기준	배점
10개씩 묶음 7개와 낱개 16개인 수를 구했나요?	3점
구한 수보다 5만큼 더 작은 수를 구했나요?	2점

3 미나, 2쪽

- 미나: 64, 65, 66, 67, 68, 69, 70, 71, 72, 73, 74, 75, 76, 77, 78, 79, 80 ➡ 17쪽
- 준우: 76, 77, 78, 79, 80, 81, 82, 83, 84, 85, 86, 87, 88, 89, 90 ➡ 15쪽

따라서 미나가 위인전을 2쪽 더 많이 읽었습니다.

4 7, 8, 9

56<5□에서 10개씩 묶음의 수가 같으므로 □ 안에 들어갈 수 있는 수는 6보다 큰 7, 8, 9입니다.
□5>56에서 낱개의 수가 56이 더 크므로 □ 안에 들어갈 수 있는 수는 5보다 큰 6, 7, 8, 9입니다.
따라서 □ 안에 공통으로 들어갈 수 있는 수는 7, 8, 9입니다.

주의
□5>56에서 낱개의 수를 비교하면 5<6이므로 □ 안에 5는 들어갈 수 없습니다.

5 6개

두 자리 수가 홀수이려면 낱개의 수가 1, 3, 5, 7, 9이어야 하므로 낱개의 수가 될 수 있는 수는 1과 3입니다.
- 낱개의 수가 1일 때 만들 수 있는 홀수: 31, 41, 61
- 낱개의 수가 3일 때 만들 수 있는 홀수: 13, 43, 63

따라서 만들 수 있는 홀수는 13, 31, 41, 43, 61, 63으로 모두 6개입니다.

서술형 **6** 82개

㉠ 87보다 7만큼 더 큰 수는 94이므로 아영이가 딴 참외는 94개입니다.
따라서 94보다 12만큼 더 작은 수는 82이므로 유주가 딴 참외는 82개입니다.

채점 기준	배점
아영이가 딴 참외는 몇 개인지 구했나요?	2점
유주가 딴 참외는 몇 개인지 구했나요?	3점

보충 개념
- 87보다 7만큼 더 큰 수는 87−88−89−90−91−92−93−94이므로 94입니다.
- 94보다 12만큼 더 작은 수는 10개씩 묶음의 수가 1만큼 더 작고 낱개의 수가 2만큼 더 작은 82입니다.

7 59

0부터 9까지의 수 중 차가 4인 두 수는 (0, 4), (1, 5), (2, 6), (3, 7), (4, 8), (5, 9)입니다.

따라서 10개씩 묶음의 수가 낱개의 수보다 4만큼 더 작은 두 자리 수는 15, 26, 37, 48, 59이고 이 중에서 가장 큰 수는 59입니다.

주의

두 자리 수를 만들 때 10개씩 묶음의 수에는 0을 쓸 수 없으므로 (0, 4)로 10개씩 묶음의 수가 낱개의 수보다 4만큼 더 작은 수를 만들 수 없습니다.

8 20번

숫자 9를 1번 쓴 수: 9, 19, 29, 39, 49, 59, 69, 79, 89, 90, 91, 92, 93, 94, 95, 96, 97, 98 ➡ 18번

숫자 9를 2번 쓴 수: 99 ➡ 2번

따라서 숫자 9는 모두 20번 써야 합니다.

9 3

보이는 수 카드로 만들 수 있는 가장 작은 두 자리 수는 12, 둘째로 작은 두 자리 수는 14입니다. 그런데 14가 셋째로 작은 두 자리 수이므로 12보다 크고 14보다 작은 두 자리 수가 하나 더 있습니다.

➡ 만들 수 있는 수 중에서 둘째로 작은 두 자리 수: 13

따라서 뒤집어진 수 카드에 적힌 수는 3입니다.

해결 전략

보이는 수 카드로 만들 수 있는 가장 작은 두 자리 수, 둘째로 작은 두 자리 수를 먼저 만들어 봅니다.

10 1

㉠은 57보다 크고 57과 ㉠ 사이의 수는 모두 8개입니다.

57−58−59−60−61−62−63−64−65−66이므로 ㉠은 66입니다.

(58부터 65까지: 8개)

㉡은 74보다 작고 ㉡과 74 사이의 수는 모두 8개입니다.

74−73−72−71−70−69−68−67−66−65이므로 ㉡은 65입니다.

(73부터 66까지: 8개)

따라서 66은 65보다 1만큼 더 큰 수입니다.

2 덧셈과 뺄셈(1)

다시푸는 최상위 S

8~10쪽

1 예 2, 5, 3, 4

두 수의 합이 같은 경우를 선으로 이어 봅니다.

• 두 수의 합이 7인 경우: 2 3 4 5 6 ➡ 2+5=3+4

• 두 수의 합이 8인 경우: 2 3 4 5 6 ➡ 2+6=3+5

• 두 수의 합이 9인 경우: 2 3 4 5 6 ➡ 3+6=4+5

따라서 식을 완성하면 $2+5=3+4$ 또는 $2+6=3+5$ 또는 $3+6=4+5$입니다.
(단, 더하는 순서는 바뀌어도 됩니다.)

2 5개

7을 두 수로 가르기한 것 중 차가 3인 것을 찾습니다.

7	1	2	3	4	5	6
	6	5	4	3	2	1
차	5	3	1	1	3	5

빨간색 공이 파란색 공보다 3개 더 많으므로 빨간색 공이 5개, 파란색 공이 2개입니다.
따라서 빨간색 공은 5개 있습니다.

3 +, −

가장 왼쪽의 수(5)보다 등호 오른쪽의 수(4)가 작아졌으므로 −가 적어도 한 번은 들어갑니다. $5 \oplus 2 \ominus 3=7 \ominus 3=4$, $5 \ominus 2 \oplus 3=3 \oplus 3=6$, $5 \ominus 2 \ominus 3=3 \ominus 3=0$
따라서 계산 결과가 4가 되는 식은 $5 \oplus 2 \ominus 3=4$입니다.

4 1

(은수가 뽑은 수 카드에 적힌 수의 합)$=4+6=10$
혜리가 뽑은 수 카드 중 모르는 수를 □라 하면 은수와 혜리가 뽑은 수 카드에 적힌 수의 합이 같으므로 $9+\square=10$, $10-9=\square$, $\square=1$입니다.
따라서 혜리가 뽑은 수 카드 중 모르는 수 카드에 적힌 수는 1입니다.

5 9명

거꾸로 생각하여 계산합니다.

■ $\xrightarrow[+1]{-1}$ ● $\xrightarrow[-2]{+2}$ ▲ $\xrightarrow[+7]{-7}$ 3

① 7을 빼기 전: $3+7=10$
② 2를 더하기 전: $10-2=8$
③ 1을 빼기 전: $8+1=9$

➡ 처음에 모노레일에 타고 있던 사람은 9명입니다.

6 9

$6+4-1=9$, $3+7-2=8$, $5+5-3=7$이므로
<u>10이 되는 두 수를 더한 후 나머지 한 수를 빼는 규칙</u>입니다.
따라서 빈칸에 알맞은 수는 $8+2-1=10-1=9$입니다.

서술형 **7** 7

예 ★$+5-3=4$, $4+3-5=$★, $7-5=$★, ★$=2$입니다.
$1+8-$★$=$♥이므로 $1+8-2=$♥, $9-2=$♥, ♥$=7$입니다.

채점 기준	배점
★에 알맞은 수를 구했나요?	2점
♥에 알맞은 수를 구했나요?	3점

해결 전략

★$+5-3=4$에서 3을 빼기 전은 ★$+5=4+3$이고 5를 더하기 전은 ★$=4+3-5$로 구할 수 있습니다.

8 6가지

1을 각각 5번, 3번, 2번, 1번, 0번 사용하여 합이 5가 되는 경우를 알아봅니다.
$1+1+1+1+1=5$, $1+1+1+2=5$, $1+1+3=5$, $1+4=5$, $1+2+2=5$, $2+3=5$로 모두 6가지입니다.

다시 푸는 MATH MASTER

11~13쪽

1 성호

성호가 먹은 초콜릿의 수를 □개라 하면 $10-□=4$, $10-4=□$, $□=6$입니다.
준희가 먹은 초콜릿의 수를 △개라 하면 $10-△=6$, $10-6=△$, $△=4$입니다.
따라서 $6>4$이므로 초콜릿을 더 많이 먹은 사람은 성호입니다.

2 (위에서부터) 3, 5/8, 5/6, 4, 9, 1

더해서 10이 되는 두 수를 찾으면 7과 3, 5와 5, 1과 9, 4와 6, 8과 2입니다.

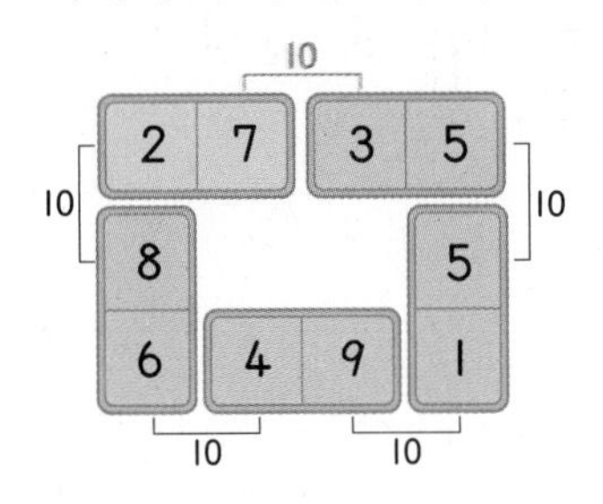

3 3, 7, 8

합이 10이 되는 두 수는 3과 7입니다.
합이 18이 되려면 10에 8을 더해야 합니다. ➡ ③+⑦$+8=10+8=18$
따라서 합이 18이 되는 세 수는 3, 7, 8입니다.

해결 전략
더해서 10이 되는 두 수를 먼저 찾습니다.

서술형 **4** 13살

예 (은혜의 나이)=(동생의 나이)$+2=8+2=10$(살)
은혜는 언니보다 3살 더 적으므로 언니는 은혜보다 3살 더 많습니다.
따라서 (언니의 나이)=(은혜의 나이)$+3=10+3=13$(살)입니다.

채점 기준	배점
은혜의 나이를 구했나요?	2점
언니의 나이를 구했나요?	3점

5 5

$6+3=9$ ➡ $9-□<5$
$9-□=5$일 때 $9-5=□$, $□=4$이므로 □ 안에는 4보다 큰 수가 들어갈 수 있습니다.
따라서 □ 안에 들어갈 수 있는 수는 5, 6, 7, 8, 9이므로 이 중 가장 작은 수는 5입니다.

6 5, 3

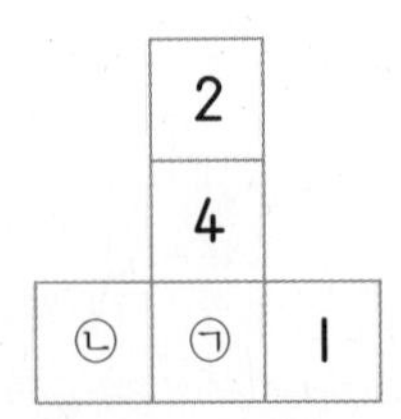

세로줄(↓)에서 $2+4+㉠=9$, $6+㉠=9$, $9-6=㉠$, $㉠=3$입니다.
가로줄(→)에서 $㉡+㉠+1=9$이고 $㉠=3$이므로 $㉡+3+1=9$, $㉡+4=9$, $9-4=㉡$, $㉡=5$입니다.

7 4, 6

10을 서로 다른 두 수로 가르기한 것 중 차가 2인 것을 찾습니다.

큰 수	9	8	7	6
작은 수	1	2	3	4
차	8	6	4	2

따라서 두 수는 4, 6입니다.

8 2가지

수 카드의 수를 작은 수부터 차례로 늘어놓고 두 수씩 짝 지어 차를 구해 봅니다.

2 4 6 8: $4-2=2$, $8-6=2$

2 4 6 8: $6-2=4$, $8-4=4$

2 4 6 8: $8-2=6$, $6-4=2$

따라서 두 수의 차가 같은 경우는 차가 각각 2, 4일 때이므로 2가지입니다.

9 예 $-$, $+$, $=$

- $=$가 6 앞에 들어가는 경우: $7-3+2=6$
- $=$가 2 앞에 들어가는 경우: $7+3=10$, $7-3=4$, $2+6=8$이므로 식을 완성할 수 없습니다.
- $=$가 3 앞에 들어가는 경우: $7=3-2+6$

10 12

첫째 가로줄은 ■+■+●=10이고, 첫째 세로줄은 ■+●=6이므로

■+■+●=■+6=10, 10−6=■, ■=4입니다.

첫째 세로줄 ■+●=6에서 ■=4이므로 4+●=6, 6−4=●, ●=2입니다.

셋째 세로줄 ●+▲=7에서 ●=2이므로 2+▲=7, 7−2=▲, ▲=5입니다.

따라서 ㉠=●+▲+▲=2+5+5=2+10=12입니다.

3 모양과 시각

다시 푸는

최상위

14~16쪽

1 ㉡, ㉣

㉠ ▲ 모양의 크기가 다릅니다.

㉢ ■ 모양 1개의 크기가 다릅니다.

해결 전략

가장 위에 있는 모양부터 어떤 모양인지 살펴봅니다.

2 ㉣, ㉡, ㉠, ㉢

① ◜ 모양 2개의 둥근 부분이 있는 조각: ㉣
② ┌ 모양의 뾰족한 부분과 ∧ 모양의 뾰족한 부분이 있는 조각 ㉠, ㉡ 중 주변과 연결되는 조각: ㉡
③ ∧ 모양의 뾰족한 부분과 ┌ 모양의 뾰족한 부분이 있는 조각 ㉠, ㉡ 중 주변과 연결되는 조각: ㉠
④ ∧ 모양의 뾰족한 부분과 ◜ 모양의 둥근 부분이 있는 조각: ㉢

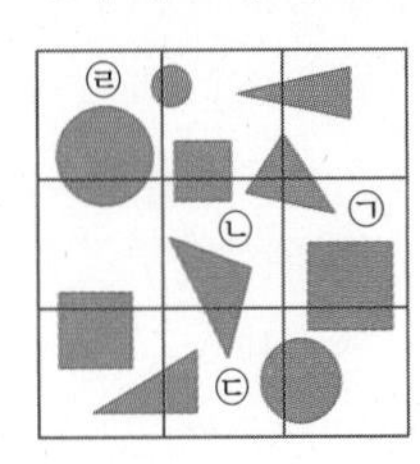

3 예

위쪽 부분과 아래쪽 부분을 ■ 모양 2개가 되도록 나눈 후 아래쪽 부분을 크기가 같은 ▲ 모양 4개가 되도록 나눕니다.

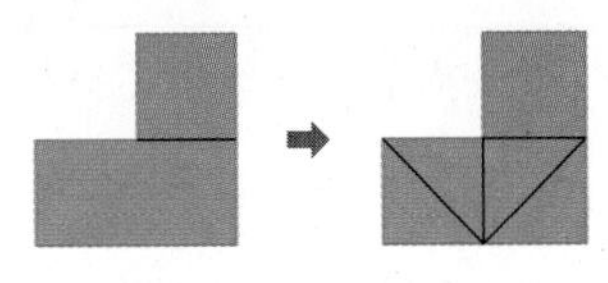

4 예

선을 1개 그어 ■ 모양 2개를 만들고, 만들어진 1개의 ■ 모양에서 마주 보는 뾰족한 부분끼리 선을 2개 그어 ▲ 모양 4개를 만듭니다.

5 1개, 4개

접은 부분을 거꾸로 펼쳐 보며 생각해 봅니다.
색종이를 1번 접은 후 선을 따라 자르면 오른쪽 그림과 같으므로 ■ 모양이 1개, ▲ 모양이 4개 만들어집니다.

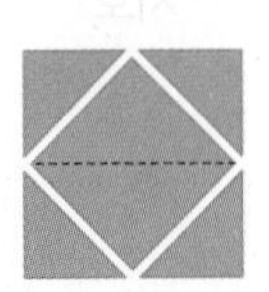

6 2시 30분

시계의 긴바늘이 6을 가리키는 시각은 몇 시 30분이고, 이때 짧은바늘은 숫자와 숫자 사이에 있습니다. 시계에서 합이 5인 두 숫자는 2와 3입니다.
따라서 짧은바늘이 2와 3 사이, 긴바늘이 6을 가리키므로 시계가 나타내는 시각은 2시 30분입니다.

서술형 **7** 5시

예 시계의 짧은바늘이 5와 6 사이, 긴바늘이 6을 가리키는 시각은 5시 30분입니다.
이 시각에서 시계의 긴바늘을 시계 반대 방향으로 반 바퀴 돌리면 시각은 5시가 됩니다.

채점 기준	배점
지금 시계가 나타내는 시각을 구했나요?	2점
긴바늘을 시계 반대 방향으로 반 바퀴 돌렸을 때 시계가 나타내는 시각을 구했나요?	3점

8 6시 30분

시계 방향으로 3시와 7시 사이의 시각 중에서 긴바늘이 6을 가리키는 시각은 3시 30분, 4시 30분, 5시 30분, 6시 30분입니다.
시계의 긴바늘이 12를 가리키고 짧은바늘과 긴바늘이 서로 반대 방향을 가리키고 있으므로 짧은바늘은 6을 가리키고 있습니다. ➡ 6시
따라서 6시보다 늦은 시각은 6시 30분입니다.

다시푸는 MATH MASTER

17~19쪽

1 ■ 모양, ● 모양, ▲ 모양

맨 위에 있는 모양부터 차례로 걷어내면서 어떻게 겹쳐 놓았는지 알아봅니다.

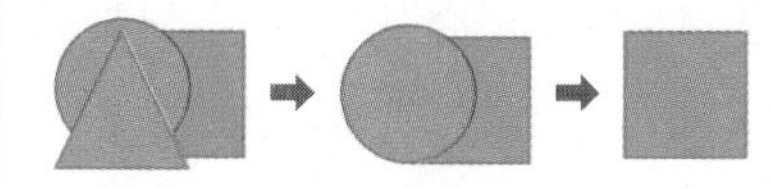

따라서 밑에 있는 모양부터 차례로 쓰면 ■ 모양, ● 모양, ▲ 모양입니다.

2 나

주어진 모양은 ■ 모양 2개, ▲ 모양 1개, ● 모양 1개입니다.

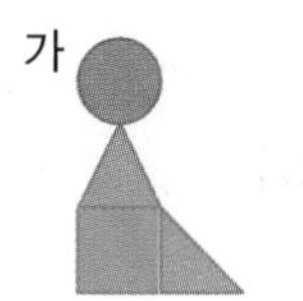

주어진 모양을 모두 이용하여 만들 수 있는 것은 나입니다.

서술형 **3** 지호

예 약속한 시각은 12시입니다.
공원에 도착한 시각은 지호는 11시 30분, 다인이는 12시 30분, 진영이는 12시입니다.
따라서 약속한 시각보다 일찍 온 사람은 지호입니다.

채점 기준	배점
친구들이 각각 공원에 도착한 시각을 구했나요?	3점
약속한 시각보다 일찍 온 사람을 구했나요?	2점

4 예

곧은 선의 중심끼리 연결하여 3개의 선을 그으면 같은 크기의 ▲ 모양이 4개가 됩니다.

5 가

곧은 선이 있는 모양은 ■, ▲ 모양이고, 둥근 부분이 있는 모양은 ● 모양입니다.
가: ■ 모양 2개, ▲ 모양 7개, ● 모양 1개입니다.
곧은 선이 있는 모양은 $2+7=9$(개), 둥근 부분이 있는 모양은 1개입니다.
➡ (곧은 선이 있는 모양과 둥근 부분이 있는 모양의 수의 차)$=9-1=8$(개)
나: ■ 모양 3개, ▲ 모양 4개, ● 모양 5개입니다.
곧은 선이 있는 모양은 $3+4=7$(개), 둥근 부분이 있는 모양은 5개입니다.

➡ (곧은 선이 있는 모양과 둥근 부분이 있는 모양의 수의 차)=7−5=2(개)
따라서 8>2이므로 곧은 선이 있는 모양과 둥근 부분이 있는 모양의 수의 차가 더 큰 것은 가입니다.

6 7시

짧은바늘이 시계를 한 바퀴 돌면 시계의 짧은바늘은 같은 숫자를 가리키므로 1시이고, 반 바퀴 더 돌면 숫자 눈금 6칸을 더 가서 7을 가리키게 됩니다.
따라서 시계가 나타내는 시각은 7시입니다.

7 예

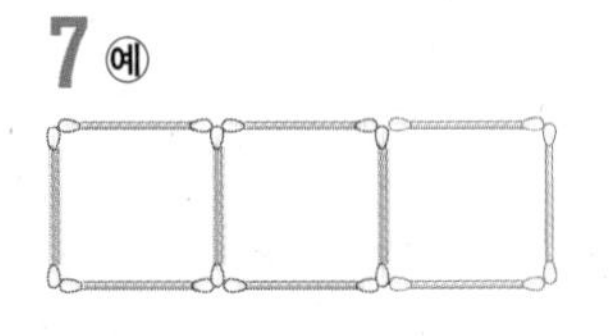

① ② 면봉으로 만든 모양에서 찾을 수 있는 크고 작은 ■ 모양은 ①, ②, ①+②로 3개입니다.
다음과 같이 면봉 3개를 더 그리면 크고 작은 ■ 모양 6개를 만들 수 있습니다.

- 면봉 4개로 만든 ■ 모양: ①, ②, ③ ➡ 3개
- 면봉 6개로 만든 ■ 모양: ①+②, ②+③ ➡ 2개
- 면봉 8개로 만든 ■ 모양: ①+②+③ ➡ 1개

8 3시

5시 30분에서 시계의 긴바늘이 시계 반대 방향으로 2바퀴 돌면 3시 30분이고, 시계 반대 방향으로 반 바퀴 더 돌면 3시가 됩니다.
따라서 주혜네 가족이 공연장에 도착한 시각은 3시입니다.

다른 풀이

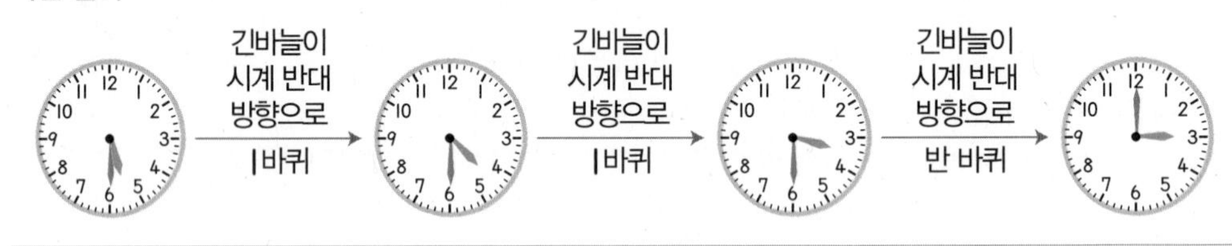

9 3번

다음과 같이 3번을 접고 펼치면 8개의 똑같은 ■ 모양이 만들어집니다.

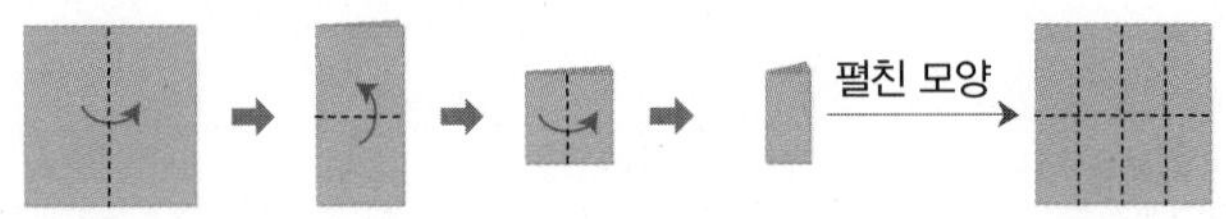

10 5개

막대 3개로 ▲ 모양 1개, 막대 5개로 ▲ 모양 2개, 막대 7개로 ▲ 모양 3개를 만들 수 있으므로 ▲ 모양이 1개씩 늘어날 때마다 막대는 2개씩 늘어납니다.

▲ 모양의 수(개)	1	2	3	4	5	…
막대의 수(개)	3	5	7	9	11	…

(+2 +2 +2 +2)

따라서 막대 11개를 늘어놓으면 ▲ 모양은 모두 5개 생깁니다.

해결 전략

▲ 모양 1개가 늘어날 때마다 막대는 몇 개씩 늘어나는지 생각해 봅니다.

다시푸는 최상위 S

20~22쪽

1 동화책, 2권

(과학책의 수)=(동화책의 수)+5=9+5=14(권)
(위인전의 수)=(과학책의 수)−7=14−7=7(권)
따라서 9>7이므로 동화책이 9−7=2(권) 더 많이 꽂혀 있습니다.

2 +, +, +/ 16

○ 안에 +, −를 각각 넣어 계산해 봅니다.
12+4=16　12−4=8
9+7=16　9−7=2
11+5=16　11−5=6
따라서 12+4=9+7=11+5이고, 계산 결과는 16입니다.

3 (위에서부터) 8, 14, 8

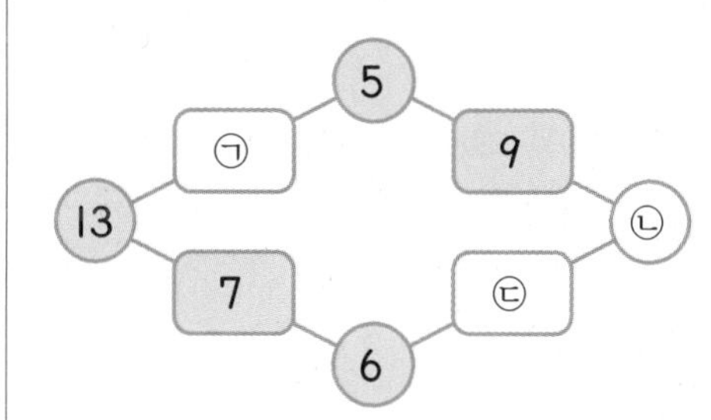

• 13−5=㉠, ㉠=8
• 5와 차가 9가 되는 수 ㉡은 5보다 큰 수입니다.
➡ ㉡−5=9, 9+5=㉡, ㉡=14
• 14−6=㉢, ㉢=8

4 4

• 15■=6에서 왼쪽의 수(15)보다 계산 결과(6)가 작아졌으므로 ■는 어떤 수를 빼는 규칙입니다. 어떤 수를 □라 하면 15−□=6, 15−6=□, □=9
➡ ■의 규칙: 9를 뺍니다.
• 7▲=12에서 왼쪽의 수(7)보다 계산 결과(12)가 커졌으므로 ▲는 어떤 수를 더하는 규칙입니다. 어떤 수를 △라 하면 7+△=12, 12−7=△, △=5
➡ ▲의 규칙: 5를 더합니다.
따라서 8▲■=8+5−9=13−9=4입니다.

서술형 **5** 16개

예 동생에게 준 붙임딱지는 4개이고 친구에게 준 붙임딱지는 4+4=8(개)입니다.
따라서 윤아가 처음에 가지고 있던 붙임딱지는 8+4+4=16(개)입니다.

채점 기준	배점
동생과 친구에게 준 붙임딱지는 각각 몇 개인지 구했나요?	3점
윤아가 처음에 가지고 있던 붙임딱지는 몇 개인지 구했나요?	2점

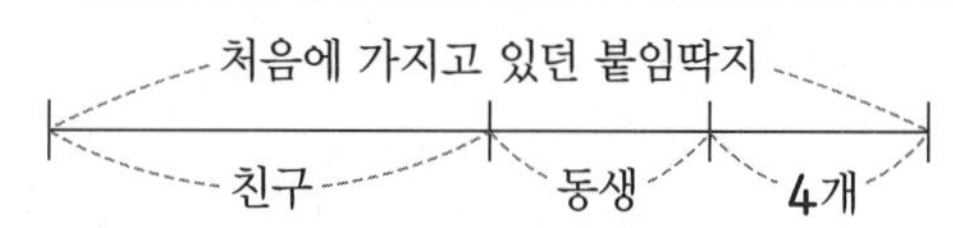

6 (위에서부터) 7, 8, 3, 5

㉠	2	9
㉡	6	4
㉢	10	㉣

가로, 세로에 놓인 세 수의 합은 $2+6+10=18$입니다.
㉠$+2+9=18$, ㉠$+11=18$, $18-11=$㉠, ㉠$=7$
㉡$+6+4=18$, ㉡$+10=18$, $18-10=$㉡, ㉡$=8$
$9+4+$㉣$=18$, $13+$㉣$=18$, $18-13=$㉣, ㉣$=5$
㉢$+10+$㉣$=18$, ㉢$+10+5=18$, ㉢$+15=18$,
$18-15=$㉢, ㉢$=3$

7 4

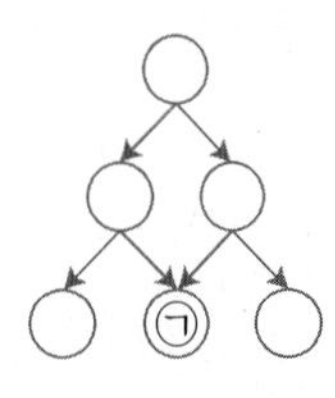

㉠에 1, 2, 5 중에서 가장 큰 수를 넣으면 가장 위쪽의 수가 가장 커지고, 가장 작은 수를 넣으면 가장 위쪽의 수가 가장 작아집니다.

가장 위쪽의 수가 가장 큰 경우

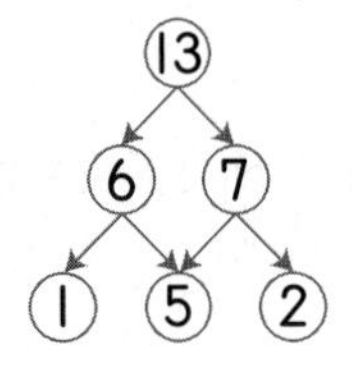

(1과 2의 위치는 바꿀 수 있습니다.)

가장 위쪽의 수가 가장 작은 경우

(2와 5의 위치는 바꿀 수 있습니다.)

따라서 가장 위쪽의 수가 될 수 있는 가장 큰 수는 13이고, 가장 작은 수는 9이므로 두 수의 차는 $13-9=4$입니다.

해결 전략
가르기를 모으기로 바꾸어 생각해 봅니다.

다시푸는 MATH MASTER

23~25쪽

1 5명

(처음 운동장에 있던 학생 수)$=6+8=14$(명)
➡ (운동장에 남아 있는 학생 수)$=14-9=5$(명)

2 $13-8=5$
(또는 $13-5=8$)

빼지는 수와 빼는 수에 수 카드를 넣어 뺄셈식을 만들면
$13-8=5$, $13-12=1$, $13-5=8$, $12-8=4$, $12-5=7$, $8-5=3$입니다.
따라서 수 카드로 만들 수 있는 뺄셈식은 $13-8=5$ 또는 $13-5=8$입니다.

서술형 **3** 6개

예 (민호가 가지고 있는 구슬의 수)$=9+3=12$(개)
수아가 가지고 있는 노란색 구슬의 수를 □개라 하면
$6+□=12$, $12-6=□$, $□=6$입니다.
따라서 수아가 가지고 있는 노란색 구슬은 6개입니다.

채점 기준	배점
민호가 가지고 있는 구슬의 수를 구했나요?	2점
수아가 가지고 있는 노란색 구슬은 몇 개인지 구했나요?	3점

4 15

8+7=15이므로 <를 =라 놓고 계산하면 9+□=15, 15−9=□, □=6입니다. 9+□<15가 되려면 □는 6보다 작아야 하므로 □ 안에 들어갈 수 있는 수는 1, 2, 3, 4, 5입니다.
따라서 □ 안에 들어갈 수 있는 수의 합은 1+2+3+4+5=15입니다.

5 5개

정아가 효주에게 준 초콜릿의 수를 □개라 하면 8+□=15, 15−8=□, □=7입니다.
따라서 정아가 효주에게 준 초콜릿은 7개이므로 정아에게 남은 초콜릿은
12−7=5(개)입니다.

서술형 **6** 2가지

예 화살을 2번 쏘아 맞힌 수의 합이 11이 되는 경우는 4+7=11, 5+6=11입니다.
따라서 화살을 2번 쏘아 맞힌 수의 합이 11이 되는 경우는 모두 2가지입니다.

채점 기준	배점
화살을 2번 쏘아 맞힌 수의 합이 11이 되는 경우를 찾았나요?	3점
화살을 2번 쏘아 맞힌 수의 합이 11이 되는 경우는 모두 몇 가지인지 구했나요?	2점

7 9, 4

♥−★=5이므로 ♥>★입니다. 합이 13인 두 수 ♥와 ★ 중 차가 5인 것을 찾습니다.

♥	7	8	9	10	11	12	13
★	6	5	4	3	2	1	0
♥−★	1	3	5	7	9	11	13

따라서 ♥=9, ★=4입니다.

다른 풀이
♥−★=5이므로 ♥>★입니다. 차가 5인 두 수 ♥와 ★ 중 합이 13인 것을 찾습니다.

♥	5	6	7	8	9	10	11	12	…
★	0	1	2	3	4	5	6	7	…
♥+★	5	7	9	11	13	15	17	19	…

따라서 ♥=9, ★=4입니다

8 19걸음

인수, 진미, 주희, 홍규의 위치를 그림으로 나타내 봅니다.

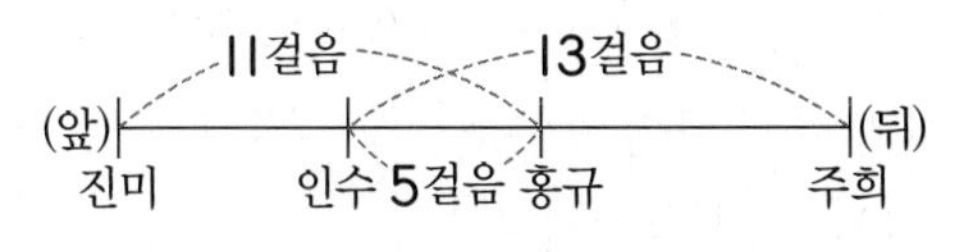

(홍규와 주희 사이의 거리)=13−5=8(걸음)
➡ (진미와 주희 사이의 거리)=11+8=19(걸음)

9 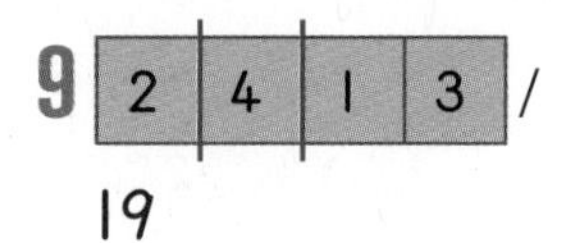 / 19

종이를 두 번 자르면 두 자리 수 1개와 한 자리 수 2개가 만들어집니다.
세 수의 합이 가장 작으려면 두 자리 수의 십의 자리 수가 가장 작아야 하므로 2, 4, 1, 3 중에서 1이 십의 자리 수가 되도록 1의 앞과 2와 4 사이를 선을 따라 자릅니다.

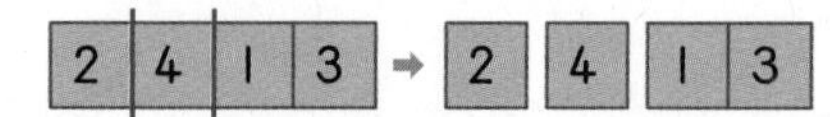

따라서 가장 작은 세 수의 합은 $2+4+13=19$입니다.

10 예 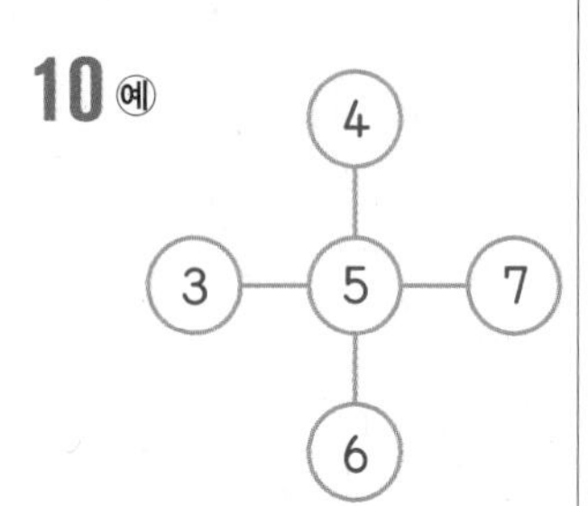

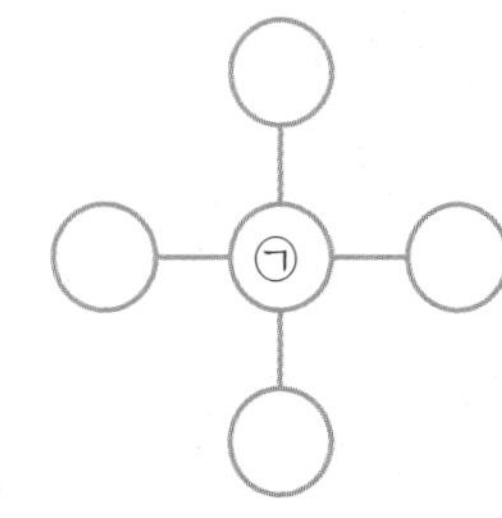

3부터 7까지의 수 중 세 수의 합이 15가 되는 경우를 찾으면 $3+⑤+7=15$, $4+⑤+6=15$입니다.
㉠은 가로줄과 세로줄에 모두 더해지므로 두 번 사용되는 5를 넣고 3과 7, 4와 6을 같은 줄에 넣습니다.

해결 전략
세 수의 합이 15가 되는 경우를 먼저 찾아봅니다.

5 규칙 찾기

다시푸는 최상위 S

26~28쪽

서술형 **1** 42

예 30에서 38로 오른쪽으로 2번 가서 8만큼 더 커졌습니다. 8을 똑같은 두 수의 합으로 나타내면 $4+4=8$이므로 오른쪽으로 갈수록 4씩 커집니다.
따라서 ㉠에 알맞은 수는 38보다 4만큼 더 큰 수인 42입니다.

채점 기준	배점
수 배열에서 규칙을 찾았나요?	3점
㉠에 알맞은 수를 구했나요?	2점

2 34, 49

- 20부터 시작하여 → 방향에 있는 수는 20−21−22이므로 → 방향으로 1씩 커집니다. 둘째 줄에서 30부터 시작하여 → 방향에 있는 수는 30−31−32−33−34이므로 ▲에 알맞은 수는 34입니다.
- 셋째 줄에서 39부터 시작하여 → 방향에 있는 수는 39−40입니다.
  21부터 시작하여 ↓ 방향에 있는 수는 21−30−39이므로 ↓ 방향으로 9씩 커집니다.
  40 바로 아래 칸의 수는 40보다 9만큼 더 큰 49이므로 ■에 알맞은 수는 49입니다.

3 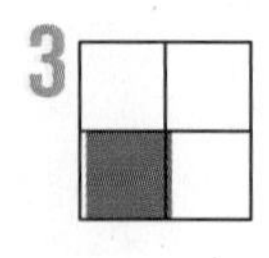

시계 반대 방향으로 한 칸씩 돌아가며 색칠하는 규칙이므로 색칠해야 하는 칸은 ㉡입니다.

㉠	㉣
㉡	㉢

분홍색, 보라색이 반복되는 규칙이므로 색칠해야 하는 색깔은 보라색입니다.

4 22개

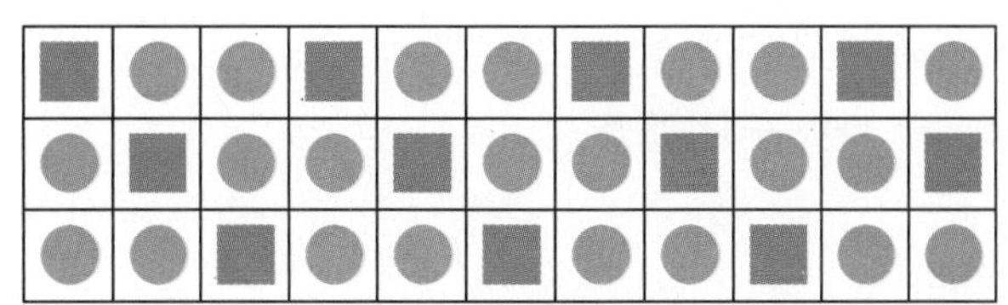

첫째 줄은 ■, ●, ●가 반복됩니다.
둘째 줄은 ●, ■, ●가 반복됩니다.
셋째 줄은 ●, ●, ■가 반복됩니다.

따라서 규칙에 따라 무늬를 완성하면 ●는 모두 22개입니다.

5

□와 △의 크기가 각각 어떻게 반복되는지 규칙을 찾아봅니다.

□는 큰 것, 큰 것, 작은 것이 반복되므로 아홉째는 작은 것, 열째는 큰 것입니다.

△는 작은 것, 큰 것, 큰 것, 작은 것이 반복되므로 아홉째는 작은 것, 열째는 큰 것입니다.

따라서 열째에 알맞은 그림은 큰 □와 큰 △가 있는 그림입니다.

6 70

20	21	22	23	24	25	26	27
28	29	30	31	32	33	34	35
36	37	38	39	40	41	42	43
44	45	46	47	48	49	50	51

수 배열표는 → 방향으로 1씩 커지고 ↓ 방향으로 8씩 커집니다.
수 배열표에서 색칠한 수들은 20부터 시작하여
20−25−30−35−40−45−50으로 5씩 커집니다.
50부터 시작하여 5씩 커지는 수를 쓰면

50 − 55 − 60 − 65 − 70

따라서 ㉠에 알맞은 수는 70입니다.

7 17, 12

 방향으로는 1씩 커지고 20, 21, 22가 적힌 칸에서부터 각각 시계 방향으로는 2씩 작아집니다.

㉠은 21에서 시계 방향으로 2칸 갔으므로 21−19−17에서 17입니다.

㉡은 10에서 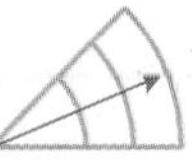 방향으로 2칸 갔으므로 10−11−12에서 12입니다.

다시푸는 MATH MASTER

29~31쪽

1

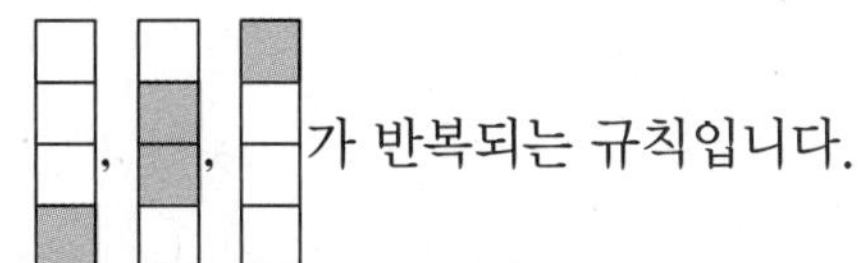

가 반복되는 규칙입니다.

따라서 왼쪽에서부터 둘째 모양과 같습니다.

2 10개

흰색 바둑돌, 흰색 바둑돌, 검은색 바둑돌이 반복되는 규칙입니다.
규칙에 따라 바둑돌 15개를 늘어놓으면
○ ○ ● ○ ○ ● ○ ○ ● ○ ○ ● ○ ○ ●
따라서 흰색 바둑돌은 모두 10개입니다.

3 ㉠

보기 는 강아지, 병아리, 병아리가 반복되는 규칙입니다.
강아지를 4, 병아리를 2로 나타내면 4, 2, 2가 반복됩니다.
따라서 규칙에 따라 수로 바르게 나타낸 것은 ㉠입니다.

서술형 **4** 45

예 21부터 시작하여 오른쪽으로 갈수록 5씩 커집니다.
21부터 시작하여 5씩 커지는 수는 21−26−31−36−41−46−51−56−61이므로 잘못 놓은 수 카드의 수는 45입니다.

채점 기준	배점
수 카드를 늘어놓은 규칙을 찾았나요?	3점
잘못 놓은 수 카드의 수를 찾았나요?	2점

5 4시 30분

시계가 나타내는 시각은 차례로 12시 − 1시 30분 − 3시 − ㉮ − 6시입니다.
시계의 긴바늘이 한 바퀴 반씩 도는 규칙입니다.
따라서 ㉮ 시계가 나타내는 시각은

3시 —한 바퀴 돌았을 때→ 4시 —반 바퀴 돌았을 때→ 4시 30분입니다.

6 34, 43

20	21	22	23	24	25
26	27	28	29	30	31
32	33	34	35	36	37

수 배열표는 → 방향으로 1씩 커지고 ↓ 방향으로 6씩 커집니다.
수 배열표에서 색칠한 수들은 20부터 시작하여 20−23−26−29−32−35로 3씩 커집니다.
31부터 시작하여 3씩 커지는 수를 쓰면

31 − 34 − 37 − 40 − 43

따라서 ㉠=34, ㉡=43입니다.

7 8

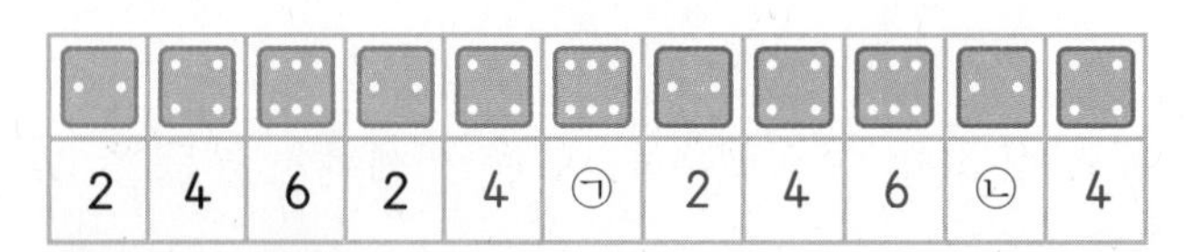

2	4	6	2	4	㉠	2	4	6	㉡	4

⚁, ⚃, ⚅가 반복됩니다.

⚁을 2, ⚃을 4, ⚅을 6으로 나타내면 2, 4, 6이 반복됩니다.

따라서 ㉠은 6, ㉡은 2이므로 ㉠과 ㉡에 알맞은 수의 합은 6+2=8입니다.

8 예 앞의 수에 더하는 수가 1부터 시작하여 1씩 커집니다. / 16

1 2 4 7 11…
+1 +2 +3 +4

➡ 앞의 수에 1, 2, 3, 4, ...를 더하는 규칙입니다.
따라서 11 다음에 올 수는 $11+5=16$입니다.

9 23

→ 방향으로 2씩 커지고 ↓ 방향으로 1씩 커집니다.
둘째 줄의 13부터 시작하여 ↓ 방향으로 13－14－15이고 15부터 시작하여 → 방향으로 15－17－19－21－23입니다.
따라서 ㉠에 알맞은 수는 23입니다.

다른 풀이
→ 방향으로 2씩 커지고 ↓ 방향으로 1씩 커집니다.
둘째 줄의 17부터 시작하여 → 방향으로 17－19－21이고 21부터 시작하여 ↓ 방향으로 21－22－23입니다.
따라서 ㉠에 알맞은 수는 23입니다.

10 8시

종을 치는 횟수는 5시에 5번, 6시에 6번, 7시에 7번이므로 4시 30분부터 종을 치는 횟수의 합은 $5+6+7=18$(번)입니다.
따라서 시계가 종을 치는 횟수의 합이 20번일 때의 시각은 8시의 8번 중 둘째입니다.

6 덧셈과 뺄셈(3)

다시 푸는

32~34쪽

1 32

㉠ 10개씩 묶음이 3개인 수: 30
날개가 15개인 수: 15 (－)
45

㉡ 10개씩 묶음이 5개인 수: 50
날개가 27개인 수: 27 (＋)
77

따라서 두 수의 차는 $77-45=32$입니다.

2 65, 23, 42

10개씩 묶음의 수 6, 2, 4, 4 중 덧셈식을 만들 수 있는 세 수는 $2+4=6$(또는 $4+2=6$)입니다.
$23+45=68$, $23+42=65$이므로 수 카드로 만들 수 있는 덧셈식은
$23+42=65$(또는 $42+23=65$)입니다.
따라서 덧셈식을 만들 수 있는 3장의 수 카드는 65, 23, 42입니다.

다른 풀이
10개씩 묶음의 수 6, 2, 4, 4 중 뺄셈식을 만들 수 있는 세 수는 $6-2=4$(또는 $6-4=2$)입니다.
$65-23=42$, $65-45=20$, $65-42=23$이므로 수 카드로 만들 수 있는 뺄셈식은
$65-23=42$(또는 $65-42=23$)입니다.
따라서 뺄셈식을 만들 수 있는 3장의 수 카드는 65, 23, 42입니다.

서술형 **3** 38장

㉠ 경미가 처음에 가지고 있던 색종이의 수를 □장이라 하면
□$-14=24$, $24+14=$□, □$=38$입니다.
따라서 경미가 처음에 가지고 있던 색종이는 38장입니다.

채점 기준	배점
경미가 처음에 가지고 있던 색종이의 수를 □장이라 하여 식을 세웠나요?	2점
경미가 처음에 가지고 있던 색종이는 몇 장인지 구했나요?	3점

4 $49-15=34$

$49-13=36$이므로 34를 36으로 만들거나 계산 결과가 34인 식을 만듭니다.
34에서 면봉 1개를 옮겨 36을 만들 수 없으므로 계산 결과가 34인 식을 만듭니다.
$49-13=36$이므로 빼지는 수의 낱개의 수가 2만큼 더 작아지거나 빼는 수의 낱개의 수가 2만큼 더 커지도록 만듭니다.
면봉 1개를 옮겨 3 → 5를 만들면 올바른 뺄셈식이 됩니다.

49 - 15 = 34

5 21

(색 막대를 이어 붙인 전체 길이)$=43+45=88$
가장 긴 막대는 보라색 막대이고 보라색 막대의 길이를 □라 하면
□$+56=88$, $88-56=$□, □$=32$입니다.
가장 짧은 막대는 파란색 막대이고 (파란색 막대의 길이)$=56-45=11$입니다.
따라서 가장 긴 막대와 가장 짧은 막대의 길이의 차는 $32-11=21$입니다.

6 56

빼지는 수의 10개씩 묶음의 자리에 가장 큰 수 8을 넣고 빼는 수의 10개씩 묶음의 자리에 0을 제외한 가장 작은 수 3을 넣습니다. ➡ 8□−3□
빼지는 수의 낱개의 자리에 둘째로 큰 수 6을 넣고 빼는 수의 낱개의 자리에 가장 작은 수 0을 넣습니다. ➡ 86−30
따라서 차가 가장 큰 뺄셈식은 $86-30=56$입니다.

주의
10개씩 묶음의 자리에 0은 올 수 없습니다.

다른 풀이
차가 가장 크게 되려면 가장 큰 수에서 가장 작은 수를 빼야 합니다.
가장 큰 두 자리 수: 86, 나머지 수 5, 3, 0으로 만들 수 있는 가장 작은 두 자리 수: 30
➡ $86-30=56$

7 12, 13

• $36=30+6$이므로 30을 같은 수 3개의 합으로 나타내면 $30=10+10+10$이고 6을 같은 수 3개의 합으로 나타내면 $6=2+2+2$이므로 $36=12+12+12=11+ⓧ12+13$입니다.
• $39=30+9$이므로 30을 같은 수 3개의 합으로 나타내면 $30=10+10+10$이고 9를 같은 수 3개의 합으로 나타내면 $9=3+3+3$이므로 $39=13+13+13=12+13+14$입니다.
따라서 공통으로 더한 수는 12, 13입니다.

다시 푸는 MATH MASTER

35~37쪽

1 73

10개씩 묶음이 6개인 수: 60
낱개가 38개인 수: 38 (+)
98

따라서 98보다 25만큼 더 작은 수는 $98-25=73$입니다.

서술형 **2** 리아, 7개

예 (은수가 가지고 있는 구슬의 수)$=55-13=42$(개)이고,
(리아가 가지고 있는 구슬의 수)$=36+13=49$(개)입니다.
따라서 $42<49$이므로 리아가 구슬을 $49-42=7$(개) 더 많이 가지고 있습니다.

채점 기준	배점
은수와 리아가 가지고 있는 구슬의 수를 각각 구했나요?	3점
누가 구슬을 몇 개 더 많이 가지고 있는지 구했나요?	2점

3 1, 2, 3, 4, 5, 6

$23+45=68$이므로 $68>\square3$에서 □ 안에 들어갈 수 있는 수는 1, 2, 3, 4, 5, 6입니다.

주의
$6>\square$만 생각하여 □ 안에 들어갈 수 있는 수가 1, 2, 3, 4, 5라고 쓰지 않도록 주의합니다.

4 13

어떤 수를 □라 하면 $\square+13=39$, $39-13=\square$, $\square=26$입니다.
따라서 바르게 계산하면 $26-13=13$입니다.

서술형 **5** 38

예 $32+★=58$, $58-32=★$, $★=26$입니다.
따라서 $♥-12=26$, $26+12=♥$, $♥=38$입니다.

채점 기준	배점
★은 얼마인지 구했나요?	2점
♥는 얼마인지 구했나요?	3점

6 69, 31

㉠㉡－㉢㉣=38
• ㉡－㉣=8에서 9－1=8이므로 ㉡=9, ㉣=1
• ㉠－㉢=3에서 6－3=3이므로 ㉠=6, ㉢=3
따라서 69－31=38입니다.

해결 전략
10개씩 묶음은 10개씩 묶음끼리, 낱개는 낱개끼리 뺍니다.

7 66

30보다 크고 35보다 작은 수는 10개씩 묶음의 수가 3인 수입니다.
3□에서 □ 안에는 8, 2, 4가 들어갈 수 있으므로 만들 수 있는 수는 38, 32, 34입니다.
이 중에서 30보다 크고 35보다 작은 수는 32, 34이므로 두 수의 합은
32+34=66입니다.

8 47

• 합이 68: 낱개의 수의 합이 8인 두 수를 찾으면 21과 47, 32와 26입니다.
21+47=68, 32+26=58이므로 합이 68인 두 수는 21과 47입니다.
• 차가 15: 낱개의 수의 차가 5인 두 수를 찾으면 21과 26, 32와 47입니다.
26－21=5, 47－32=15이므로 차가 15인 두 수는 32와 47입니다.
따라서 21과 (47), 32와 (47) 중에서 공통인 수는 47입니다.

9 20, 21, 22, 23

86=80+6이므로 80을 같은 수 4개의 합으로 나타내면 80=20+20+20+20이고
6을 연속하는 수 4개의 합으로 나타내면 6=0+1+2+3입니다.
➡ 86=20+21+22+23

다른 풀이
86=80+6이므로 80을 같은 수 2개의 합으로 나타내면 80=40+40이고 6을 같은 수 2개의 합으로 나타내면 6=3+3이므로 86=43+43입니다. 43을 연속하는 수 2개의 합으로 나타내면 43=21+22입니다.

86 = 43 + 43 ➡ 86=20+21+22+23

(21) (22) (21) (22)
↓－1 ↓+1
21 22 20 23

10 8개

낱개의 수의 합이 8인 두 수를 찾으면 (1, 7), (2, 6), (3, 5)이고 10개씩 묶음의 수의 합이 7인 (1□+6□), (2□+5□), (3□+4□)인 경우를 생각합니다.
• 1□+6□인 경우: 13+65, 15+63
• 2□+5□인 경우: 21+57, 27+51
• 3□+4□인 경우: 31+47, 37+41, 32+46, 36+42
따라서 만들 수 있는 식은 모두 8개입니다.

최상위를 위한

심화 학습 서비스 제공!

문제풀이 동영상 ⊕ 상위권 학습 자료

(QR 코드 스캔 혹은 디딤돌 홈페이지 참고)

상위권의 기준

최상위 수학

수학 좀 한다면

상위권의 기준

최상위 수학 S

수학 좀 한다면

한걸음 한걸음 디딤돌을 걷다 보면
수학이 완성됩니다.

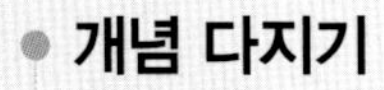

개념 다지기

원리, 기본

문제해결력 강화

문제유형, 응용

심화 완성

최상위 수학S, 최상위 수학

연산 개념 다지기

디딤돌 연산

디딤돌
연산은
수학이다.

개념+문제해결력 강화를 동시에

기본+유형, 기본+응용

상위권의 힘, 사고력 강화

최상위 사고력

최상위
사고력

개념 이해 → **개념 응용** → **개념 확장**

학습 능력과 목표에 따라
맞춤형이 가능한 디딤돌 초등 수학